工业和信息化人才培养规划教材

iOS开发项目化入门教程

传智播客高教产品研发部 编著

人民邮电出版社

北京

图书在版编目（CIP）数据

iOS开发项目化入门教程 / 传智播客高教产品研发部编著. -- 北京：人民邮电出版社，2015.9（2023.1重印）
工业和信息化人才培养规划教材
ISBN 978-7-115-29949-9

Ⅰ. ①i… Ⅱ. ①传… Ⅲ. ①移动终端－应用程序－程序设计－教材 Ⅳ. ①TN929.53

中国版本图书馆CIP数据核字(2015)第149886号

内 容 提 要

本书以最新的 iOS8、Xcode6 为平台，全面系统地讲解了 iOS 开发中的基础理论及其界面编程技术，包括 iOS 平台、iOS 设备、iOS8 新特性、常用控件的开发、表视图、多视图控制器、五种数据存储方式、常用设计模式、手势识别及动画等。本书采用项目驱动的方式来讲授理论，全书配套的真实项目案例接近四十个。这些项目可以帮助读者更好地理解各个知识点在实际开发中的应用，也可以供读者开发时作为参考。

本教材附有配套资源、源代码、习题、教学课件等资源，而且为了帮助初学者更好地学习本教材中的内容，还提供了在线答疑，希望得到更多读者的关注。

本书既可作为高等院校本、专科计算机相关专业的程序设计课程教材，也可作为 iOS 技术基础的培训教材。

◆ 编　著　传智播客高教产品研发部
  责任编辑　范博涛
  责任印制　杨林杰

◆ 人民邮电出版社出版发行　北京市丰台区成寿寺路 11 号
  邮编　100164　电子邮件　315@ptpress.com.cn
  网址　http://www.ptpress.com.cn
  北京虎彩文化传播有限公司印刷

◆ 开本：787×1092　1/16
  印张：21.75　　　　　　　　2015 年 9 月第 1 版
  字数：536 千字　　　　　　2023 年 1 月北京第 9 次印刷

定价：49.80 元

读者服务热线：(010)81055256　印装质量热线：(010)81055316
反盗版热线：(010)81055315
广告经营许可证：京东市监广登字 20170147 号

序言 FOREWORD

本书的创作公司——江苏传智播客教育科技股份有限公司（简称"传智教育"）作为第一个实现A股IPO上市的教育企业，是一家培养高精尖数字化专业人才的公司，公司主要培养人工智能、大数据、智能制造、软件、互联网、区块链、数据分析、网络营销、新媒体等领域的人才。公司成立以来紧随国家科技发展战略，在讲授内容方面始终保持前沿先进技术，已向社会高科技企业输送数十万名技术人员，为企业数字化转型、升级提供了强有力的人才支撑。

公司的教师团队由一批拥有10年以上开发经验，且来自互联网企业或研究机构的IT精英组成，他们负责研究、开发教学模式和课程内容。公司具有完善的课程研发体系，一直走在整个行业的前列，在行业内竖立起了良好的口碑。公司在教育领域有2个子品牌：黑马程序员和院校邦。

一、黑马程序员——高端IT教育品牌

"黑马程序员"的学员多为大学毕业后想从事IT行业，但各方面条件还不成熟的年轻人。"黑马程序员"的学员筛选制度非常严格，包括了严格的技术测试、自学能力测试，还包括性格测试、压力测试、品德测试等。百里挑一的残酷筛选制度确保了学员质量，并降低了企业的用人风险。

自"黑马程序员"成立以来，教学研发团队一直致力于打造精品课程资源，不断在产、学、研3个层面创新自己的执教理念与教学方针，并集中"黑马程序员"的优势力量，有针对性地出版了计算机系列教材百余种，制作教学视频数百套，发表各类技术文章数千篇。

二、院校邦——院校服务品牌

院校邦以"协万千名校育人、助天下英才圆梦"为核心理念，立足于中国职业教育改革，为高校提供健全的校企合作解决方案，其中包括原创教材、高校教辅平台、师资培训、院校公开课、实习实训、协同育人、专业共建、传智杯大赛等，形成了系统的高校合作模式。院校邦旨在帮助高校深化教学改革，实现高校人才培养与企业发展的合作共赢。

（一）为大学生提供的配套服务

1.请同学们登录"高校学习平台"，免费获取海量学习资源。平台可以帮助高校学生解决各类学习问题。

高校学习平台

2.针对高校学生在学习过程中的压力等问题，院校邦面向大学生量身打造了IT学习小助手——"邦小苑"，可提供教材配套学习资源。同学们快来关注"邦小苑"微信公众号。

"邦小苑"微信公众号

（二）为教师提供的配套服务

1. 院校邦为所有教材精心设计了"教案+授课资源+考试系统+题库+教学辅助案例"的系列教学资源。高校老师可登录"高校教辅平台"免费使用。

高校教辅平台

2. 针对高校教师在教学过程中存在的授课压力等问题，院校邦为教师打造了教学好帮手——"传智教育院校邦"，教师可添加"码大牛"老师微信/QQ：2011168841，或扫描下方二维码，获取最新的教学辅助资源。

"传智教育院校邦"微信公众号

三、意见与反馈

为了让教师和同学们有更好的教材使用体验，您如有任何关于教材的意见或建议请扫码下方二维码进行反馈，感谢对我们工作的支持。

前 言

iOS 是由苹果公司开发的移动操作系统,该系统最早于 2007 年 1 月 9 日的 Macworl 展览会发布,最初是设计给 iPhone 使用的,后来陆续套用到 iPod touch、iPad 以及 Apple TV 等产品上。iOS 与苹果的 Mac OS X 操作系统一样,属于类 UNIX 的商业操作系统,最初被命名为 iPhone OS,因为 iPad、iPhone、iPod touch 都使用 iPhone OS,所以 2010WWDC 大会上宣布改名为 iOS。

本书以实际开发为原则,由浅入深的对 iOS 界面开发技术的原理进行了深入分析,并针对每个知识点精心设计了案例,帮助初学者将抽象的知识进行具体化,达到学以致用的目的。

本教材共分 8 章,接下来分别对每章进行简单的介绍,具体如下。

● 第 1 章:主要介绍了 iOS 的基本知识,包括开发框架、开发设备、iOS9 新特性、iOS 环境的搭接、配置设备及其运行程序,并通过 Xcode 工具创建第一个 iOS 程序,掌握 iOS 项目的组织结构、iOS 模拟器的使用等。通过本章的学习,要求大家了解 iOS 的基本常识,并会使用 Xcode 工具创建 iOS 项目。

● 第 2 章:针对 iOS 中的常见 UI 控件进行讲解,包括 UIView 的常见属性、标签控件、图片控件、按钮控件、文本框和文本控件、开关控件滑块控件、分段控件、数据选择控件、屏幕滚动控件以及页控件,在讲解这些控件时,本书采用理论加实践的方式,边学边用,帮助初学者真正学会这些控件的使用。

● 第 3 章:针对表视图进行讲解,包括表视图的组成、样式的设置、索引和搜索栏的添加、自定义单元格、静态单元格、UI 设计模式等。由于表视图在 iOS 开发中是最常用的,也是最重要的,因此,本书在讲完理论后,紧跟着一个实战演练,从而帮助初学者即学即用,灵活实现各种表视图。

● 第 4 章:讲解了多视图控制器管理,主要包括程序启动原理、导航控制器和标签页控制器。视图控制器可以帮助开发者更好地管理页面,因此,建议初学者认真学习,扎实掌握好多视图控制器的管理。

● 第 5 章:讲解的是 iOS 开发中的常用设计模式,包括 MVC 模式、委托模式、观察者模式、KVC 机制、KVO 机制、通知机制、单例模式。通过本章的学习,读者能够掌握这些设计模式的原理,掌握不同模式的运用场景。

● 第 6 章:针对数据存储的相关知识进行讲解,包括沙盒机制、plist 属性列表、偏好设置、对象归档、SQLite 数据库和 Core Data。通过本章的学习,读者能够掌握 iOS 中数据存储的原理,学会使用不同的方式存储数据。

● 第 7~8 章:主要针对 iOS 中的手势识别和核心动画进行讲解。其中,手势识别主要讲解了 UIGestureRecognizer 类、轻扫手势和捏合手势,核心动画主要讲解了 CALayer、Core Animation 中的动画,希望读者可以亲手实践书中的案例,熟练掌握这两章的内容。

在上面所提到的 8 章中,每章在讲完理论知识后,基本都有对应的项目供大家学习,建议读者掌握好理论后,还需要动手实践,认真完成教材中每个知识点对应的案例。

另外,如果读者在理解知识点的过程中遇到困难,建议不要纠结于某个地方,可以先往后学习。通常来讲,看到后面对知识点的讲解或者其他小节的内容后,前面看不懂的知识点一般就能理解了。如果读者在动手练习的过程中遇到问题，建议多思考，理清思路，认真分析问题发生的原因，并在问题解决后多总结。

致谢

本教材的编写和整理工作由传智播客教育科技有限公司高教产品研发部完成，主要参与人员有徐文海、高美云、王晓娟、刘传梅、陈欢、马丹、黄云、韩冬、张效良等，全体人员在这近一年的编写过程中付出了很多辛勤的汗水，在此一并表示衷心的感谢。

意见反馈

尽管我们尽了最大的努力，但教材中难免会有不妥之处，欢迎各界专家和各方面读者朋友们来信来函提出宝贵意见，我们将不胜感激。您在阅读本书时，如发现任何问题或有不认同之处可以通过电子邮件与我们取得联系。

请发送电子邮件至 itcast_book@vip.sina.com。

传智播客教育科技有限公司　高教产品研发部
2016 年 7 月 30 日于北京

目 录

CONTENTS

专属于教师和学生的在线教育平台

让IT学习更简单

学生扫码关注"邦小苑"
获取教材配套资源及相关服务

让IT教学更有效

教师获取教材配套资源

教师扫码添加"码大牛"
取教学配套资源及教学前沿资讯
添加QQ/微信2011168841

第1章 iOS 应用开发入门 1

1.1 带你认识 iOS 1
    1.1.1 iOS 简介 1
    1.1.2 iOS 框架层次 2
    1.1.3 iOS 开发设备 3
    1.1.4 iOS 9 的全新功能 6
1.2 搭建开发环境 7
    1.2.1 申请加入 iOS 开发团队 7
    1.2.2 下载和安装 Xcode 与 iOS SDK 9
    1.2.3 Xcode 7 的新特性 12
1.3 在 iOS 设备上调试程序 16
1.4 使用 Xcode 创建第一个 iOS 程序 21
    1.4.1 在 Xcode 中创建项目 21
    1.4.2 熟悉 Xcode 界面 24
    1.4.3 了解项目文件组织结构 28
    1.4.4 编译并在模拟器上运行程序 34
    1.4.5 使用 Interface Builder 丰富程序界面 ... 34
    1.4.6 使用 iOS 模拟器 45
1.5 本章小结 46

第2章 UI 控件 47

2.1 UIView 概述 47
    2.1.1 什么是 UIView 47
    2.1.2 UIView 的常见属性和方法 48
2.2 标签控件和图片控件 49
    2.2.1 标签控件（UILabel）.................... 49
    2.2.2 图片控件（UIImageView）........... 53
    2.2.3 实战演练——会喝牛奶的汤姆猫 ... 55
2.3 按钮控件（UIButton）............................ 58
    2.3.1 按钮控件概述 58
    2.3.2 实战演练——使用按钮移动、旋转、缩放图片 61
2.4 文本框控件和文本控件 65
    2.4.1 文本框控件（UITextField）.......... 65
    2.4.2 实战演练——用户登录"传智播客" ... 69

2.4.3　多行文本控件（UITextView） 72
2.5　开关控件（UISwitch） 74
　2.5.1　开关控件概述 74
　2.5.2　实战演练——使用开关控制
　　　　"灯泡" 74
2.6　滑块控件（UISlider） 76
　2.6.1　滑块控件概述 76
　2.6.2　实战演练——使用滑块控制音量 ...78
2.7　分段控件（UISegmentControl） 81
　2.7.1　分段控件概述 81
　2.7.2　实战演练——使用分段控件控制
　　　　"花朵" 82
2.8　数据选择控件 84
　2.8.1　日期选择控件（UIDatePicker） ...84
　2.8.2　实战演练——倒计时 86
　2.8.3　选择控件（UIPickerView） 89
　2.8.4　实战演练——点菜系统 92
2.9　屏幕滚动控件（UIScrollView） 97
　2.9.1　屏幕滚动控件概述 97
　2.9.2　实战演练——喜马拉雅 100
2.10　页控件（UIPageControl） 103
　2.10.1　页控件概述 103
　2.10.2　实战演练——自动轮播器 104
2.11　本章小结 108

第3章　表视图 109

3.1　表视图基础 109
　3.1.1　表视图的组成 109
　3.1.2　表视图样式设置 110
　3.1.3　数据源协议 111
　3.1.4　委托协议 111
　3.1.5　单元格的组成和样式 112
3.2　实战演练——汽车品牌 114
　3.2.1　实战演练——创建简单表视图 ...114
　3.2.2　实战演练——添加索引 122
　3.2.3　实战演练——添加搜索栏 123
3.3　自定义单元格 129
3.4　静态单元格 135
3.5　实战演练———通信录 141

3.5.1　实战演练——删除和插入单元格 141
3.5.2　实战演练——移动单元格 148
3.6　表视图UI设计模式 149
　3.6.1　分页模式 150
　3.6.2　下拉刷新模式 151
　3.6.3　iOS 7的新特性——下拉刷新
　　　　控件 153
　3.6.4　项目实战——下拉刷新时间数据 154
3.7　本章小结 159

第4章　多视图控制器管理 160

4.1　视图控制器概述 160
　4.1.1　程序启动原理 160
　4.1.2　视图控制器 162
4.2　导航控制器 164
　4.2.1　导航控制器的组成 165
　4.2.2　导航控制器的工作原理 166
　4.2.3　实战演练——图书列表跳转到图书
　　　　详情 168
4.3　标签页控制器 178
　4.3.1　标签页控制器的组成 179
　4.3.2　实战演练——搭建QQ的UI
　　　　框架 181
4.4　本章小结 193

第5章　iOS常用设计模式 194

5.1　MVC模式 194
　5.1.1　MVC概述 194
　5.1.2　Cocoa Touch中的MVC模式 195
5.2　委托模式 197
　5.2.1　委托模式概述 197
　5.2.2　Cocoa Touch框架的委托模式 198
　5.2.3　自定义委托模式 204
5.3　观察者模式 209
　5.3.1　观察者模式概述 209
　5.3.2　KVC机制 209
　5.3.3　KVO机制 215
　5.3.4　通知机制 221

5.4 单例模式 228
　　5.4.1 单例模式概述 228
　　5.4.2 实战演练——ARC+GCD 情况下的
　　　　　单例模式 232
5.5 本章小结 235

第 6 章　数据存储 236

6.1 沙盒机制 236
　　6.1.1 沙盒概述 236
　　6.1.2 沙盒结构分析 237
　　6.1.3 沙盒目录获取方式 237
6.2 plist 属性列表 238
　　6.2.1 实战演练——创建 PropertyList
　　　　　工程 239
　　6.2.2 实战演练——数据的保存 240
　　6.2.3 实战演练——数据的读取 246
6.3 偏好设置 247
　　6.3.1 偏好设置的概述 247
　　6.3.2 实战演练——记住密码 249
6.4 对象归档 252
　　6.4.1 对象归档概述 252
　　6.4.2 NSCoding 协议 253
　　6.4.3 实战演练——归档自定义对象 ... 254
6.5 SQLite 数据库 258
　　6.5.1 SQLite 简介 258
　　6.5.2 SQL 语句 259
　　6.5.3 实战演练——使用 SQLite3 存储
　　　　　对象 260
6.6 Core Data 266
　　6.6.1 Core Data 简介 266
　　6.6.2 实战演练——使用 Core Data 创建
　　　　　模型 267
　　6.6.3 实战演练—使用 Core Data 插入、
　　　　　查询、删除数据 271

6.7 本章小结 284

第 7 章　事件与手势识别 285

7.1 事件概述 285
7.2 触摸处理 286
　　7.2.1 触屏对象 286
　　7.2.2 响应对象 288
　　7.2.3 响应者链条 289
　　7.2.4 实战演练——多点触摸 290
7.3 手势识别 293
　　7.3.1 UIGestureRecognizer 类 293
　　7.3.2 实战演练——轻扫手势 299
　　7.3.3 实战演练——捏合手势 302
7.4 本章小结 304

第 8 章　核心动画 306

8.1 CALayer 306
　　8.1.1 CALayer 类概述 306
　　8.1.2 实战演练——给图像添加阴影、
　　　　　边框和圆角 308
8.2 Core Animation 详解 312
8.3 属性动画 314
　　8.3.1 CAPropertyAnimation 类 314
　　8.3.2 实战演练——使用动画旋转、平移、
　　　　　渐变和缩放"爱心" 315
　　8.3.3 实战演练——小圆点绕矩形、圆形
　　　　　轨迹循环运动 320
8.4 实战演练——使用动画组实现
　　　"游动的小鱼" 325
8.5 转场动画 329
　　8.5.1 CATransition 类 329
　　8.5.2 实战演练——图片浏览器 330
8.6 本章小结 337

第 1 章 iOS 应用开发入门

知识目标

- 掌握 iOS 的概念，了解 iOS 的开发框架及设备。
- 了解 Xcode 7 的新特性，会安装 Xcode 开发工具。
- 掌握配置 iOS 设备的流程，为真机调试做准备。
- 掌握 Xcode 的使用，会创建 iOS 程序并使用模拟器。

iOS 是一款强大的智能手机操作系统，被广泛地应用于 iPhone、iPad 和 iTouch 等设备中。iOS 通过这些移动设备，向用户展示了一个多点触摸、可始终在线、视频及内置众多传感器的界面。本章将带领读者一起来认识 iOS 这款神奇的系统，并为后面章节的学习奠定良好的基础。

1.1 带你认识 iOS

1.1.1 iOS 简介

iOS 系统是由苹果公司开发的手持设备操作系统，最初是设计给 iPhone 使用的，后来陆续套用到 iPod touch、iPad 及 Apple TV 等苹果公司的产品上。它最早于 2007 年 1 月 9 日的苹果 Macworld 展览会上公布，随后苹果公司于同年的 6 月发布第一版 iOS 操作系统，当初的名称为 "iPhone 运行 OS X"。当时的苹果公司 CEO 史蒂夫·乔布斯说服了各大软件公司及开发者先搭建低成本的网络应用程序（Web APP），这样可以使得它们能像 iPhone 的本地化程序一样来测试 "iPhone 运行 OS X" 平台。

2007 年 10 月 17 日，苹果公司发布了第一个本地化 iPhone 应用程序开发包（SDK）。

2008 年 3 月 6 日，苹果发布了第一个测试版开发包，并且将 "iPhone runs OS X" 改名为 "iPhone OS"。

2008 年 9 月，苹果公司将 iPod touch 的系统也换成了 "iPhone OS"。

2010 年 2 月 27 日，苹果公司发布 iPad，iPad 同样搭载了 "iPhone OS"。

2010 年 6 月，苹果公司将 "iPhone OS" 改名为 "iOS"，同时还获得了思科 iOS 的名称授权。

2010 年第四季度，苹果公司的 iOS 占据了全球智能手机操作系统 26%的市场份额。

2011 年 10 月 4 日，苹果公司宣布 iOS 平台的应用程序已经突破 50 万款。

2012 年 2 月，iOS 平台的应用总量达到 552247 个，其中游戏应用最多，达到 95324 个，比重为 17.26%；书籍类以 60604 个排在第二，比重为 10.97%；娱乐应用排在第三，总量为 56998 个，比重为 10.32%。

2012 年 6 月，苹果公司在 WWDC 2012 上推出了全新的 iOS 6，提供了超过 200 项新功能。

2013 年 6 月 11 日，在 WWDC2013 大会上苹果公司发布了 iOS 7 系统，这个系统采用了一套全新的配色方案，整个界面有很明显的半透明果冻色，拨号、天气、日历、短信等几乎所有应用的交互界面都进行了重新设计，整体看来更为动感、时尚，全新的 iOS 7 系统可应用在 iPhone 4 及以上机型中。

2014 年 6 月 3 日，苹果公司在 WWDC 2014 上公布了 iOS 8 系统，并提供了开发者预览版更新。iOS 8 在外观上依旧秉承扁平化风格，功能方面得到了很大的提升。它支持与 Mac 持续无缝对接，在通知中心快速回复包括第三方应用在内的消息通知，增加了 QuickType 联想输入、HealthKit 健康管理应用、全新的照片同步功能。此外，iOS 8 还向开发者开放了 Touch ID API，支持第三方输入法。伴随着本次系统的升级，iPhone 4 正式被苹果淘汰，iOS 8 升级适配从 iPhone 4S 开始，iPad 则从 iPad 2 起步。

2015 年 6 月 8 日，在 WWDC 2015 大会上，苹果公司公布了 iOS9 操作系统，包括使用了全新的字体，包括更加智能的 Siri，在记事本应用中进行绘图和加入位置标记，在地图中支持公交地铁查询等，还向开发者开放了全局搜索功能 Spotlight 的 API 接口。iPad 2 和 iPhone 4s 都可以升级 iOS 9。

目前，iOS 的生态圈非常成熟，只要开发者具有良好的创意，并将该创意实现为 iOS 应用程序，接下来就可以把这个应用程序发布到苹果提供的 App Store 中，然后就可能从苹果庞大的电子设备用户群中获取利润。事实上，现在已经有大量团队、个人通过苹果的 App Store 取得了成功。

截止到本书完稿时，Apple 公司最新的手机是 iPhone 6s Plus，最新的平板电脑是 iPad Pro，他们都搭载了 iOS 9 的操作系统，本书将围绕 iOS9 的应用开发来阐述。

1.1.2　iOS 框架层次

iOS 包含了非常多的技术内容，包括界面管理、内存的分配与回收、事件发送、多任务处理、网络、多媒体服务等。尽管 iOS 功能五花八门，但是大体上可以将其分为 4 个层次，如图 1-1 所示。

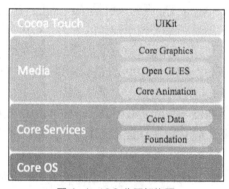

图 1-1　iOS 分层架构图

图 1-1　所示 4 个层次的相关讲解具体如下。

- Core OS 层：位于 iOS 框架的最底层，主要包含内核、文件系统、网络基础架构、安全管理、电源管理、设备驱动、线程管理、内存管理等。简而言之，该层提供了最低级的、系统级的服务。
- Core Services 层：称之为核心服务层，主要提供诸如字符串管理、集合管理、网络操作、URL 实用工具、联系人管理、偏好设置等服务。除此之外，它还提供了很多基于硬件特性的服务，如 GPS、加速计、陀螺仪等。
- Media 层：依赖于 Core Services 层提供的功能，主要负责图形与多媒体服务。它包含了 Core Graphics、Core Text、Open GL ES、Core Animation、AVFoundation、Core Audio 等与图形、视频和音频相关的功能模块。
- Cocoa Touch 层：直接向 iOS 应用程序提供各种基础功能的支持。其中，UIKit 框架提供了各种可视化控件供应用程序使用，如窗口、视图、视图控制器与各种用户控件等。另外，UIKit 也定义了应用程序的默认行为和事件处理结构。

iOS 提供的这些框架是由许多类、方法、函数、文档按照一定的逻辑组织起来的集合，它为我们提供了完整的项目解决方案，使研发程序变得更加容易。大多数情况下，应用程序会使用 UIKit 框架提供的各种界面类构建程序界面，并使用 Foundation Kit 框架中定义的各种基本类型（字符串、数字等）来保存程序的数据，由于这两个框架太重要了，因此，它们结合在一起就称为 Cocoa Touch。

1.1.3 iOS 开发设备

强大的 iOS 系统被广泛地应用于苹果公司的移动系列产品，只要是 iOS 程序，都支持在 iOS 系统的某些设备上运行，它们的主要差异表现在屏幕大小。目前，iOS 程序主要分为 iPhone 程序和 iPad 程序，它们分别运行在 iPhone 和 iPad 设备，具体介绍如下。

1. iPhone

iPhone 是一个集合了照相、个人数码助理、媒体播放器及无线通信设备的掌上智能手机。iPhone 最早由史蒂夫·乔布斯在 2007 年 1 月 9 日举行的 Macworld 上宣布推出，并于同年 6 月 29 日在美国上市。第七代 iPhone 5S 和 iPhone 5C 于 2013 年 9 月 10 日发布，同年 9 月 20 日正式发售。第八代 iPhone 6 和 iPhone 6 Plus 于 2014 年 9 月 10 日发布，第九代 iPhone 6s 和 iPhone 6s Plus 于 2015 年 9 月 10 日发布。iPhone 5s、iPhone 6 和 iPhone 6 Plus 的对比如图 1-2 所示。

图 1-2 全新的 iPhone 6

从图 1-2 可知，iPhone 6 Plus 屏幕尺寸更大，整体外观拉长。针对不同的 iPhone 设备，它们的屏幕尺寸和分辨率见表 1-1。

表 1-1 iPhone 的分辨率参数

型号	屏幕尺寸（英寸）	分辨率（像素）
iPhone	3.5	480×320
iPhone 3G	3.5	480×320
iPhone 3GS	3.5	480×320
iPhone 4	3.5	960×640
iPhone 4S	3.5	960×640
iPhone 5	4	1136×640
iPhone 5C/5S	4	1136×640
iPhone 6	4.7	1334×750
iPhone 6 Plus	5.5	1920×1080
iPhone 6s	4.7	1334×750
iPhone 6s Plus	5.5	1920×1080

表 1-1 是不同型号 iPhone 的屏幕尺寸和分辨率，通过对比发现，iPhone 的屏幕尺寸逐渐增大，分辨率逐渐升高，厚度逐渐减小。

2. iPad

iPad 是苹果公司于 2010 年发布的一款平板电脑的名称，定位介于苹果的智能手机 iPhone 和笔记本电脑产品之间，它只有 4 个按键，布局与 iPhone 布局一样，提供了浏览互联网、收发电子邮件、观看电子书、播放音频和播放视频等功能。

2010 年 1 月 27 日，在美国旧金山欧巴布也那艺术中心所举行的苹果公司发布会上，平板电脑 iPad 正式发布。

2012 年 3 月 8 日，苹果公司在美国欧巴布也那艺术中心发布第三代 iPad，外形与 iPad 2 相似，但是电池容量增大。

2012 年 10 月 24 日，苹果公司举行新品发布会发布第四代 iPad 平板电脑，它拥有 9.7 英寸的屏幕，配置了 A6X 芯片，有关性能能达到上代 iPad 所用 A5X 芯片的两倍左右。

2012 年 10 月 23 日，发布了屏幕尺寸为 9.7 英寸、更轻、更薄的 iPad Air。

2014 年 10 月 17 日凌晨 1 点，苹果在美国加州库比蒂诺总部 Infinite Loop 园区的 Town Hall 大会堂如期召开了主题为"久违了"的新品发布会。在此次发布会上，苹果正式发布 iPad

Air 2。

  2015 年 9 月 10 日，苹果正式在美国旧金山发布 iPad Pro，这是 iPad 有史以来尺寸最大的版本，屏幕达到 12.9 寸。同时，还低调地发布了 iPad Mini 4。

  2016 年 3 月 23 日，苹果公司在春季发布会上发布了 9.7 英寸的 iPad Pro，与 12.9 英寸的 iPad Pro 同名，所以在提起这两款 iPad Pro 时，需要以尺寸来区别。

  图 1-3 是目前在售的 iPad 系列产品的尺寸对比图。

图 1-3　iPad Air 2

  从图 1-3 可知，iPad Pro 12.9 英寸的屏幕是最大的，其他机型的屏幕差别并不大。针对不同的 iPad 设备，它们的屏幕尺寸和分辨率见表 1-2。

表 1-2　iPad 的分辨率参数

型号	屏幕尺寸/英寸	分辨率/像素
iPad	9.7	1024×768
iPad 2	9.7	1024×768
new iPad	9.7	2048×1536
iPad 4	9.7	2048×1536
iPad mini	7.9	1024×768
iPad Air	9.7	2048×1536
iPad mini 2	7.9	2048×1536
iPad Air 2	9.7	2048×1536
iPad mini 3	7.9	2048×1536
iPad mini 4	7.9	2048×1536
iPad Pro（9.7 英寸）	9.7	2048×1536
iPad Pro（12.9 英寸）	12.9	2732×2048

1.1.4 iOS 9 的全新功能

1. 字体

iOS 采用了在 Apple Watch 上显示的 San Francisco 字体，与上一代 Helvetica 字体相比，全新的字体在间距的把握方面更加独到，让用户更加容易识别。iOS 9 的键盘同样作出了细微的调整，在点按"Shift"键切换大小写字母时，键盘也将会依次显示大小写样式，不再像以往一样在 Shift 箭头下面出现一道横杆。

2. 搜索方式

在 iOS 9 中提供了两种搜索方式，分别是传统的下拉激活 Spotlight 搜索、滑动到主屏左侧，使用 Siri/Proactive 助理进行搜索。而 3D-Touch 的应用也让操作具备多样性。

3. 更加智能的 Siri

全新的 Siri 在搜索精度上会比以往的提高 40%，而搜索也会变得更加智能化。比如，用户说出"时间地点"，siri 便可找到对应的照片。Siri 可智能识别用户所处在的场景，以便于针对不同的需要来为用户提供帮助。苹果也为 Siri 换了全新的 UI，让整体风格与系统更加协调。Siri 在听取语音指令时，还能发出震动作为相应。

4. iPad 多任务

期待已久的分屏功能终于来到 iPad，提供三种形式：

- SlideOver 让你在不离开当前 app 的同时就能打开第二个 app。
- SplitView 让两个 app 能在同一屏幕上同时开启、并行运作。
- PictureinPicture 可以缩小视频的尺寸，让你在回邮件的同时还能看视频节目。

5. 开放全局搜索 API

开放了全局搜索功能 Spotlight 的 API 接口，允许第三方应用整合这一功能，用户的搜索结果将会更加实用和准确。

6. 支付工具 Apple Pay

Apple Pay 支持了更多的线下商家，包括 Levi's、乐高、Forever 21 等连锁商店。此外, Apple Pay 将支持英国伦敦的公交系统。

7. 备忘录应用

备忘录应用不仅可以记录文字，并且能够引入图片与地图信息，让一个文字应用彻底多媒体化。用户可以进行绘图，并在文中加入位置标记等信息，或是加入目标达成的控件，进行勾选操作等。

8. 地图应用

在地图方面，新的"Trances"功能被加入，当用户点选任何一个站点、位置时，穿梭过它的大部分交通线路都被标清，让用户可以直观参照。新的地图应用还针对不同地铁站点加入了更详细的出口信息。改功能首批将支持美国部分城市及中国北京、西安、深圳、成都、广州等地区。地图功能还加入了国内第三方地图用户熟悉的"附近"功能，可以搜索周边的美食、购物场所等。

9. 图库优化

往常查看图片时只能进行左右滑动或选择回到图库中查看，而 iOS 系统在图片下方引入图片滑动栏，只需要在图片栏上点击或滑动便能够直接查看或寻找图片，不必再进行繁琐的操作。

10. 后台采用页签形式

iOS 9 优化后台应用显示，当用户双击 Home 键进入后台时，看到的不再是应用程序一个个独立的摆在那里，新系统采用页签形式展现后台应用，应用重叠显示与出色的动画过渡，让 iOS 9 更加炫酷。

11. 省电模式

苹果首次为 iOS 加入了低功耗（节电）模式 "Low Power Mode"，当用户启用低功耗节电模式之后，能够为用户延长最多 3 个小时的续航时间。并且 iOS9 自身也对续航加强了优化，使得在不开启低功耗模式的时候也能为 iPhone 带来额外的 1 个小时续航时间。

1.2 搭建开发环境

"工欲善其事，必先利其器" 这一说法在编程中同样受用。学习 iOS 开发也离不开好的开发工具的帮助，本节将详细讲解搭建 iOS 开发环境的知识，以及开发所需要的第三方工具的基本知识。

1.2.1 申请加入 iOS 开发团队

要想成为一名 iOS 开发人员，首先需要拥有一台 Intel Macintosh 台式计算机或者笔记本电脑，并运行苹果的操作系统，例如，Mavericks、Yosemite、El Capitan 等，而苹果公司的 Mac 系列计算机，如 MacBook、Mac Mini 就是最适合的开发工具。

准备好硬件设备后，还需要注册成为 iPhone 开发人员，这样苹果公司才会允许下载 iPhone SDK。它是软件开发工具包，其内部包含了开发必须的 Xcode，它是苹果公司的集成开发环境。注册大致分为以下几个步骤。

1. 开发者账号

苹果开发者注册主要有两种账户，分为标准的开发者账户和企业账户，针对这两种账户的情况具体如下。

- 标准的开发者：一年费用为 99 美金。苹果开发者希望在 App Store 发布应用程序，则可以加入 iOS 开发者标准计划，开发者可以选择以个人或者公司的名义加入该计划。
- 企业账户：一年费用为 299 美金，还要注册一个公司 Dun&Bradstreet（D-U-N-S）码，这个账户可以注册任意多个设备。如果开发者希望创建部署于公司内部的应用，并且其公司雇员不少于 500 人，则可以加入 iOS 开发者企业计划。

当然，我们也可以不缴纳任何费用加入 Apple 开发人员计划，从 iOS 9 开始，只要有 Apple ID，免费会员也可以在真机上调试程序。但是如果要发布程序，则必须交费成为收费会员。

2. 加入 Apple 开发人员计划

无论是大型企业还是小型公司，又或者是个人开发者，步入 iOS 开发前都需要从 Apple 网站开始，打开 https://developer.apple.com/programs/enroll/ 页面开始注册，单击页面下方的 "Start Your Enrollment" 按钮，系统会弹出登录页面，如图 1-4 所示。此时，可以使用 Apple ID 登录，如果没有 Apple ID，可以创建一个。

登录完成以后，就可以开始申请了。如图 1-5 所示，可以选择申请的开发者账号类型。

图 1-4 提示登录页面

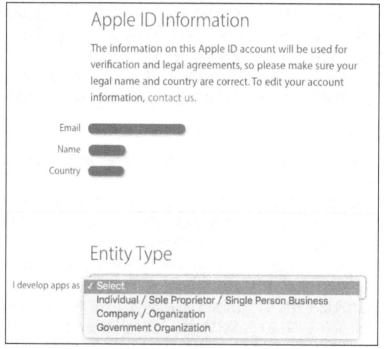

图 1-5 选择开发者账号类型

实际上,要注册苹果开发者大致分为 3 个步骤,具体如下。

(1) Choose an enrollment type(选择账户类型)

我们必须要选择一种账户类型,选择个人账户还是企业账户,关于这两种账户信息,前面已经提到过,它们的收费及申请标准不同。

(2) Submit your information(提交信息)

苹果会针对注册的账户类型,要求提交不同的申请信息。个人账号包含地址和姓名等,企业账号还要提交D-U-N-S码。如果企业没有申请过该码，可以根据网站上的链接去申请。苹果针对开发者的身份审核比较严格，个人账号要给苹果传真身份证的扫描件，企业账号需要给苹果传真营业执照的扫描件。

（3）Purchase and activate your program（缴费）

苹果审核信息通过后，就会要求开发者付款，具体费用不再重复。购买完成后，苹果会在24小时以内发送一封电子邮件告知下一步操作。

当然，在申请加入iOS开发之前，开发者首先必须拥有一个苹果账号，即Apple ID。如果读者使用过iTunes、App Store或者其他苹果服务，可以直接使用当时的账号。如果没有，则可以创建一个新的Apple ID。

3. 创建Apple ID

如果还没有Apple ID，在图1-4的界面上单击"Create Apple ID"按钮，可以进入创建Apple ID的界面，如图1-6所示。

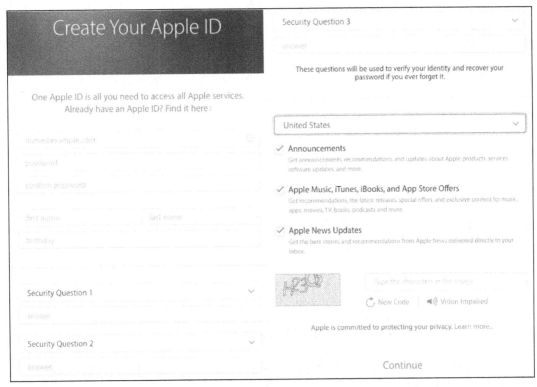

图1-6 注册Apple ID

苹果会要求开发者输入一些账号信息，其中，Apple ID都是用邮箱作为名称，密码在位数和组合上也有一定的条件，读者只要按照提示来操作即可。有了Apple ID，就可以继续申请开发者账号了。

1.2.2 下载和安装Xcode与iOS SDK

Mac开发者计划和iOS开发者计划的会员可以获取最新的Xcode开发工具。Xcode提供了各种实用工具，用于创建和调试源代码。SDK里面还包含了一个模拟器，它支持在Mac上运行大多数iPhone和iPad程序，方便开发者在模拟器上看到程序在真实设备上运行的效果。

1. 下载并安装 Xcode

早期的 Xcode 和 SDK 可能需要分开下载，但目前最新版本的 Xcode 和 SDK 已经捆绑在一起，因此只要下载 Xcode 即可，具体下载步骤如下。

（1）进入 https://developer.apple.com/xcode/ 网站，选择"Downloads"选项，进入到最新 Xcode 的下载界面，Xcode 里面包含了 iOS 的最新 SDK，如图 1-7 所示。

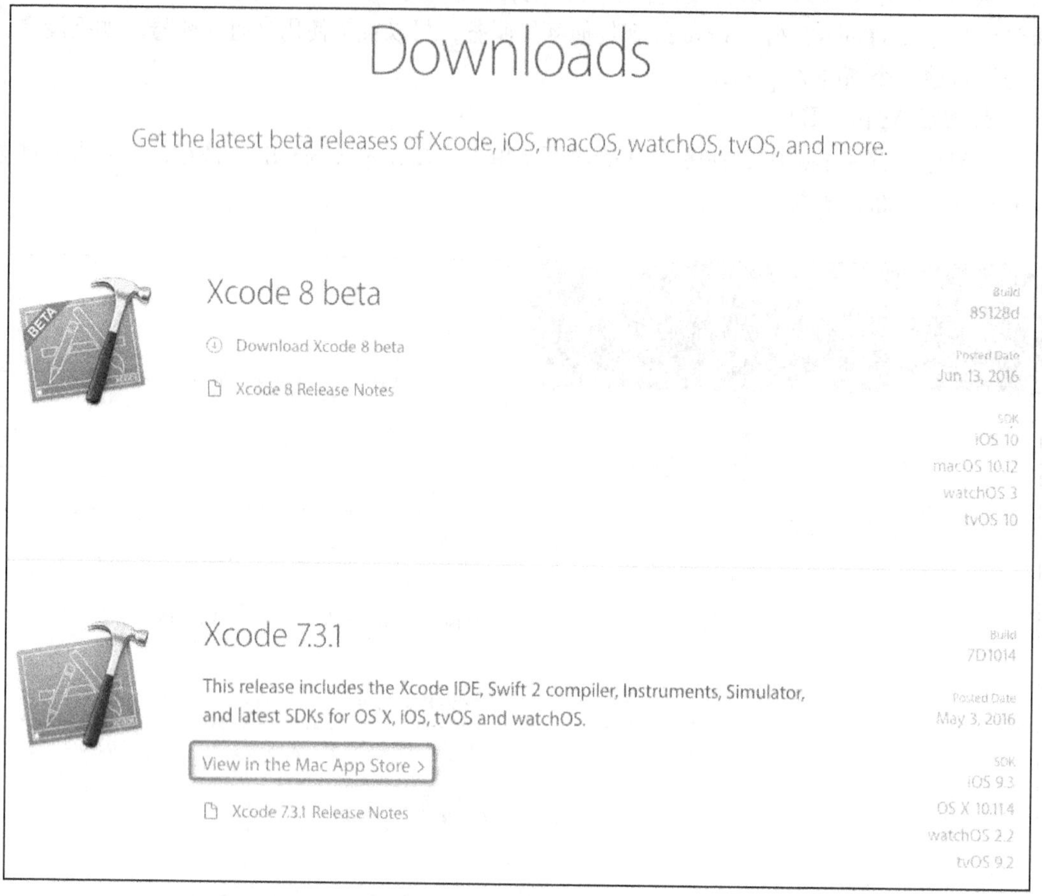

图 1-7　最新 Xcode 下载界面

图 1-7 中显示了当前最新版本的 Xcode，由于 Xcode 8 是 beta 测试版，并没有推出正式版，所以我们仍然使用 Xcode 7.3。

（2）单击图 1-7 中的"View in the Mac App Store"，系统会首先打开一个下载预览页面，如图 1-8 所示。

（3）单击图 1-8 中的"View in Mac App Store"，系统会在 Mac 版的 App Store 里面打开下载链接，如图 1-9 所示。

（4）单击"获取"按钮，然后单击"安装 App"按钮，按照提示完成操作，App Store 就会把 Xcode 安装到你的应用程序中。单击"前往"→"应用程序"看到应用程序列表中出现了 Xcode，就说明 Xcode 安装成功了。

图 1-8　Xcode 下载预览页面

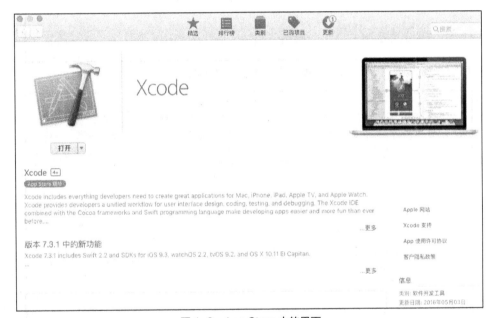

图 1-9　App Store 中的界面

2. 安装模拟器和文档

安装 Xcode 之后，接下来，在"应用程序"列表中启动 Xcode。启动完成之后，会看到"Welcome to Xcode"窗口，同时屏幕上方会看到 Xcode 的主菜单。

选择屏幕上方菜单项"Xcode"→"Preferences"，系统会打开 Xcode 参数设置对话框，如图 1-10 所示。

单击图 1-10 所示的对话框中的"Components"标签页，在该页面中可以看到 Simulators 和 Documentation 两个标签。单击 Simulators 标签，在下方会看到可以安装的各种模拟器，如果其左边显示"●"图标，表明该模拟器已经安装，若显示⊙图标，表明该模拟器还未安装，单击⊙图标就会安装该工具。同样，单击 Documentation 标签，也会看到很多文档，单击⊙图标可以安装文档,直到显示"◉"图标即可。如图 1-11 所示。

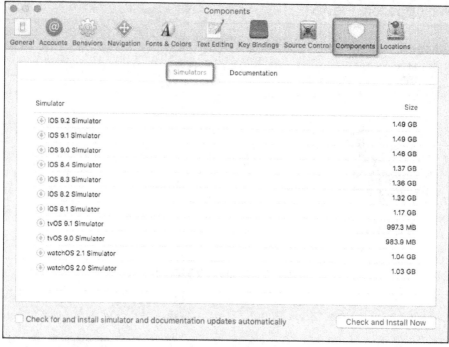

图 1-10　安装模拟器窗口

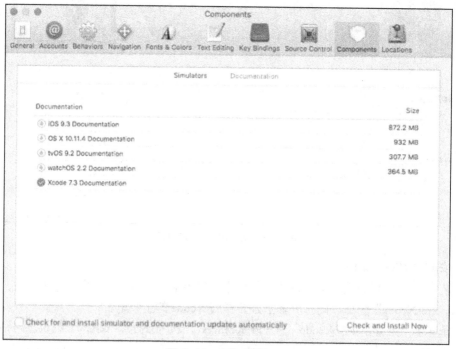

图 1-11　安装文档窗口

1.2.3　Xcode 7 的新特性

截止到 2016 年 7 月,市面中最主流的稳定版本是 Xcode7.3,相较于之前版本,其最突出的特点如下所示。

1. 新特性

（1）免费的设备调试

在 Xcode7 之前，如果要在真实的设备上调试，必须成为付费会员。免费开发者只能在模拟器上调试自己的 App，而有些功能是模拟器不具备的，比如手机定位、打电话、发短信、照相等等，这些功能只有真机才具有。即使成为了付费会员，也要进行繁琐的设置，才能在特定设备上调试特定电脑上开发出来的特定程序。

好消息是，从 Xcode7 开始，开发者不再需要成为付费会员，也不再需要进行繁琐的设置，就可以在任意的设备上进行开发和调试了。所需要的只是注册一个 Apple ID 即可。在本章的后续小节，会为大家详细的讲解在 Xcode7 上如何真机调试 iOS 程序。

（2）App 瘦身

现在使用 Xcode 7 可以开发 3 个平台上的应用，需要适配的设备种类也很多。不同的设备其容量和屏幕分辨率等各不相同。针对同一个 APP，利用 Xcode7 和 iTunes App Store，可以为每种设备进行优化，对于某个设备上用不到的图片等资源，就不下载到设备上。具体包括以下几点：

- Bitcode

在应用打包后上传到 App Store 的时候，Xcode 会把应用编译成一种中间代码 bitcode（与二进制的可执行代码不同）。App Store 会按照需要将 bitcode 编译成 64 位或者 32 位的可执行代码。

- 切片

可以将放在 Assets 里的图片打上标签，在下载 app 的时候，不同的设备只选择该设备需要的图片。

- 按需资源

在 app 下载安装完成之后，App Store 可以存储一些额外资源，并打上标签，按照一定的策略和控制进行下载。

（3）测试

在 Xcode 7 里，XCTest 框架新增了一个主打特性：UI Testing。UI Testing 以 XCTest 现有 API 和概念的扩展方式出现，这让已经熟悉 Xcode 测试功能的开发者很容易就能够上手。具体包括：

- UI 录制

可以通过录制 UI 交互操作的方式创建 UI Test。当用户和应用交互时，Xcode 在项目的测试方法里面注入代码，这些代码能够找到 app 的 UI 元素，并访问他们的属性的方法。

- 正确性和性能

XCTest 提供了丰富特性以定位 UI 元素、访问元素属性和调用方法。而且支持 Assert、性能监视等。

- 代码覆盖率

在 scheme 里打开代码覆盖率功能，就可以对代码覆盖率进行可视化监测。在测试报告和代码编辑器里都可以显示代码的覆盖率信息。

- Xcode Server

Xcode 的测试功能已经和 Xcode Server 完整的集成。

（4）Swift 2.0

Xcode 7 支持 Swift 2.0，Swift 2.0 相对于 Swift 1.2 改进很大，尤其是现代化、强大性、表

达力、和易用性方面。

2. 新变化

除了功能之外，与 Xcode6 相比，Xcode7 的外观也发生了一些变化。接下来，针对这些改变进行详细介绍。图 1-12 是 Xcode6 的项目文件界面，图 1-13 是 Xcode7 的项目文件界面，对比这两张图，也可以看到这些具体的改变。

图 1-12　Xcode6 的项目文件界面　　　　图 1-13　Xcode 7 的项目文件界面

（1）资源文件名由 Images.xcassets 改名为 Assets.xcassets。

（2）info.plist 文件默认显示在 Supporting Files 文件夹外部。

（3）启动文件由 xib 文件改成了 storyboard 文件格式。图 1-14 是 Xcode6 的启动文件设计界面，图 1-15 是 Xcode7 的启动文件设计界面，对比两张图可以看出，启动文件的设计界面已经改变。

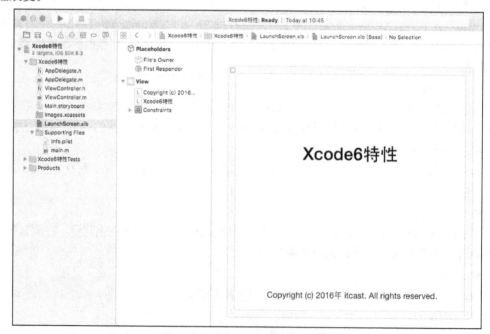

图 1-14　Xcode6 的启动文件界面

图 1-15　Xcode7 的启动文件界面

（4）新建项目时，默认不再为项目创建测试 Target，而是由用户来选择是否包含测试单元。如图 1-16 所示。

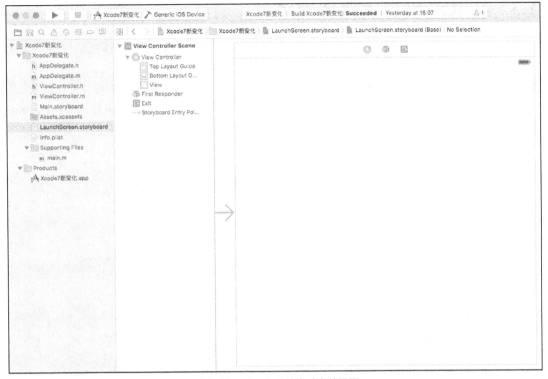

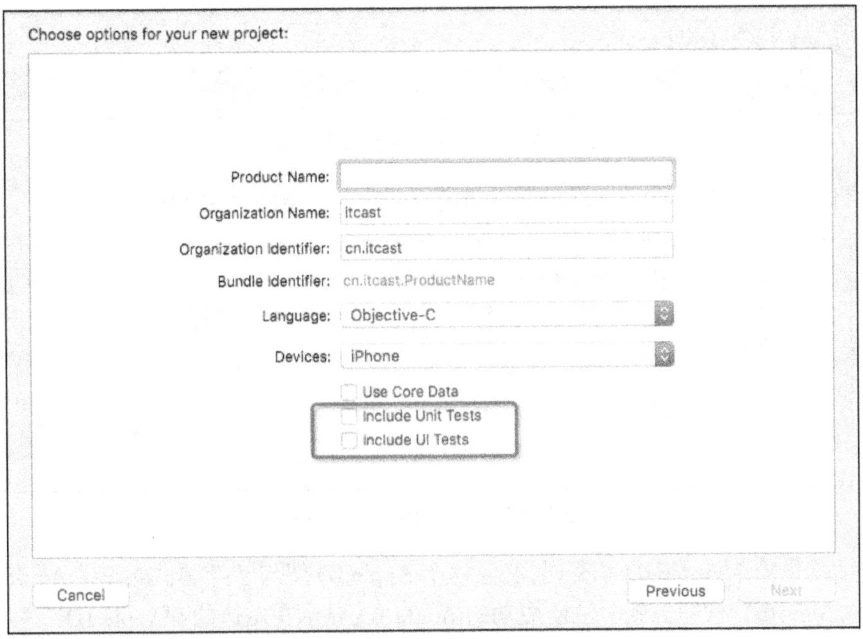

图 1-16　用户选择是否包含测试单元

1.3 在 iOS 设备上调试程序

从 Xcode7 开始，开发者不用付费就可以在苹果设备上进行调试程序，只需要一个 Apple ID 即可。接下来，就为大家介绍如何在 Xcode 上进行真机调试，步骤如下。

1. 在 Xcode 中添加 Apple ID

打开 Xcode，在【Preference】->【Accounts】目录下单击"+"号，在弹出菜单中选择"Add Apple ID…"。如图 1-17 所示。

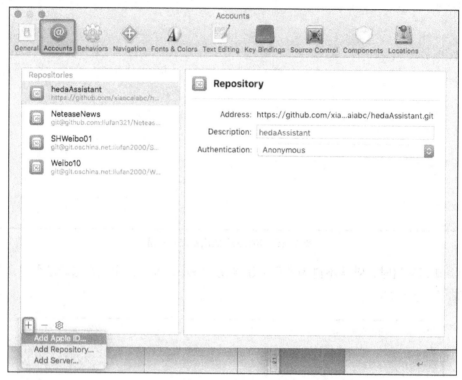

图 1-17　在 Xcode 中添加 Apple ID

此时将弹出一个对话框用于注册开发者的 Apple ID，如图 1-18 所示。

图 1-18　输入 Apple ID 和密码

在对话框里输入 Apple ID 和密码，注意这个 Apple ID 要与参与调试的设备 Apple ID 相同。然后单击"Sign In"按钮。此时注册成功的 Apple ID 显示在左边的"Apple IDs"栏目上，并且可以看到账号的"Free"标记，如图 1-19 所示。

单击"View Details"按钮，可以看到能够创建的签名列表，如图 1-20 所示。

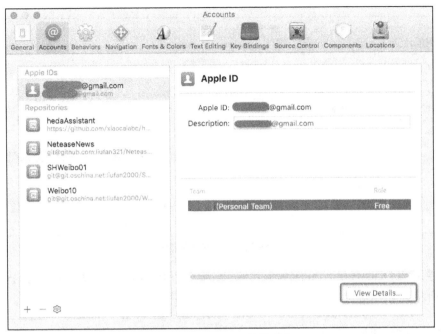

图 1-19　Apple ID 注册成功

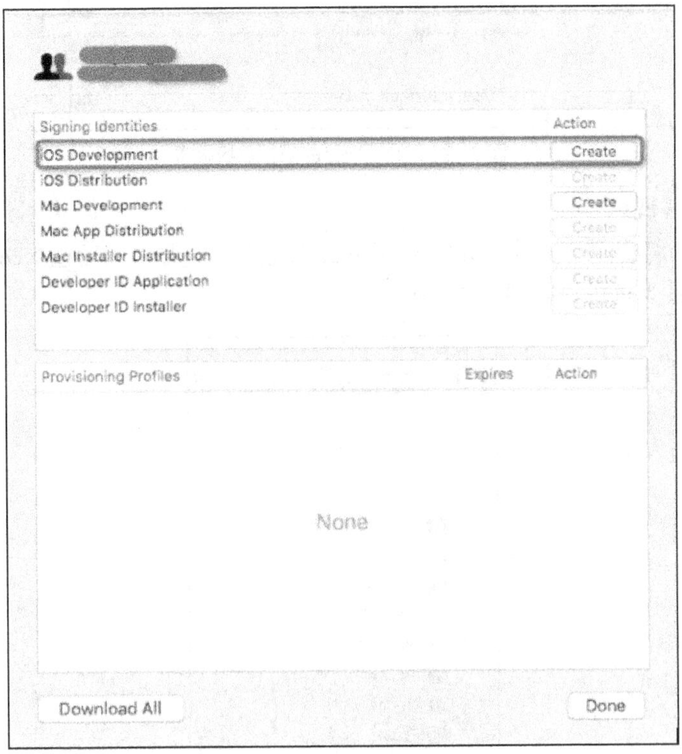

图 1-20　能够创建的签名列表

此时可以看到，证书还没有生成。
2. 选择项目

在项目导航栏中选择需要真机调试的项目，在工作区的 Targets 中选择要调试的 target，然后选择【General】->【Identity】，修改 Team 选项为刚才添加的 Apple ID，图 1-21 所示。

图 1-21　选择开发者身份

并且要确保 Deployment Target 所显示的 iOS 版本低于或等于用于测试的设备的 iOS 版本，图 1-22 所示。

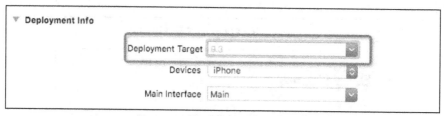

图 1-22　设置项目的部署目标版本

3. 连接真机并调试

使用数据线，将要用于调试的 iPhone 或 iPad 设备连到电脑。然后在 Xcode 的工具栏里选择调试的目标设备为真机，如图 1-23 所示。

图 1-23　选择真机进行调试

此时，在 Team 下面多了一个警告，如图 1-24 所示。

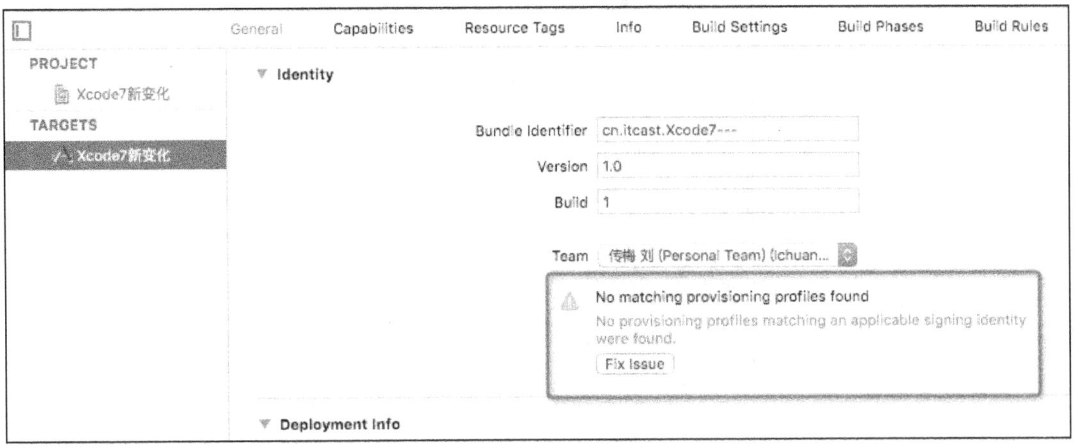

图 1-24　警告信息

单击"Fix Issue"按钮，等待 Xcode 处理完毕，这个警告就消失了。然后将真机设备解锁，在 Xcode 中运行程序。如果是第一次用这台设备测试，则设备上会弹出一个对话框，提示用户是否要信任该应用，如图 1-25 所示。

图 1-25　提示是否信任该电脑上的应用

选择"信任"按钮，则程序开始在真机上运行，就可以在真机上进行调试了。

如果在 Xcode 中弹出如图 1-26 所示的对话框，有两种情况，一种是设备没有解锁，此时将设备解锁即可；

图 1-26　Xcode 提示信息

另一种是因为 iOS 设备不信任这个 App，此时的解决方法是，打开 iOS 设备的【设置】->【通用】->【设备管理】->【开发商应用】，单击屏幕中间的"信任***（Apple ID）"即可，如图 1-27 所示。

图 1-27　在设备上设置为信任该开发者

当真机调试成功时，可以看到在 Xcode 中已经生成了描述文件，如图 1-28 所示。

图 1-28　生成的描述文件

2. 安装描述文件

单击图 1-28 所示的 "Download" 按钮，下载描述文件。下载完成后双击该文件，Xcode 会安装该文件。这时，我们就可以进行真机调试了。

1.4 使用 Xcode 创建第一个 iOS 程序

在前面的小节中，开发环境已经搭建完毕。本节将会启动 Xcode，围绕着 Xcode 的界面及使用来讲解，创建出第一个 iOS 应用程序。

1.4.1 在 Xcode 中创建项目

要想使用 Xcode 编写程序，首先需要创建一个项目，创建项目可以帮助大家更好地管理代码文件和资源文件。使用 Xcode 工具创建一个项目，大致要经历以下步骤，具体内容如下。

（1）在 Dock 中单击 "Xcode" 快捷图标启动 Xcode，弹出欢迎使用 Xcode 的对话框，如图 1-29 所示。

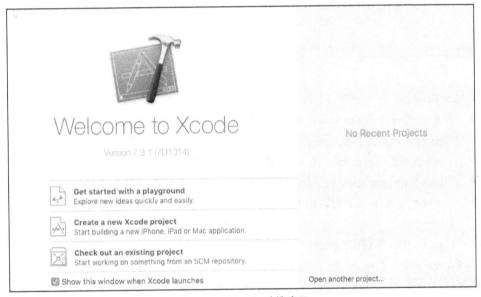

图 1-29　Xcode 欢迎窗口

图 1-29 所示是 Xcode 的欢迎窗口，该窗口分为两个部分，右侧表示最近访问的项目，左侧包含 3 个选项，具体如下。

- Get started with a playground：表示创建一个带有 playground 的工程，用于编写、运行 Swift 程序。
- Create a new Xcode project：表示创建一个新的 Xcode 工程。
- Check out an existing project：表示打开一个现有的工程。

（2）选择图 1-29 所示的 "Create a new Xcode Project" 选项，弹出项目模板窗口，如图 1-30 所示。

图 1-30 所示是项目模板窗口。该窗口列出了很多项目模板可供选择，不同的项目模板会在新建项目时创建不同的源文件与默认的代码结构。从左侧窗口可以看出，iOS 工程模板分为 2 类，分别为 Application、Framework & Library，针对它们的介绍如下。

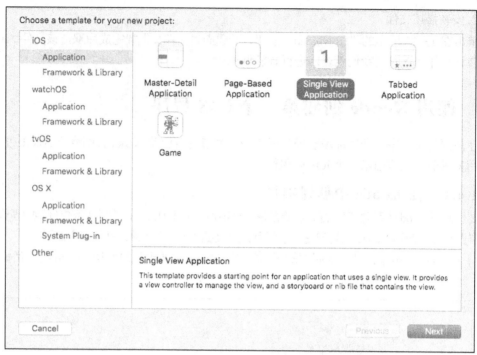

图 1-30　项目模板窗口

① Application
- Master-Detail Application：可以构建树形结构导航模式应用，生成的代码中包含了导航控制器和表视图控制器等。
- Page-Based Application：可以构建类似于电子书效果的应用，这是一种平铺导航。
- Single View Application：可以构建简单的单个视图应用。
- Tabbed Application：可以构建标签导航模式的应用，生成的代码中包含了标签控制器和标签栏等。
- Game：可以构建游戏的应用。

② Framework & Library 类型的模板，可以构建基于 Cocoa Touch 的静态库。

此外，还会用到 Other 类型的模板，利用该类型，我们可以构建应用内购买内容包和空工程。其中，使用应用内购买内容包，可以帮助我们构建具有内置收费功能的应用。

（3）在图 1-30 中，选择"iOS"→"Application"→"Single View Application"，创建一个单一视图的应用程序，单击"Next"按钮，进入项目配置窗口，如图 1-31 所示。

图 1-31 所示是项目配置窗口，它允许我们为项目命名、定义项目的包 ID 前缀、选择设备家族，具体每项的相关介绍如下所示。

- Product Name：产品名称，图中的产品名称为"01_HelloIOS"。
- Organization Name：组织名称，图中的组织名称为"itcast"。
- Organization Identifier：组织标识符，一般输入公司的域名，表示项目的包 ID 前缀，图中的包 ID 前缀为"cn.itcast"。
- Bundle Identifier：捆绑标识符，结合了 Product Name 和 Organization Identifier，在发布程序时会被用到，故此命名不可重复。
- Language：编程语言，包含 Objective-C 和 Swift 两个选项。

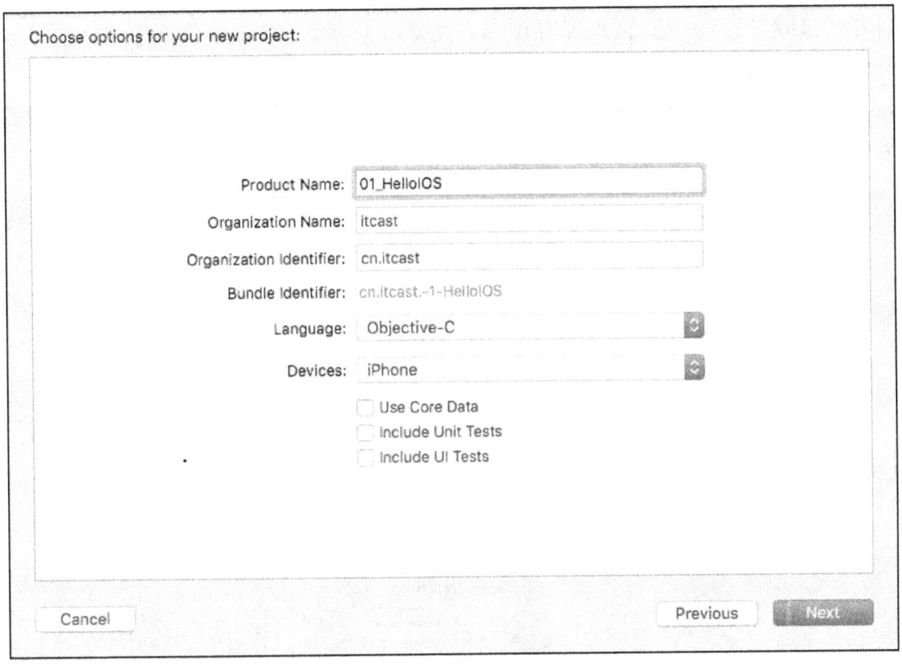

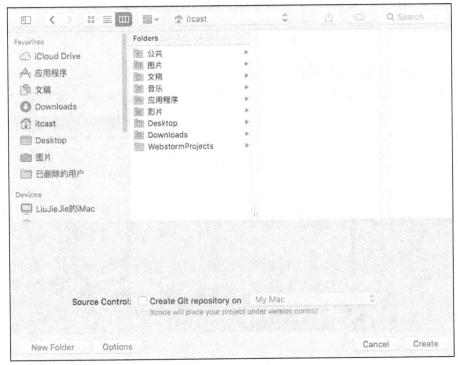

图 1-31 项目配置窗口

图 1-32 选取项目保存的路径

- Devices：选择设备，可构建基于 iPhone 或者 iPad 的工程，也可以构建通用工程，在 iPhone 和 iPad 上都能够正常运行。

（4）单击图 1-31 所示的"Next"按钮，进入到选取项目保存位置的窗口，如图 1-32 所示。

我们可以选取任意一个位置来保存项目，该窗口下方的"Create Git repository on My Mac"复选框用于源代码的版本控制，如果在正式的项目中，需要勾选该复选框。

（5）单击"Create"按钮，Xcode 在指定的目录下面成功创建了一个项目，并且将项目的所有文件存放于此，项目创建好的界面如图 1-33 所示。

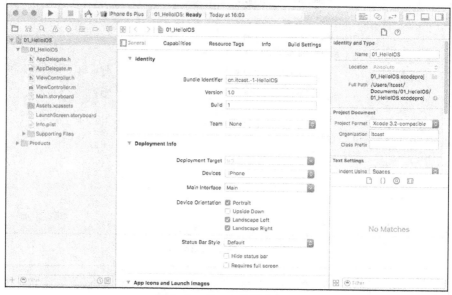

图 1-33　Xcode 开发主界面

1.4.2　熟悉 Xcode 界面

单击图 1-33 所示左侧的 ViewController.m 文件，可以看到"Xcode"窗口布局大致分为若干块，如图 1-34 所示。

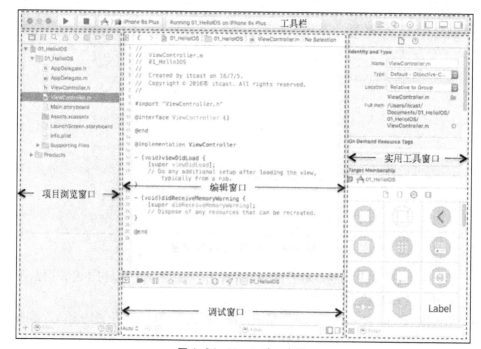

图 1-34　Xcode 窗口布局

从图 1-34 中可以看出，它大致包含 5 个部分，分别为工具栏、项目浏览窗口、编辑窗口、调试窗口及实用工具窗口，针对它们的介绍如下。

1. 工具栏

工具栏位于 Xcode 窗口的顶部，可以执行多种常见的操作，例如，运行程序。从划分区域上可以看出，其大致分为 5 个部分，具体如下。

（1）运行及停止运行按钮：位于工具栏的左侧，图标分别为 ▶ 和 ■，用于运行程序或者停止运行程序。

（2）状态：位于工具栏的中央位置，用于展示上一个动作的执行结果或者当前动作的进度，例如，运行应用程序。

（3）设置编辑窗口的视图方式：位于工具栏的右侧位置，其图标为 ≡ ◎ ⇆ ，分别用于显示标准、辅助、版本编辑视图，其中，蓝色表示当前选择的视图方式。

（4）显示或隐藏窗口：位于工具栏的最右侧位置，其图标为 □ □ □，分别用于显示或者隐

图 1-35 选择模拟器

图 1-36 项目浏览窗口

藏项目浏览窗口、调试窗口及实用工具窗口。其中，蓝色表示显示状态，灰色则表示隐藏状态。

（5）选择运行平台：位于"停止运行"按钮的右侧，图标为 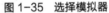，提供了多种平台供项目使用，单击图标会显示出一个运行方案下拉菜单，如图 1-35 所示。

从图 1-35 中可以看出，该下拉列表提供了多种运行方案，其中，最上面一项表示真机测试的设备，如果没有 iOS 设备连到电脑，则这一项会提示无设备连接到 Mac 电脑。

2. 项目浏览窗口

项目浏览窗口位于 Xcode 窗口的左侧，它列出了项目中所有的源代码文件、资源文件等，在其顶部有一排很小的按钮，它们分别表示不同的导航类型，如 图 1-36 所示。

图 1-36 所示是项目浏览窗口，该窗口一共包含 8 个导航器。其中最常用的导航器介绍如下。

- 项目导航：会以组的形式来管理项目的源代码、图片等各种资源，如图 1-36 所示当前显示的面板。
- 符号导航：主要以类、方法、属性的形式来显示项目中所有的类、方法、属性，便于查看项目包含的所有类，以及每个类所包含的属性、方法，允许开发者快速定位指定的类、方法或者属性。
- 搜索导航：在搜索框内输入要搜寻的目标字符串，按回车键后，该面板会罗列出搜索的结果。
- 问题导航：若项目中出现任何警告或者错误，都会在此面板中罗列出来。

上述常用导航器对应的界面如图 1-37 所示。

图 1-37 常用的导航器

3. 编辑窗口

编辑窗口作为最主要的工作区，位于 Xcode 的中间位置，它主要用于显示与代码的编辑、界面设计、项目的设置等。编辑窗口会随着左侧导航窗口的不同选择而变化，举例如下。

- 若单击 ViewController.m 源文件，编辑窗口会显示相应的代码内容，并且允许编辑。
- 若单击 Main.storyboard，编辑窗口会显示故事板，并且允许对界面进行设计。

4. 调试窗口

位于 Xcode 的底部位置，该窗口只有在对程序进行调试的时候才会显示，包括显示所有程序在运行时的信息，出现错误的提示等。调试窗口如图 1-38 所示。

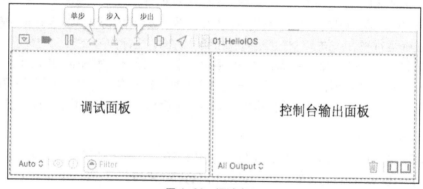

图 1-38 调试窗口

图 1-38 所示是调试窗口，该窗口分为调试面板和控制台输出面板两部分。另外，我们可以看到"断点调试"中包含单步调试、步入调试、步出调试的功能，关于这些调试方式的介绍如下。

- 单步调试：当程序执行到指定断点之后，单步调试可以控制程序代码每次只会执行一行代码，即单击该按钮一次，程序向下执行一行代码。如果调用了方法，程序不会跟踪方法的执行代码。
- 步入调试：当进行单步调试时，如果某行代码调用了一个方法，而且开发者希望跟踪该方法的执行细节，则可以使用步入来跟踪该方法的执行。
- 步出调试：当使用步入调试跟踪某个方法之后，如果开发者希望快速结束该方法，并返回该方法的调用环境，即可单击该步出按钮。

5. 实用工具窗口

位于 Xcode 的右侧位置，包含检查器面板和库面板两部分，具体介绍如下。

（1）检查器面板

位于 Xcode 右侧的上半部分，用于查找帮助信息，或是进行属性设置。该面板的内容也会随着当前焦点所在的对象而发生变化，大致分为两种情况，分别如下。

① 单击左侧"项目浏览"面板中任意一个源代码文件，检查器面板上方仅显示两个按钮，如图 1-39 所示。

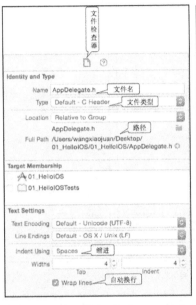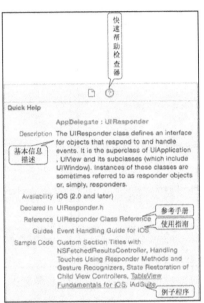

图 1-39　文件检查器和快速帮助检查器面板

图 1-39 所示是文件检查器和快速帮助检查器面板，其中，文件检查器主要用于显示该文件存储的相关信息，包括文件名、文件类型、文件存储的路径、文件编码等基本信息；快速帮助检查器简称为"快速帮助面板"，当开发者将光标停留在任意系统类上时，该面板会显示有关该类的快速帮助，快速帮助包括该类的基本说明，有关该类的参考手册、使用指南及示例代码。

② 单击左侧"项目浏览"面板中的 Main.storyboard 或者 LaunchScreen.xib，检查器面板上方会显示更多的按钮，如图 1-40 所示。

图 1-40 所示是新增的检查器面板，单击 Main.storyboard 或者 LaunchScreen.xib 时，添加了 4 个与界面设计相关的检查器，具体如下。

- 身份检查器：用于管理界面组件的实现类、恢复 ID 等标识性属性。
- 属性检查器：用于管理界面组件的拉伸方式、背景色等外观属性。

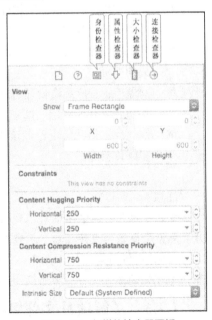

图 1-40　新增的检查器面板

- 大小检查器：用于管理界面组件的宽、高、X 坐标、Y 坐标等大小和位置相关的属性。
- 连接检查器：用于管理界面组件与程序代码之间的关联性。

关于以上这 4 个检查器，后面介绍 iOS 界面开发时才会使用到，故此处不再详述。

（2）库面板

位于 Xcode 右侧的下半部分，查看其顶部可以看到 4 个按钮，表示不同的类型的库，如图 1-41 所示。

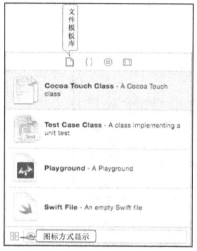  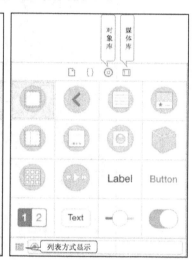

图 1-41　库面板

图 1-41 所示是 4 种类型的库面板，每一个库所包含的内容都不同，具体讲解如下。
- 文件模板库：该库用于管理各种文件模板，开发者可将指定的文件模板拖入到项目，从而快速地创建指定类型的文件。
- 代码片段库：该库用于负责管理各种代码片段，开发者将这些代码片段直接拖入到源代码中即可。
- 对象库：该库负责管理各种 iOS 界面组件，这些界面组件是开发 iOS 应用的基础。
- 媒体库：该库负责管理该项目中各种图片、音频等各种多媒体资源。

注意：

默认情况下，媒体库中看不到任何东西，只有为项目添加图片、声音等多媒体文件之后，才能在媒体库中看到列表项。只要从 Finder 中将图片文件、声音文件拖入项目浏览面板的指定位置，即可将该图片文件、声音文件添加到项目中。

1.4.3　了解项目文件组织结构

要想更好地管理项目文档，首先需要掌握项目文件的组织结构。打开 Xcode 工具左侧的"项目浏览"面板，该面板罗列出

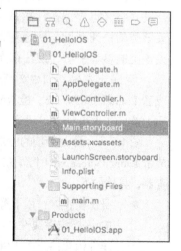

图 1-42　项目文件一览

了项目中的所有文件，如图1-42所示。

图1-42所示列出了项目中所有的文件，其中，01_HelloIOS为根目录，表示整个项目，其内部包含的3个文件夹可以做与项目相关的配置，具体介绍如下。

1. 01_HelloIOS

以项目名来命名，它包含应用程序的大部分代码及用户界面文件，可以在此文件夹内任意新建子文件夹，以便于更好地组织代码。由图1-42可以看出，它包含以下几个文件，分别如下。

- AppDelegate（.h/.m）：应用程序代理，主要用于监听整个应用程序生命周期中各个阶段的事件。
- ViewController（.h/.m）：视图控制器，主要负责管理UIView的生命周期，负责UIView之间的切换及对UIView事件进行监听等。
- Main.storyboard：界面布局文件，承载对应UIView的视图控件。
- LaunchScreen.xib：程序的启动界面，可根据屏幕的大小来显示合适的尺寸。它只是一个单一界面，无法实现场景的切换，隶属于轻量级的布局界面。
- Info.plist文件：对工程做一些运行期的配置，例如，项目的名称、唯一标识符等。
- Supporting Files：用于保存非Objective-C类的源代码和资源文件，其中，main.m为程序的入口。
- Assets.xcassets：应用程序包含的图像资源文件。单击该文件夹，编辑面板显示一个设置项AppIcon，用于设置应用图标，如图1-43所示。

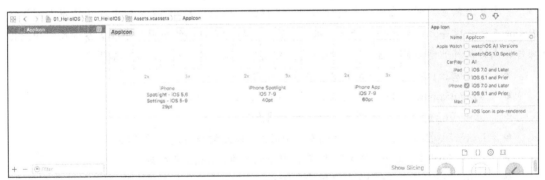

图1-43 选中Images.xcassets显示的编辑窗口

2. Products

该文件夹仅仅包括该项目所生成的应用程序，其中，01_HelloIOS.app文件是项目所生成的应用程序，也是iOS应用开发的最终目的，使用红色标识文件实际上并不存在。

多学一招：为应用添加图标

在模拟器上使用快捷键command+shift+H，回到应用程序列表，可以看到01_HelloIOS程序图标是白色的圆角正方形，缺乏吸引力。为此，我们要为应用添加图标。接下来，通过一张图来描述，如图1-44所示。

图1-44所示是iPhone的各种应用图标，这些图标均是以圆角正方形的形式显示，iPhone可自动把图标的边缘圆角化并让它具有玻璃质感。iPhone 4之后的设备都采用了Retina高清

屏幕，为此，支持 iOS 7 及以上版本的 iPhone 的程序包需要以下尺寸的图片，具体如下。

- 120×120 像素：用于 iPhone 6(s) 的应用程序图标显示，这个是必须要有的。
- 80×80 像素：用于 iPhone 6(s) 的 Spotlight 搜索。
- 58×58 像素：用于 iPhone 6(s) 的 Settings 设置。
- 180×180 像素：用于 iPhone 6(s) Plus 的应用程序图标显示，这个也是必须要有的。
- 120×120 像素：用于 iPhone 6(s) Plus 的 Spotlight 搜索。
- 87×87 像素：用于 iPhone 6(s) Plus 的 Settings 设置。

另外，iPad 的图标根据不同的功能显示都有一定的尺寸要求，为此，iPad 程序包需要以下尺寸的图片，具体如下。

- 76×76 像素：用于 iPad 桌面应用程序图标的显示，这个是必须要有的。
- 40×40 像素：用于 iPad 中的 Spotlight 搜索。
- 29×29 像素：用于 iPad 中的 Settings 设置。
- 152×152 像素：用于 iPad 3 及以后的设备桌面应用程序图标的显示，这个是必须要有的。
- 80×80 像素：用于 iPad 3 及以后的设备中的 Spotlight 搜索。
- 58×58 像素：用于 iPad 3 及以后的设备中的 Settings 设置。

图 1-44　iPhone 中的应用图标

一个良好的应用程序应该会考虑到图标的多样性，例如，在 iPhone 6 上显示的正常图标在 iPhone 6 Plus 设备上就会显得模糊或者粗糙，因此，尽量为自己的应用程序准备各种尺寸的图标文件，图标文件的命名最好遵守苹果的规范，大致分为以下几种情况，具体如下。

- Icon@2x.png：120×120 像素，iPhone 6 的应用图标。
- Icon@3x.png：180×180 像素，iPhone 6 Plus 的应用程序图标。
- Icon-76.png：76×76 像素，iPad 的应用图标。
- Icon-76@2x.png：152×152 像素，iPad 3 及以后的设备的应用图标。
- Icon-Small@2x.png：58×58 像素，iPhone 6 的 Settings 设置图标。
- Icon-Small@3x.png：87×87 像素，iPhone 6 Plus 的 Settings 设置图标。
- Icon-Small-29.png：29×29 像素，iPad 中的 Settings 设置图标。
- Icon-Small-29@2x.png：58×58 像素，iPad 3 及以后的设备中的 Settings 设置图标。
- Icon-Small-40.png：40×40 像素，iPad 中的 Spotlight 搜索图标。
- Icon-Small-40@2x.png：80×80 像素，iPhone 6、iPad 3 及 iPad 4 的 Spotlight 搜索图标。
- Icon-Small-40@3x.png：120×120 像素，iPhone 6 Plus 的 Spotlight 搜索图标。

依据以上的规则，我们准备一套支持 iOS 7 及以上版本的一套图标文件。这时，若想将图标文件添加到工程中，大致分为以下几步。

（1）选择左侧"项目浏览窗口"中的 Assets.xcassets 文件，在"编辑窗口"的左侧栏中选择图标集"AppIcon"，如图 1-45 所示。

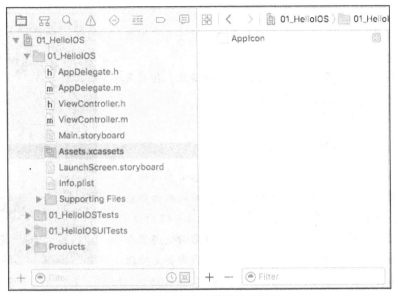

图 1-45　选择编辑窗口的图标集

（2）从 Finder 中选中之前准备好的图标文件，拖动其到每个图像配置相关的图标的窗口，如图 1-46 所示。

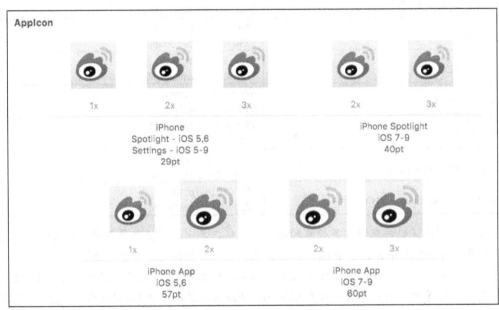

图 1-46　配置相关图标的窗口

图 1-46 所示是一个 iOS 应用程序的 App Icon，只要将所有的图标拖曳到此窗口，松开鼠标，Xcode 会自动将文件复制到应用中，图像自动寻觅到自己的位置并显示。删除之前模拟器运行的程序，重新运行，再次回到应用程序列表，这样就能够看到成功定制的应用程序图标。

注意：

（1）Assets.xcassets 所在的目录会复制图像并添加它们，如果之前已经将这些图像资源添加到项目中，你可以很安全地删除源图像文件。

（2）如果你不提供一个列出的可选图标，即该位置为空白，那么，系统会自动缩放现有的图标到合适的大小。但是仍然强烈推荐应用程序包含所有的图标。

（3）所谓 Retina 屏幕，就是高清视网膜屏幕，该屏幕的分辨率的宽高是标准屏幕分辨率的 2 倍。

多学一招：设置启动画面

除了应用图标之外，我们还可以通过定制启动界面来美化应用。当用户单击设备上的应用程序图标，启动画面会显示到主界面，接下来，通过一张图来描述，如图 1-47 所示。

图 1-47 所示是手机微信的启动画面，该画面铺满了手机的整个屏幕。依据设备、方向的不同，启动画面要支持以下规格，见表 1-3。

图 1-47 微信的启动画面

表 1-3 启动图片的规格

Asset	Launch file or image (required for all apps)
iPhone 6(s) Plus (@3x)	1080×1920 (portrait) 1920×1080 (landscape)
iPhone 6(s) (@2x)	750×1334 (portrait) 1334×750 (landscape)
iPhone 5 (@2x)	640×1136 (portrait) 1136×640 (landscape)
iPhone 4s (@2x)	640×960 (portrait) 960×640 (landscape)
iPad、9.7-inch iPad Pro、iPad mini (@2x)	1536×2048 (portrait) 2048×1536 (landscape)
12.9-inch iPad Pro(@3x)	2048×2732 (portrait) 2732×2048 (landscape)
iPad 2 and iPad mini (@1x)	768×1024 (portrait) 1024×768 (landscape)

表 1-3 列举了针对不同设备的启动图片的规格，其中，iPad 包含竖屏和横屏情况。定制 iOS 应用的启动图片 iPhone 和 iPad 程序包需要以下尺寸的图片，具体如下。

- 2048 像素×2732 像素：用于 12.9-inch iPad 标准屏幕启动画面的显示，仅适用于竖屏。
- 2732 像素×2048 像素：用于 12.9-inch iPad 标准屏幕启动画面的显示，仅适用于横屏。
- 768 像素×1024 像素：用于 iPad 2 和 iPad mini 标准屏幕启动画面的显示，仅适用于竖屏。
- 1024 像素×768 像素：用于 iPad 2 和 iPad mini 标准屏幕启动画面的显示，仅适用于横屏。
- 1536 像素×2048 像素：用于 iPad、9.7-inch iPad Pro 和 iPad mini Retina 屏幕启动画面的显示，仅适用于竖屏。
- 2048 像素×1536 像素：用于 iPad、9.7-inch iPad Pro 和 iPad mini Retina 屏幕启动画面的显示，仅适用于横屏。
- 640 像素×960 像素：用于 iPhone 4s 启动画面的显示。
- 640 像素×1136 像素：用于 iPhone 5 启动画面的显示。

- 750像素×1334像素：用于iPhone 6(s)启动画面的显示，仅适用于竖屏。
- 1334像素×750像素：用于iPhone 6(s)启动画面的显示，仅适用于横屏。
- 1242像素×2208像素：用于iPhone 6(s) Plus 启动画面的显示，仅适用于竖屏。
- 2208像素×1242像素：用于iPhone 6(s) Plus 启动画面的显示，仅适用于横屏。

同样，启动画面的图片文件的命名也要遵守苹果的规范，大致分为以下几种情况，具体如下。

- Default@2x.png：640像素×960像素，iPhone 4s 的启动图片。
- Default-568h@2x.png：640像素×1136像素，iPhone 5/5c/5s 的启动图片。
- Default-667h@2x.png：750像素×1334像素，iPhone 6/6s 的启动图片。
- Default-736h@3x.png：1242像素×2208像素，iPhone 6(s) Plus 的竖屏启动图片。
- Default-736h-Landscape@3x.png：2208像素×1242像素，iPhone 6(s) Plus 的横屏启动图片。
- Default-Portrait~ipad.png：768像素×1024像素，iPad 2和iPad mini 竖屏标准屏幕的启动图片。
- Default-Portrait~ipad@2x.png：1536像素×2048像素，iPad 和 iPad mini 竖屏Retina屏幕的启动图片。
- Default-Landscape~ipad.png：1024像素×768像素，iPad 2和iPad mini 横屏标准屏幕的启动图片。
- Default-Landscape~ipad@2x.png：2048像素×1536像素，iPad 和 iPad mini 横屏Retina屏幕的启动图片。

由于从Xcode 6起添加了一个LaunchScreen.xib，用于指定支持iOS 8系统的设备启动界面，即iPhone 6及以后设备，可支持不同大小的屏幕。默认情况下，其内部包含一个标签，该标签的文本内容为应用程序的名称。实质上，xib文件最终会转换为图片保存在沙盒路径下。

除此之外，我们还可以采用添加应用图标的方式设置启动画面。依据以上的规格，准备一套支持iOS 7及以上版本的一套图像文件，要想添加启动画面，大致经历以下几个流程。

（1）单击根目录，编辑窗口内默认选中"General"选项，在其对应的面板中，找到"App Icons and Launch Images"选项，删除"Launch Screen File"对应的文本框的内容，单击"Launch Images Source"选项对应的"Use Asset Catalog"按钮，弹出一个对话框，如图1-48所示。

图1-48 转移启动图片Images目录

（2）单击图1-48所示的"Migrate"按钮，会看到"Use Asset Catalog"按钮消失，变为一个列表框，同时后面添加了一个图标。单击该图标，跳转到Assets.xcassets对应的编辑面板，如图 1-49 所示。

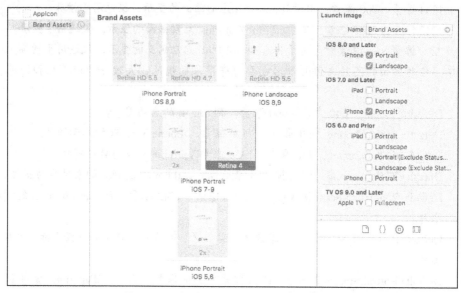

图 1-49　Images.xcassets 对应的编辑面板

从图 1-49 可以看出，左侧添加了一个设置项 Brand Assets，用于设置启动画面。随着右侧"属性检查器"面板中复选框的勾选的增加，编辑窗口的虚线框增加，以适应更多的屏幕尺寸。将之前准备好的启动图片拖曳到此窗口，松开鼠标，Xcode 会自动将文件复制到应用中，图像自动寻觅到合适的位置并显示，这些图片就被设置为应用程序的启动画面。重新运行应用，这样就能够看到成功定制的启动画面。

1.4.4　编译并在模拟器上运行程序

项目创建完成之后，可直接编译运行。单击 Xcode 工具栏中的"运行"按钮，或者使用快捷键"command+R"即可，稍等片刻后，Finder 中会出现一个类似于 iPhone 的窗口，如图 1-50 所示。

图 1-50 所示是程序运行后弹出的窗口，一个 iPhone 出现在屏幕上，它就是 iOS 模拟器，若程序没有出现任何错误时，Xcode 会在模拟器或者真实设备中运行项目程序，以便于进行初步调试和测试。

1.4.5　使用 Interface Builder 丰富程序界面

Interface Builder，IB，它是一个用户界面设计工具，采用所见所得的方式让开发者编辑用户界面，隶属于 Xcode 开发环境自带的用户图形界面设计工具。

Storyboard 是从 iOS 5.0 开始新加入的功能，它又被称为"故事板"，用于在一个窗口中显示整个应用用到的所有或者部分页面，且可以定义各页面之间的跳转关系，大大地增加了 IB 便利性。单击图 1-34 所示的 Main.storyboard 文件，其对应的编辑窗口如图 1-51 所示。

图 1-50　iOS 模拟器

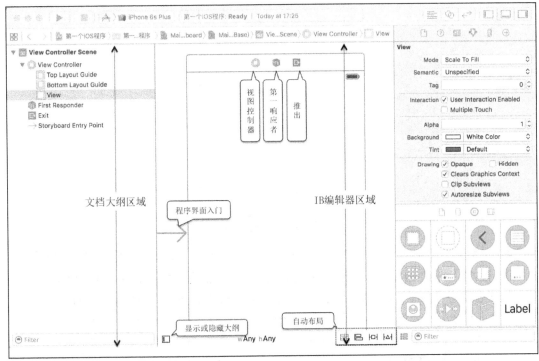

图 1-51 故事板窗口

图 1-51 所示是故事板窗口，由图可知，其大致可以分为两个部分，它们分别为文档大纲区域和 IB 编辑器区域，针对这两部分的介绍如下。

（1）文档大纲区域

该区域以层次的方式显示其中的场景，与右侧窗口的结构一一对应。从图 1-51 中可以看出，根节点是一个 View Controller Scene，表示一个窗口界面，其内部包含了 View Controller、View、First Responder，组合在一起就被称为场景，即 Scene。

（2）IB 编辑器区域

该区域以可视化的方式显示左侧窗口场景的内容。从图 1-51 中可以看出，该区域中间放置了一个特定大小的矩形框，表示 View Controller，该矩形框顶部包含 3 个图标按钮，针对它们的介绍如下。

：View Controller，即视图控制器，表示加载应用程序中的故事板场景并与之交互的对象，负责实例化其他所有对象。

：First Responder，即第一响应者，表示用户当前正在与之交互的对象。当用户在使用 iOS 应用程序时，可能会存在多个对象影响用户的手势或者键击，当前与用户交互的对象是第一响应者。

：Exit，表示退出。

其中，View Controller 内部包含一个 View，是一个可视化矩形区域，它负责视图控制器显示在设备屏幕上时的布局和界面。除此之外，该区域左侧有一个大大的灰色箭头，用于指定初始加载的视图控制器，程序启动之后，默认会直接显示这个视图控制器的 View。

若要丰富界面，可以直接从对象库中拖曳一些组件来实现。接下来，完成一个加法计算器应用的布局，如图 1-52 所示。

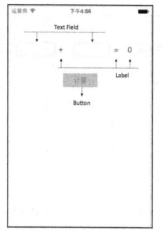

图 1-52 加法计算器

图1-52所示是一个加法计算器页面，要想搭建这个界面，大致要经历以下过程，具体如下。

① 选中图1-51所示的图标，在右侧的属性检查器面板中看到"Simulated Metrics"选项，从该选项的"Size"对应的下拉菜单中选择"iPhone 3.5-inch"，如图1-53所示。

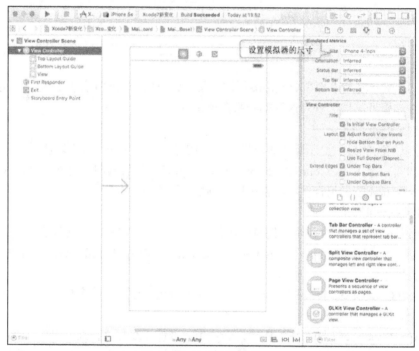

图 1-53 设置模拟器的尺寸

② 打开对象库面板，分别拖曳2个 Text Field、3个 Label、1个 Button 到程序界面。若要调整界面的布局，指定组件所处的位置，可通过 Apple 提供的调整布局的工具来实现，大致如下。

- 参考线

当在视图中拖曳对象时，将会自动出现蓝色的参考线，用于辅助布局。通过这些蓝色的虚线能够将对象与视图边缘、视图中其他对象的中心，以及标签和对象名中使用的字体的基线对齐，并且当间距接近 Apple 界面指南要求的值时，参考线将自动出现以指出这一点。

另外，我们也能手工添加参考线，依次选择菜单"Editor"→"Add Horizontal Guide"或者"Add Vertical Guide"实现。

- 选取手柄

大多数对象都有选取手柄，可以使用它们沿水平、垂直或者这两个方向缩放对象。当对象被选定后在其周围会出现小框，单击并拖动它们可以调整对象的大小。需要注意的是，在 iOS 中有一些对象会限制如何调整其大小，以确保 iOS 应用程序界面的一致性。

- 对齐

要快速对齐视图中的多个对象，可单击并拖曳出一个覆盖它们的选框，或者按住 Shift 键并单击以选中它们，然后从菜单"Editor"→"Align"中选择合适的对齐方式，如图 1-54 所示。

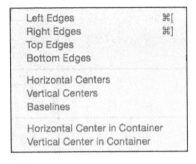

图 1-54 校准窗口

- 大小检查器面板

选中组件，打开右侧窗口的"大小检查器"面板，其提供了大小、位置及对齐方式相关的信息。通过修改 View 选项中文本框的数值，精确地控制组件的位置和大小。

根据需求，使用以上任意的方式，将全部的组件放置到合适的位置，并指定合适的大小，完成好的界面如图 1-55 所示。

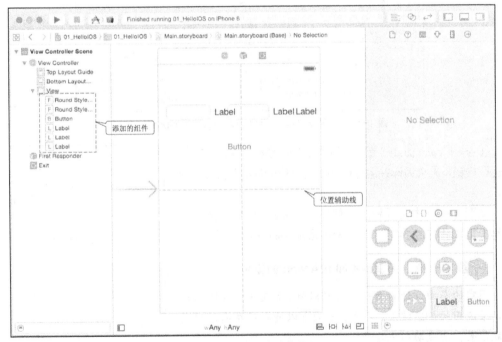

图 1-55 添加完成的界面

从图 1-55 中可以看出，Label 用于显示文字；Text Field 用于输入文本，与用户形成交互；Button 表示按钮。针对这些组件，后面会有详细地介绍。借助位置辅助线的提示，布局了所有的组件，并显示在文档大纲区域的 View 子节点内。

③ 图 1-55 所示的效果与最终效果图有差异，可以通过设置组件的外观来实现。依次选

中每个组件，修改它们的外观，可分为以下情况。

- 选中 Button，双击后输入"计算"，改变 Button 的标题，在右侧的属性检查器面板中，设置其 Background 为浅灰色，如图 1-56 所示。

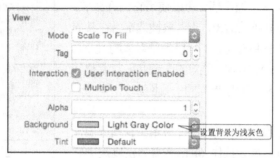

图 1-56　修改 Button 的 Background

- 依次选中 3 个 Label，双击使其处于可编辑状态，分别输入"+""=""0"。
- 依次选中两个 Text Field，在右侧的属性检查器面板中，设置其 Keyboard Type 为 Number Pad，即数字键盘，如图 1-57 所示。

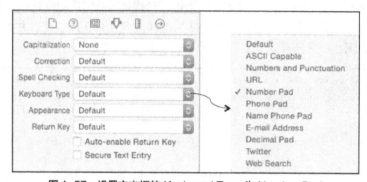

图 1-57　设置文本框的 Keyboard Type 为 Number Pad

④ 按下 command+S 键，保存当前的故事板文件。重新单击运行按钮，再次编译并运行程序，运行后的界面如图 1-58 所示。

从图 1-58 中可以看出，使用 Interface Builder 更加直观地丰富了程序的界面，完全无需依赖一行代码。

👆**多学一招**：IBOutlet 和 IBAction 的使用

固定的界面设计具有一定的局限性，如图 1-58 所示只显示了应用的静态效果。为此，我们可以使程序界面与代码关联起来，实现动态地改变。

若要实现计算的功能，显而易见，要获取两个 Text Field 的内容，当用户单击"计算"按钮时计算相加的结果，最终显示到最右侧的 Label 上。我们需要利用一个变量与控件关联起来，一个方法与按钮绑定起来。为此，iOS 提供了两个关键字 IBOutlet 和 IBAction，针对它们的介绍如下。

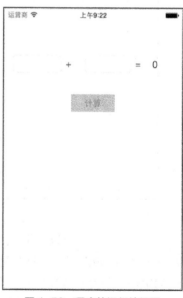

图 1-58　程序的运行结果图

控制器使用 IBOutlet 来引用 Storyboard 中的对象，该关键字声明了一个输出口，并将其指向了某个控件，仅仅是告诉 Interface Builder，被 IBOutlet 修饰的实例变量将被连接到 Storyboard 中的对象。

（2）操作（IBAction）

控制器使用 IBAction 来修饰方法，该关键字告诉 Interface Builder，该方法是一个操作，并且可以被某个控件所触发。

要想实现计算的功能，关联控件并绑定方法，大致需要经历以下 4 个步骤，具体内容如下。

1. 通过 IBOutlet 连接来获取控件

（1）在项目浏览窗口中选中 Main.storyboard 文件，单击 Xcode 右上角的辅助视图，Xcode 会在编辑窗口打开辅助编辑器，如图 1-59 所示。

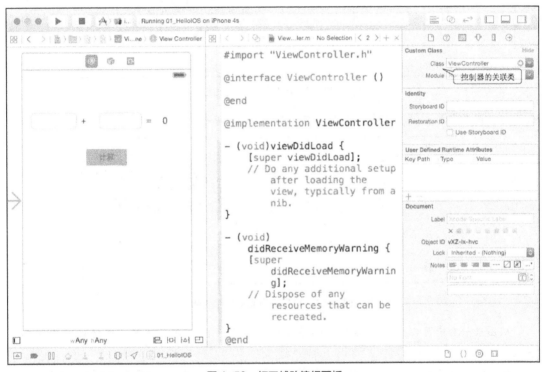

图 1-59　打开辅助编辑面板

图 1-59 所示打开了辅助编辑面板，由图可知，编辑窗口分为两个部分，左侧为故事板，右侧为 ViewController.m 文件。由于故事板中控制器的关联类为 ViewController，当选中故事板的同时，打开辅助编辑器，通常会在 Xcode 左侧显示故事板，右侧会自动切换到控制器类的实现文件。

（2）选中左侧故事板中第一个 Text Field，按下键盘上的 control 键，按住鼠标不放，将 Text Field 拖向 ViewController.m 的类扩展部分，此时会看到一条蓝色的线条，该线条从故事板的 Text Field 开始，一直连接到光标结束，如图 1-60 所示。

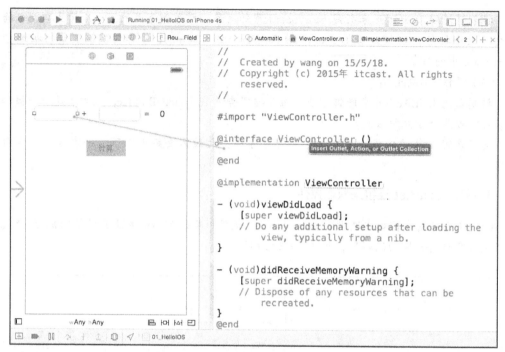

图 1-60　为 Text Field 建立 IBOutlet

（3）松开鼠标左键，弹出一个灰色框，如图 1-61 所示。

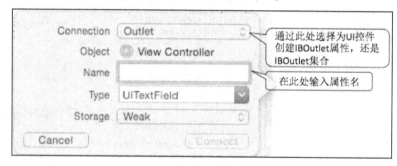

图 1-61　填写 IBOutlet 属性信息

从图 1-61 中可以看出，该对话框总共包含 5 个字段，开发者可以选择或者填写如下字段。

- Connection 列表：可以选择是为该 UI 控件创建 IBOutlet 属性还是 IBOutlet 集合，系统默认会为该控件创建 IBOutlet 属性。
- Name 文本框：通过该文本框为该 IBOutlet 属性输入任意一个属性名，最好保证较好的可读性。
- Type 文本框：用于设置该属性的类型，Xcode 默认会设置该属性的类型为 UITextField，因为 Xcode 可以智能地检测到正在建立 IBOutlet 管理的控件类型。
- Storage 列表：开发者可以通过该文本框设置该属性的存储机制，即 Strong 或者 Weak，默认为 Weak。

在图 1-61 所示的 Name 文本框内输入 "textNumber1"，这时，"Connect" 按钮呈可单击状态。

（4）单击"Connect"按钮，系统会在 ViewController.m 的类扩展部分创建一个 IBOutlet 属性，如图 1-62 所示。

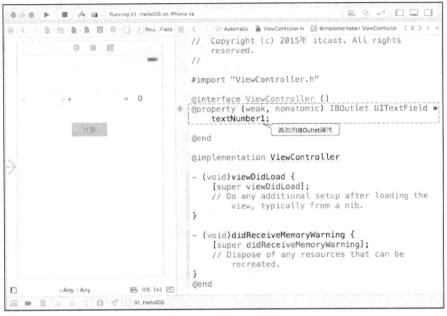

图 1-62 IBOutlet 属性

从图 1-62 中可以看出，IBOutlet 属性就是 OC 语法中的@property 属性，只不过额外增加了一个 IBOutlet 修饰词。另外，该 IBOutlet 属性左边有一个带有黑点的圆圈，这标志着该 IBOutlet 属性已经与故事板中的 UI 控件建立了关联。

（5）采用相同的方式，添加两个 IBOutlet 属性，用于关联第二个 Text Field 和最右侧的 Label，完成后的界面如图 1-63 所示。

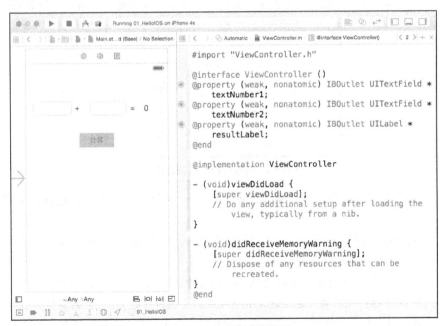

图 1-63 关联完成的界面

2. 通过 IBAction 绑定实现事件处理

当用户单击 Button 时，能够触发控制器中的某个方法。因此，在 ViewController.m 中定义一个 IBAction 方法，并将该方法绑定到 Button 对应的事件，实现触碰 Button 时会激发该 IBAction 方法。

（1）选中左侧故事板中"计算"按钮，按下键盘上的 control 键，按住鼠标不放，将 Button 拖向 ViewController.m 的类扩展部分，此时会看到一条蓝色的线条，该线条从故事板的 Button 开始，一直连接到光标结束，如图 1-64 所示。

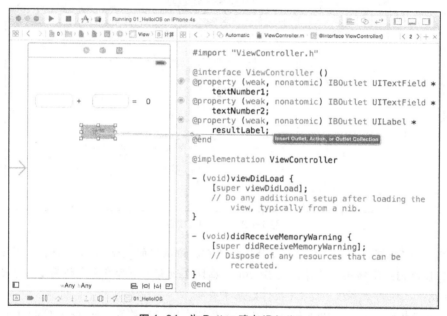

图 1-64　为 Button 建立 IBAction

（2）松开鼠标左键，弹出一个灰色框，在 Connection 列表中选择 Action，如图 1-65 所示。

图 1-65　填写 IBAction 方法信息

从图 1-65 中可以看出，该对话框总共包含 6 个字段，开发者可以选择或者填写如下字段。

- Connection 列表：选择为该 UI 控件创建 IBOutlet 属性、IBAction 方法，还是 IBOutlet 集合。此处应选择创建 IBAction 方法。
- Name 文本框：通过该文本框为该 IBAction 方法输入任意一个方法名。
- Type 文本框：开发者可通过该文本框设置触发该事件的 UI 控件的类型，Xcode 默认会设置该属性的类型为 id，为了更准确地处理事件源控件，应直接将事件源控件的类型设为 UIButton。
- Event 列表：该列表框用于选择为哪种事件绑定 IBAction 方法。Xcode 默认会选择的事件类型为"Touch Up Inside"，表示当用户在按钮区内部触碰并松开时触发该 IBAction 方法。
- Arguments 列表：选择 IBAction 的形参列表，此处选择 Sender，表示创建的 IBAction 方法包含一个形参，该形参代表触发该 IBAction 方法的事件源。该列表框支持 3 种选项：None，该 IBAction 方法不包含任何形参；Sender，该 IBAction 方法仅包含一个形参；Sender And Event，该 IBAction 方法包含两个形参，分别代表触发该 IBAction 方法的事件源控件和事件本身。

在图 1-65 所示的 Name 文本框内输入"calculate"，Type 指定为 UIButton，Arguments 设置为 None，这时，"Connect" 按钮呈可单击状态。

（3）单击【Connect】按钮，系统会在 ViewController.m 的类扩展部分创建一个 IBAction 方法，同时，在 ViewController.m 的实现部分也会添加一个 IBAction 方法，如图 1-66 所示。

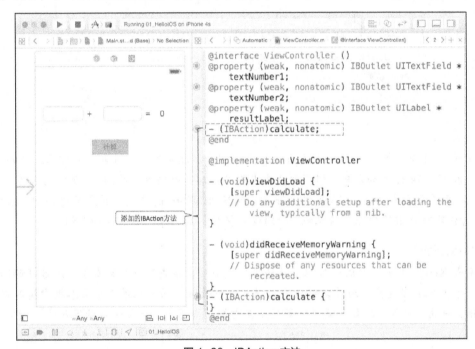

图 1-66　IBAction 方法

从图 1-66 中可以看出，IBAction 方法就是 OC 语法中方法，只不过返回值类型为 IBAction，作用相当于 void。另外，该 IBAction 方法左边有一个带有黑点的圆圈，这标志着该 IBAction 方法已经被绑定到故事板的 Button 的特定事件。

3. 实现计算的功能

在 ViewController.m 中的 calculate 方法中，编写处理代码即可。单击"计算"按钮，获取两个 Text Field 的内容，并将计算结果显示到最右侧的 Label 上，代码如例 1-1 所示。

【例 1-1】 ViewController.m

```
1    #import "ViewController.h"
2    @interface ViewController ()
```

```
3        // 定义3个属性,分别表示两个数值、结果
4        @property (weak, nonatomic) IBOutlet UITextField *textNumber1;
5        @property (weak, nonatomic) IBOutlet UITextField *textNumber2;
6        @property (weak, nonatomic) IBOutlet UILabel *resultLabel;
7        - (IBAction)calculate;
8        @end
9        @implementation ViewController
10       // 单击"计算"按钮激发的方法
11       - (IBAction)calculate {
12           // 1.获取两个文本框的内容
13           int number1 = self.textNumber1.text.intValue;
14           int number2 = self.textNumber2.text.intValue;
15           // 2.相加
16           int sum = number1 + number2;
17           // 3.将结果显示到resultLabel
18           self.resultLabel.text = [NSString stringWithFormat:@"%d",sum];
19           // 4.隐藏键盘
20           [self.view endEditing:YES];
21       }
22       @end
```

在例1-1中,第11~21行代码是calculate方法,表示单击"计算"按钮后激发的方法。其中,第13~14行代码分别获取了两个文本框的内容,并将其转换为int类型的数值;第16行代码将两个数值相加;第18行代码将sum转换为NSString类型,并显示到resultLabel上;第20行代码将弹出的虚拟键盘隐藏。针对这些控件,后面章节会有详细介绍。

4.运行程序

单击Xcode左上角的运行按钮,程序运行成功后,单击第一个文本框,屏幕顶部动画地弹出一个虚拟数字键盘,通过该键盘输入任意一个数值,同样在第二个文本框中输入任意一个数值,单击"计算"按钮,最终结果显示在右侧的标签上,部分运行结果如图1-67所示。

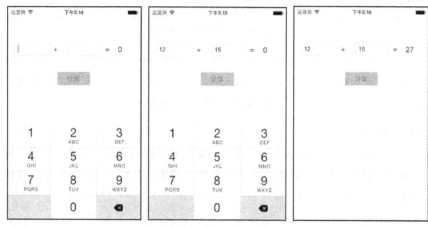

图1-67　程序的运行结果图

1.4.6 使用 iOS 模拟器

iOS SDK 提供了 iOS 模拟器,用于对程序进行初步测试与调试。一般情况下,Xcode 在成功编译项目后会自动启动 iOS 模拟器,之后在模拟器上运行编译之后的程序。接下来,通过一张图来描述,如图 1-68 所示。

图 1-68 所示是 iPhone 5s 的模拟器,由图可知,程序运行的界面与真实的设备几乎一致,模拟程度很高,在模拟器中可以进行如下操作。

(1)进行各种触屏操作,例如,单个手指的单击、双击、按住不动、拖曳、两个手指的按下、同时移动等。

对于单个手指触屏操作,可以使用鼠标在模拟器界面中直接单击与拖曳,如果要模拟两个手指的触屏,可以在模拟器中按下 option 键不放,这时模拟器界面出现两个灰色的圆点,表示两个手指。若移动鼠标,两个触屏点会以中心对称的方式向相反方向运动;若要两个触屏点向相同方向运动,需要按住 option+shift 不放,移动鼠标即可。

图 1-68 iOS 模拟器

(2)进行方位旋转,例如,90°、180°、270° 旋转。

对于设备旋转,单击 iOS 模拟器的 "Hardware" 菜单项,会弹出一个下拉列表,如图 1-69 所示。

从图 1-69 中可以看出,大致划分为 5 个区域。其中,第二个区域内包含 "Rotate Left" 和 "Rotate Right" 两个选项,分别表示向左旋转和向右旋转,快捷方式为 command+←或者 command+→。

(3)特殊情况模拟,例如,内存不足的情形。

如果想要检测程序在内存不足时的情形,如图 1-69 所示,第四个区域内包含一个 "Simulate Memory Warning" 选项,表示模拟内存警告,选中该选项,模拟器会向当前程序发送内存不足的警告消息。

(4)切换模拟的设备类型,可选的设备类型为 iPhone 与 iPad。

iOS 模拟器可以模拟 iPhone 与 iPad,如图 1-69 所示,第一个区域内包含一个 "Device" 选项,表示硬件设备,选中该选项,右侧会弹出一个子列表,如图 1-70 所示。

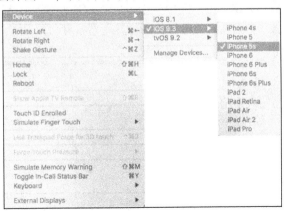

图 1-69 单击 Hardware 菜单显示的下拉列表　　　图 1-70 Device 对应的窗口

除此之外，模拟器也可以模拟回到主页和锁屏，如图 1-69 所示，第三个区域内包含"Home"和"Lock"两个选项，分别表示回到主页和锁屏，快捷方式为 shift+command+H 和 command+L。

iOS 模拟器功能强大，使用极其方便，但其只属于一个模拟的设备，必然会存在一定的局限性。究其原因，大致原因如下。

（1）iOS 设备本身的硬件条件有限，对程序的内存使用、响应时间都有严格的限制，而模拟器运行在计算机中，允许使用全部的计算机硬件资源，因此，模拟器无法准确地检测程序的性能，不可准确地反映内存使用情况。

（2）模拟器无法使用所有的 iOS 特性，例如，加速计、陀螺仪、照相机、麦克风与 iCloud 等，因此程序无法处理这些动作。

（3）模拟器通过鼠标来模拟用户的触屏动作，而计算机只有一个鼠标，无法模拟多点触摸事件。

（4）模拟器使用的软件库与真实设备使用的软件库不一致，可能不能准确表现程序运行时行为。

因此，要想真正对程序进行完整测试，在真实设备上运行程序是必不可少的。

1.5 本章小结

本章首先介绍了 iOS 相关的内容，包括 iOS 的发展史、框架层次、开发设备及 iOS 8 的全新功能，然后搭建 iOS 开发环境，包括下载并安装 Xcode，以及 Xcode 6 的新特性，之后讲解了真机调试的内容，包括生成并安装证书、注册设备、创建应用程序 ID 及安装描述文件，为真机设备做好了充分准备，最后讲解了使用 Xcode 开发工具创建一个 iOS 程序，包括熟悉 Xcode 的界面、项目文件的结构、iOS 模拟器的使用等。大家应该熟练地掌握 Xcode 的使用，为之后章节内容的学习打好基础。

【思考题】
1. iOS 框架分为哪几个层次？简述 iOS 框架每个层次的主要作用。
2. IBOutlet 和 IBAction 两个关键字的作用是什么？
扫描右方二维码，查看思考题答案！

第 2 章
UI 控件

学习目标

- 掌握什么是 UIView 及 UIView 提供的常见属性和方法。
- 掌握常见 UI 控件的使用,能够灵活使用控件开发 iOS 应用。

一个用户体验良好的应用,都离不开友好的图形用户界面。iOS 应用开发的一项重要内容就是用户界面的开发,iOS 提供了大量功能丰富的 UI 控件,开发者只要按一定规律将这些 UI 控件组合起来,就可以开发出优美的图形用户界面。本章将针对 iOS 中的 UI 控件进行详细讲解。

2.1 UIView 概述

2.1.1 什么是 UIView

在 iOS 开发中,每个 UI 控件都相当于一个个小的积木,这些控件都继承了 UIView。曾经有人这么说过,在 iPhone 中,你看到的、摸到的都是 UIView,例如,按钮、图片、文字等。既然 UIView 是所有控件的父控件,那么它必定拥有很多子控件,接下来,通过一张图来描述 UIView 的继承体系结构,如图 2-1 所示。

从图 2-1 中可以看出,UIView 继承体系中的类具有不同的层次关系,例如,UIView 继承自 UIResponder,它提供了许多子类,如 UILabel、UITabBar、UIPickerView、UIControl 等。其中,UIControl 类又提供了子类 UIButton、UITextField、UITextView

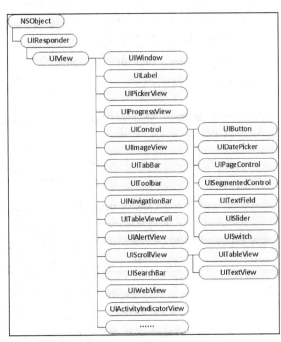

图 2-1 UIView 继承体系图

等。通常情况下,继承 UIView 的子类对象也称为视图。

为了便于大家更好地理解这些类，接下来，通过一个应用程序界面来讲解这些类的具体应用，如图2-2所示。

从图2-2中可以看出，应用程序的界面都是由一个一个的控件组成的，这些控件对应的是不同的类，这些类在后面的章节中都会进行详细讲解，这里大家有个大致印象即可。

2.1.2 UIView的常见属性和方法

在开发iOS程序时，经常需要修改UI控件的显示状态，例如，文件下载的进度条是实时更新的，论坛访问人数也是实时变化的，这些UI控件状态的修改，其实就是通过修改UI控件属性实现的。虽然不同的UI控件都有自己独特的属性，但某些属性是每个UI控件都具备的。UIView提供

图2-2 应用程序界面

了许多公共的属性，例如，每个UI控件都有自己的位置和尺寸，每个UI控件都有父控件、子控件。接下来，通过一张表来列举UIView的常见属性，见表2-1。

表2-1 UIView的常见属性

属性声明	功能描述
@property(nullable, nonatomic,readonly) UIView *superview;	用于获得自己的父控件对象
@property(nonatomic,readonly,copy) NSArray<__kindof UIView *> *subviews;	用于获取自己所有的子控件对象
@property(nonatomic) CGAffineTransform transform;	用于表示控件的形变属性（可以设置旋转角度、比例缩放、平移等属性）
@property(nonatomic) NSInteger tag;	用于表示控件的ID（标识），父控件可以通过tag来找到对应的子控件
@property(nonatomic) CGRect frame;	控件所在矩形框在父控件中的位置和尺寸（以父控件的左上角为坐标原点）
@property(nonatomic) CGRect bounds;	用于表示控件所在矩形框的位置和尺寸（以自己左上角为坐标原点）
@property(nonatomic) CGPoint center;	控件中点的位置（以父控件的左上角为坐标原点）
@property(nonatomic) CGFloat alpha;	用于控制控件的透明度，其值支持0.0~1.0的任意浮点数值

表2-1列举了UIView的常见属性，其中，bounds属性是以自己左上角为坐标原点定义控件所在矩形框的位置和尺寸，因此，它可以实现控件大小的定义；center属性则是以父控件的左上角为坐标原点定义控件中点的位置，它可以实现控件位置的定义；而tag属性则可以定义控件的唯一标识，用于程序获取该控件的引用。

除此之外，UIView还提供了许多常见的方法，见表2-2。

表 2-2　UIView 的常见方法

方法声明	功能描述
- (void)addSubview:(UIView *)view;	用于添加一个子控件 view
- (void)removeFromSuperview;	用于从父控件中移除
- (nullable __kindof UIView *)viewWithTag:(NSInteger)tag;	根据控件的 tag 标识找出对应的控件

表 2-2 列举了 UIView 的 3 个常见方法，其中，addSubview 方法用于向当前视图添加一个子视图，并将该子视图的保留计数加 1；removeFromSuperview 方法会从父视图中移除当前视图，并将当前视图的保留计数减 1；为了方便查找控件，通常情况下，我们都会为每个控件添加一个 Tag，如果想根据 Tag 查找对应的控件，则可以使用 viewWithTag 方法来实现。

👣 **脚下留心**：UIKit 坐标系

在实际开发中，经常需要对视图进行各种变换，例如，缩放、平移、旋转等。而在进行这些操作之前，都需要明确当前视图的位置和尺寸，而这些数值都与 UIKit 坐标系有关。接下来，通过一张图来描述 UIKit 是如何定义坐标系的，如图 2-3 所示。

从图 2-3 中可以看出，UIKit 坐标系中的原点位于左上角，横坐标正方向水平向右延伸，纵坐标正方向竖直向下延伸，并且图中所示的 iPhone 的分辨率大小为 320×480。

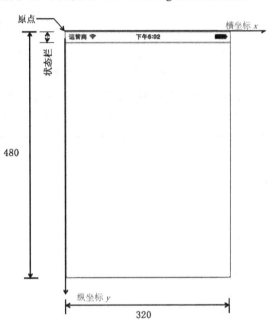

图 2-3　UIKit 坐标系

2.2　标签控件和图片控件

UIView 提供了许多子类，这些子类分别代表不同的控件。在众多的控件中，有些控件几乎在每个应用程序中都会用到，例如，用于文本显示的标签控件、用于展示图片的图片控件，接下来，本节将针对这两个最简单的控件进行详细讲解。

2.2.1　标签控件（UILabel）

在 iOS 开发中，控件标签是使用 UILabel 类表示的，它直接继承自 UIView 类，是一个用于显示文字的静态控件。默认情况下，标签控件是不能接受用户输入，也不能与用户交互的。为了大家更好地理解什么是标签控件，接下来，通过一张图来描述标签控件的应用场景，如图 2-4 所示。

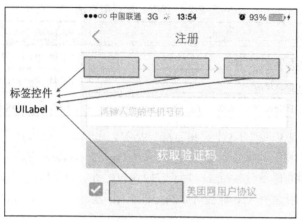

图 2-4　标签控件的应用

图 2-4 所示是一个用户注册的界面，该图中使用了多个标签控件用于显示固定的文字。由此可见，标签控件的使用是非常频繁的。

要想在程序中使用标签控件，首先得学会创建标签控件。创建标签控件最简单的方式就是将对象库中的 Label 控件直接拖曳到 Main.storyboard 编辑界面中，如图 2-5 所示。

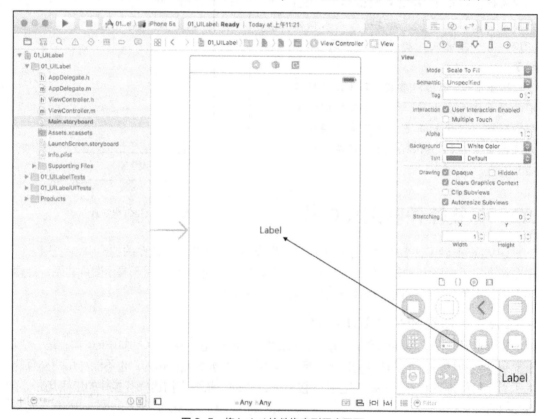

图 2-5　将 Label 控件拖曳到程序界面

从图 2-5 中可以看出，使用拖曳控件的方式可以轻而易举地完成 Label 控件的创建，这时，选中 Label 控件，在 Xcode 右侧会出现 UILabel 的属性检查器面板，用于对 Label 控件进行设置，如图 2-6 所示。

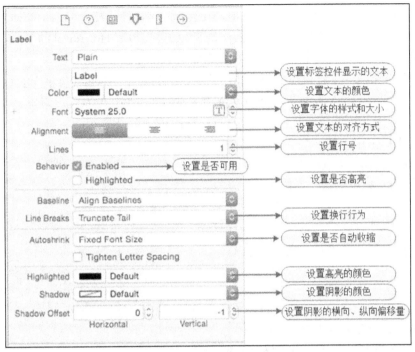

图 2-6 UILabel 的属性检查器面板

图 2-6 所示标识出了 UILabel 控件的一些属性设置，这些属性设置均可改变 UILabel 控件的显示状态。同时，针对属性检查器面板中的设置，UILabel 还提供了相应的属性，接下来，通过一张表来列举 UILabel 控件的常见属性，见表 2-3。

表 2-3 UILabel 的常见属性

属性声明	功能描述
@property(nullable, nonatomic,copy) NSString *text;	设置显示的文本内容，默认为 nil
@property(null_resettable, nonatomic,strong) UIFont *font;	设置字体和字体大小，默认为系统字体 17 号
@property(null_resettable, nonatomic,strong) UIColor *textColor;	设置文本的颜色，默认为黑色
@property(nullable, nonatomic,strong) UIColor *shadowColor;	设置文本的阴影色彩和透明度，默认为 nil
@property(nonatomic)CGSize shadowOffset;	设置阴影纵横向的偏移量，默认为 CGSizeMake(0，-1)，即为顶部阴影
@property(nonatomic) NSTextAlignment textAlignment;	设置文本在标签内部的对齐方式，默认为 NSTextAlignmentLeft，即为左对齐
@property(nonatomic) NSLineBreakMode lineBreakMode;	指定换行模式，模式为枚举类型
@property(nonatomic) NSInteger numberOfLines;	指定文本行数，为 0 时没有最大行数限制

表 2-3 列举了 UILabel 控件的常见属性，其中 text 属性支持两种文本设置方式，分别是

Plain 和 Attributed；font 属性用于设置 UILabel 显示的字体样式及大小；shadowOffset 用于设置控件内的阴影文本与正常文本之间的偏移，该属性需要指定 Horizontal 和 Vertical 两个值，分别表示阴影文本与正常文本在水平和垂直方向的偏移距离。

为了大家更好地掌握标签控件的属性，接下来，创建一个 Single View Application 应用，命名为 01_UILabel，进入 viewController.m 文件，通过纯粹的代码方式来创建一个标签控件，并且使用 UILabel 提供的属性对标签进行设置，代码如例 2-1 所示。

【例 2-1】ViewController.m

```
1   #import "ViewController.h"
2   @interface ViewController ()
3   @end
4   @implementation ViewController
5   -(void)viewDidLoad {
6       [super viewDidLoad];
7       // 1.初始化标签控件
8       UILabel *label = [[UILabel alloc] init];
9       // 2.设置标签控件的 frame
10      CGFloat labelX = 0;  // X 值为 0
11      CGFloat labelY = 210;  // Y 值为 210
12      CGFloat labelW = self.view.bounds.size.width;  //width 值为屏幕宽度
13      CGFloat labelH = 120;   // height 值为 40
14      CGRect frame = CGRectMake(labelX, labelY, labelW, labelH);
15      label.frame = frame;
16      // 3.设置背景颜色为灰色
17      label.backgroundColor = [UIColor lightGrayColor];
18      // 4.设置字体和字体颜色
19      label.text = @"Welcome to itcast 传智播客";
20      label.font = [UIFont fontWithName:@"Helvetica-Bold" size:35];
21      label.textColor = [UIColor whiteColor];
22      // 5.设置对齐方式为居中
23      label.textAlignment = NSTextAlignmentCenter;
24      // 6.设置阴影
25      label.shadowColor = [UIColor colorWithWhite:0.1f alpha:0.8f];
26      label.shadowOffset = CGSizeMake(2, 3);
27      // 7.设置换行
28      label.lineBreakMode = NSLineBreakByWordWrapping;
29      label.numberOfLines = 2;
30      // 显示到 UIView
31      [self.view addSubview:label];
32  }
33  @end
```

程序的运行结果如图 2-7 所示。

在例 2-1 中，创建标签控件和设置属性的具体代码都是在 viewDidLoad 方法中实现的。这是因为程序的视图控制器完成视图的加载后，会自动调用 viewDidLoad 方法对子控件 views 进行进一步的初始化。从图 2-7 中可以看出，程序成功创建了一个特定样式的标签控件。

2.2.2 图片控件（UIImageView）

友好的用户界面，离不开丰富的图片。图片控件是用 UIImageView 类表示的，它直接继承于 UIView 类，是一个用于显示图片的静态控件。例如，应用程序的下载界面，包含了多个图片控件，如图 2-8 所示。

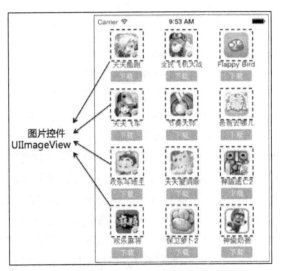

图 2-7　运行结果　　　　　　图 2-8　应用下载界面

图 2-8 所示是一个应用程序下载的界面，该界面包含了多个图片控件，这些图片控件都只有展示的功能，并不能实现与用户的交互功能。

要想在程序中使用 UIImageView 显示图片，最简单的方式也是直接将对象库中的 Image View 拖曳到程序界面中。当选中该控件后，在 Xcode 右侧会出现 UIImageView 的属性检查器面板，该面板用于修改 UIImageView 的显示状态，如图 2-9 所示。

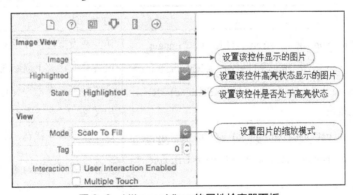

图 2-9　UIImageView 的属性检查器面板

在图 2-9 显示的 UIImageView 属性器面板中，其中，Mode 属性是继承自 UIView 的，该属性可以控制 UIImageView 显示图片的缩放模式，单击该属性的下拉列表，如图 2-10 所示。

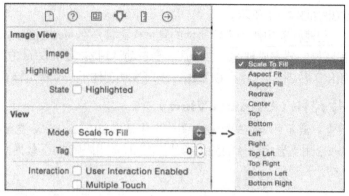

图 2-10 Mode 属性列表框

从图 2-10 所示，Mode 属性包含了很多选项，这些选项所代表的含义如下所示。
- Scale To Fill：不保持纵横比缩放图片，使图片完全适应该 UIImageView 控件。
- Aspect Fit：保持纵横比缩放图片，使图片的长边能完全显示，即可以完整地展示图片。
- Aspect Fill：保持纵横比缩放图片，只能保证图片的短边能完成显示出来，即图片只能在水平或者垂直方向是完整的，另一个方向会发生截取。
- Center：不缩放图片，只显示图片的中间区域。
- Top：不缩放图片，只显示图片的顶部区域。
- Bottom：不缩放图片，只显示图片的底部区域。
- Left：不缩放图片，只显示图片的左边区域。
- Right：不缩放图片，只显示图片的右边区域。
- Top Left：不缩放图片，只显示图片的左上边区域。
- Top Right：不缩放图片，只显示图片的右上边区域。
- Bottom Left：不缩放图片，只显示图片的左下边区域。
- Bottom Right：不缩放图片，只显示图片的右下边区域。

针对 UIImageView 属性检查器面板中的设置，UIImageView 类也定义了相应的属性，接下来，通过一张表来列举 UIImageView 的常见属性，见表 2-4。

表 2-4 UIImageView 的常见属性

属性声明	功能描述
@property (nullable, nonatomic, strong) UIImage *image;	访问或设置控件显示的图片
@property (nullable, nonatomic, strong) UIImage *highlightedImage;	设置高亮状态下显示的图片
@property(nonatomic,getter=isUserInteractionEnabled) BOOL userInteractionEnabled;	设置是否允许用户交互，默认不允许用户交互
@property(nonatomic,getter=isHighlighted) BOOL highlighted;	设置是否高亮状态，默认为普通状态
@property (nullable, nonatomic, copy) NSArray<UIImage *> *animationImages;	设置序列帧动画的图片数组
@property (nullable, nonatomic, copy) NSArray<UIImage *> *highlightedAnimationImages;	设置高亮状态下序列帧动画的图片数组
@property(nonatomic) NSTimeInterval animationDuration;	设置序列帧动画播放的时长

（续表）

属性声明	功能描述
@property(nonatomic) NSInteger animationRepeatCount;	设置序列帧动画播放的次数

表 2-4 列举了 UIImageView 常见的属性，其中，前 4 个属性是用来设置图片状态的，后 4 个属性是用来设置图片动画的。这些属性都是操作 UIImageView 最常用到的，在后面的小节中，将针对这些属性的使用进行详细讲解。

由于 UIImageView 可以实现序列帧动画显示一组图片，因此，UIImageView 除了提供实现动画的相关属性外，还提供了实现序列帧动画的相关方法，接下来，通过一张表来列举 UIImageView 关于序列帧动画播放的相关方法，见表 2-5。

表 2-5　UIImageView 用于播放帧动画的相关方法

方法声明	功能描述
- (void)startAnimating;	开始播放动画
- (void)stopAnimating;	停止播放动画
- (BOOL)isAnimating;	判断是否正在播放动画

表 2-5 中列举了 3 个方法，这 3 个方法都是用来控制动画播放状态的。

2.2.3　实战演练——会喝牛奶的汤姆猫

相信大家都知道一个比较好玩的应用叫"会说话的汤姆猫"，该应用中的汤姆猫不仅可以模仿人说话，还可以指挥汤姆猫进行各种动作，如喝牛奶、挠抓屏幕、挨打等动作。其实，这些动作都是一系列图片的动画效果，接下来，我们以喝牛奶为例，带领大家使用图片控件来开发一个会喝牛奶的汤姆猫，具体步骤如下。

1．创建工程，设计界面

（1）新建一个 Single View Application 应用，名称为 02_UIImageView，然后在 Main.storyboard 界面中添加一个 UIImageView 控件和一个 UIButton 控件，其中，UIImageView 控件用于显示汤姆猫，UIButton 控件用于显示牛奶瓶。

（2）将提前准备好的图片分别放到 Supporting Files 和 Assets.xcassets 文件中，并为 UIImageView 控件和 UIButton 控件设置背景图片，设计好的界面如图 2-11 所示。

图 2-11　喝牛奶的汤姆猫界面

2．创建控件对象的关联

（1）单击 Xcode 界面右上角的 ⊘ 图标，进入控件与代码的关联界面，选中 UIButton 控件，添加一个单击事件，命名为 drink，如图 2-12 所示。

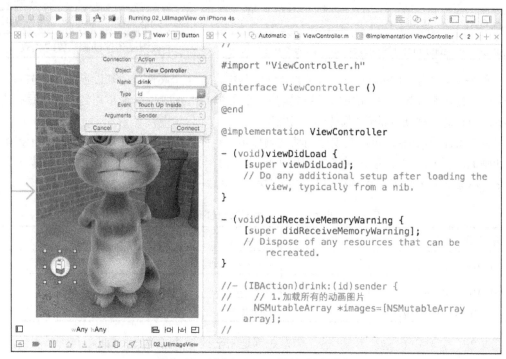

图 2-12 创建 UIButton 控件对象的关联

（2）同样的方式，选中 UIImageView 控件，添加一个表示汤姆猫的对象，命名为 tom，如图 2-13 所示。

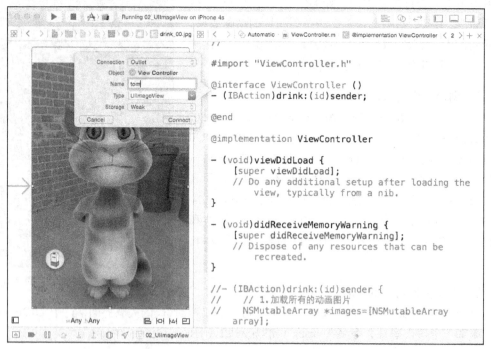

图 2-13 创建 UIImageView 对象的关联

3. 通过代码实现汤姆猫喝牛奶的功能

完成控件对象的关联后,就可以通过代码实现汤姆猫喝牛奶的功能了。进入 ViewController.m 文件,在 drink 方法中加载图片,并且设置喝牛奶的一系列动画,代码如例 2-2 所示。

【例 2-2】ViewController.m

```
1   #import"ViewController.h"
2   @interface ViewController ()
3   // 声明一个表示汤姆猫的属性 tom
4   @property (weak, nonatomic) IBOutlet UIImageView *tom;
5   // 声明一个喝牛奶的方法 drink
6   -(IBAction)drink:(id)sender;
7   @end
8   @implementation ViewController
9   -(IBAction)drink:(id)sender {
10      // 1.加载所有的动画图片
11      NSMutableArray *images=[NSMutableArray array];
12      for(int i=0;i<81;i++){
13          // 计算文件名
14          NSString *filename=[NSString stringWithFormat:@"drink_%02d.jpg",i];
15          // 加载图片
16          UIImage *image=[UIImage imageNamed:filename];
17          // 添加图片到数组中
18          [images addObject:image];
19      }
20      self.tom.animationImages=images;
21      //2.设置播放次数(1 次)
22      self.tom.animationRepeatCount=1;
23      // 3.设置播放时间
24      self.tom.animationDuration=8;
25      // 4.开始播放动画
26      [self.tom startAnimating];
27   }
28   @end
```

在例 2-2 中,第 11 行代码创建了一个数组,用于存放一系列动画图片;第 12~18 行代码用于将存放在指定目录下的图片添加到数组中;第 20 行代码用于设置动画图片;第 22~24 行代码用于设置动画播放的次数及其持续时间;第 26 行代码用于播放动画。

4. 在模拟器上运行程序

单击 Xcode 工具的运行按钮,在模拟器上运行程序。程序运行成功后,单击喝牛奶的图标,一个"会喝牛奶的汤姆猫"应用成功开发完成了。汤姆猫喝牛奶的部分场景如图 2-14 所示。

图 2-14　会喝牛奶的汤姆猫

注意：

PNG 格式的图片资源，可以直接放到 Images.xcassets 文件和 Supporting Files 文件下；而 JPEG 格式的图片资源只能放到 Supporting Files 文件下。

2.3　按钮控件（UIButton）

2.3.1　按钮控件概述

按钮控件是最常用的控件之一，通常情况下，单击某个控件后，会做出相应反应的都是按钮控件。在 iOS 开发中，按钮控件使用 UIButton 类表示的，它直接继承自 UIControl:UIView，是一个既能显示文字，又能显示图片，还能随时调整内部图片和文字位置的按钮。例如，播放器界面有很多按钮控件，如图 2-15 所示。

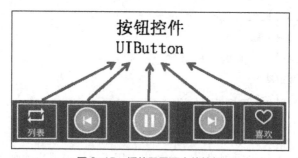

图 2-15　播放器界面中的按钮

图 2-15 所示的是播放器界面中的一部分，这部分包含了 5 个按钮控件，这些控件都是可单击的，并且单击这些按钮控件后，会做出不同的反应。

同标签控件、图片控件一样，创建按钮控件最简单的方式也是通过拖曳控件的方式来完成。进入对象库，选中 Button 控件，在 Xcode 右侧会出现 UIButton 的属性检查器面板，如图 2-16 所示。

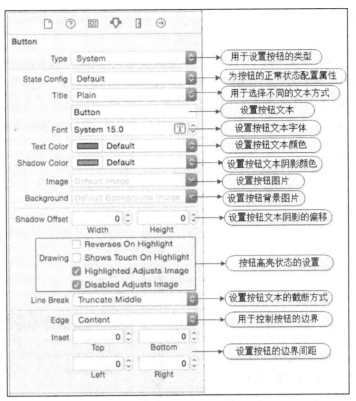

图 2-16　UIButton 的属性检查器面板

图 2-16 所示的是 UIButton 所支持的一些属性，其中，Type 和 State Config 属性比较难理解，接下来，针对这两个属性进行详细讲解，具体如下。

1. Type

该属性用于设置按钮的类型，它支持多个选项，单击 Type 下拉列表，如图 2-17 所示。

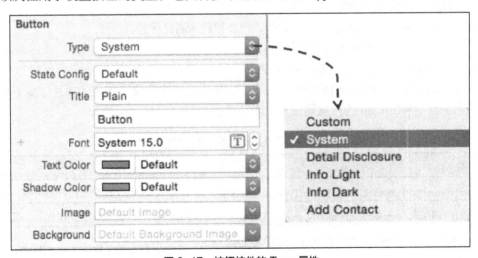

图 2-17　按钮控件的 Type 属性

从图 2-17 中可以看出，按钮控件的 Type 属性有 6 个选项，这 6 个选项表示的含义如下所示。

- Custom：该选项表示按钮控件是开发者自己定义的，是最常被选用的 Type 类型。
- System：该选项是 iOS 默认的按钮风格。
- Detail Disclosure：该按钮通常用于显示当前列表项的详情，最新发布的 iOS 8 中显示ⓘ图标。
- Info Light：显示ⓘ图标的图形按钮，该按钮通常用于显示简短的说明信息。
- Info Dark：显示ⓘ图标的图形按钮，该按钮通常用于显示简短的说明信息。
- Add Contact:显示⊕图标的图形按钮，该按钮通常用于显示添加联系人。

2. State Config

该属性用于配置该按钮的状态，它支持多个选项，单击 State Config 下拉列表，如图 2-18 所示。

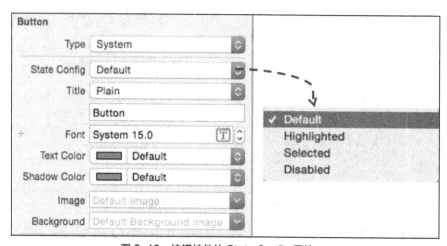

图 2-18　按钮控件的 State Config 属性

从图 2-18 中可以看出，按钮控件的 State Config 属性有 4 个选项，这 4 个选项表示的含义如下所示。

- Default：这是按钮默认的状态。
- Highlighted：当用户触碰该按钮时，该按钮显示高亮状态。
- Selected：表示按钮被选中的状态。
- Disabled：表示按钮被禁用后的状态。

针对 UIButton 属性检查器面板中的设置，UIButton 类也定义了相应的属性，接下来，通过一张表来列举 UIButton 的常见属性，见表 2-6。

表 2-6　UIButton 类的常见属性

属性声明	功能描述
@property(nonatomic,readonly) UIButtonType buttonType;	用于设置按钮控件的类型
@property(nullable, nonatomic,readonly,strong) UILabel *titleLabel;	用于设置按钮控件显示的文本
@property(nullable, nonatomic,readonly,strong) UIImageView *imageView;	用于显示按钮控件的图片

除此之外，UIButton 类还提供了许多可以设置 UIButton 外观的方法，这些方法都比较常用。表 2-7 列举了 UIButton 提供的常见方法。

表 2-7　UIButton 类的常见方法

方法声明	功能描述
- (void)setTitle:(nullable NSString *)title forState:(UIControlState)state;	用于设置按钮的文本和状态
- (void)setTitleColor:(nullable UIColor *)color forState:(UIControlState)state;	用于设置按钮的标题颜色和状态
- (void)setBackgroundImage:(nullable UIImage *)image forState:(UIControlState)state;	用于设置按钮的背景图片和状态
- (void)setImage:(nullable UIImage *)image forState:(UIControlState)state;	用于设置按钮的图片和状态

表 2-7 列举的方法中都需要指定一个 forState 参数，该参数是一个 UIControlState 整数值，用于接收 UIControlStateNormal、UIControlStateHighlighted、UIControlStateDisabled、UIControlStateSelected 状态的值，这 4 个状态所代表的值刚好是图 2-18 所列出的 4 种状态。

2.3.2　实战演练——使用按钮移动、旋转、缩放图片

UIButton 作为 iOS 开发中最常用的控件之一，它主要用于响应用户在界面中触发的事件。为了帮助大家熟练掌握 UIButton 的使用，接下来，带领大家使用按钮控件来控制图片的移动、旋转和缩放，具体步骤如下。

1．创建工程，设计界面

（1）新建一个 Single View Application 应用，名称为 03_UIButton，然后在 Main.storyboard 界面中添加 1 个 UIImageView 控件和 8 个 UIButton 控件，其中，UIImageView 控件用于显示要操作的图片，UIButton 控件用于控制图片的上下左右移动、左右旋转和放大缩小。

（2）将提前准备好的图片放到 Supporting Files 文件中，并为 UIImageView 控件和 UIButton 控件设置背景图片。设计好的界面如图 2-19 所示。

在图 2-19 中，上移、下移、左移、右移的操作分别和图中箭头的方向对应，左旋、右旋和放大、缩小也一样。需要注意的是，为了区分移动、旋转、缩放的不同按钮，我们需要为每个按钮设置一个 Tag 属性，这里，我们为上移、下移、左移、右移、左旋转、右旋转、放大、缩小设置的 Tag 属性为 1、2、3、4、5、6、7、8。

2．创建控件对象的关联

（1）单击 Xcode 界面右上角的 图标，进入控件与代码的关联界面，为具备移动操作的 4 个 UIButton 控件添加同一个单击事件，命名为 run，如图 2-20 所示。

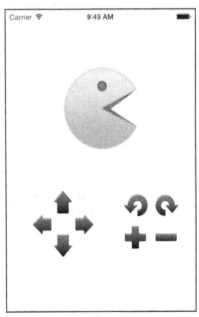

图 2-19　按钮操作图片的界面

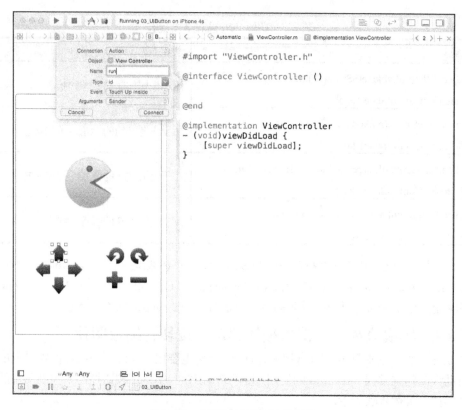

图 2-20　创建移动按钮对象的关联

（2）同样的方式，为旋转按钮、缩放按钮添加相应的事件，分别命名为 rotate 和 scale，为 UIImageView 添加属性，命名为 img，添加完成后的界面如图 2-21 所示。

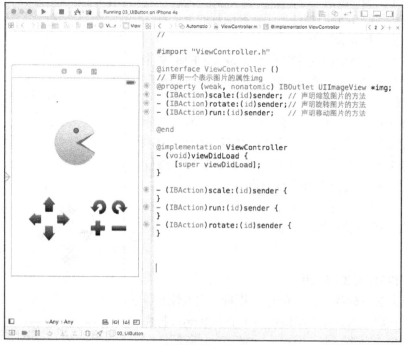

图 2-21　完成控件对象关联后的界面

从图 2-21 中可以看出，完成控件对象的关联后，在 ViewController.m 文件中会自动生成控件对象对应属性和方法的声明。

3．通过代码实现图片的移动、旋转、缩放功能

完成控件对象的关联后，就可以通过代码实现按钮移动、旋转、缩放图片的功能了。进入 ViewController.m 文件，通过代码对不同的方法进行实现，代码如例 2-3 所示。

【例 2-3】ViewController.m

```
1   #import "ViewController.h"
2   @interface ViewController ()
3   // 声明一个表示图片的属性 img
4   @property (weak, nonatomic) IBOutlet UIImageView *img;
5   - (IBAction)scale:(id)sender; // 声明缩放图片的方法
6   - (IBAction)rotate:(id)sender;// 声明旋转图片的方法
7   - (IBAction)run:(id)sender;    // 声明移动图片的方法
8   @end
9   @implementation ViewController
10  - (void)viewDidLoad {
11      [super viewDidLoad];
12  }
13  // 用于缩放图片的方法
14  - (IBAction)scale:(id)sender {
15      // 获取图片的 transform 属性
16      CGAffineTransform t=self.img.transform;
17      // 获取图片的 tag 属性
18      NSInteger tag = [sender tag];
19      if (tag==7) {
20          CGAffineTransform temtransform =CGAffineTransformScale(t, 1.2,1.2);
21          self.img.transform= temtransform;
22      }else{
23          CGAffineTransform temtransform=CGAffineTransformScale(t, 0.8,0.8);
24          self.img.transform=temtransform;
25      }
26  }
27  // 用于旋转图片的方法
28  - (IBAction)rotate:(id)sender {
29      // 获取图片的 transform 属性
30      CGAffineTransform temtransform=self.img.transform;
31      // 获取按钮的 tag 属性
32      NSInteger rotatetag=[sender tag];
33      if (rotatetag==5) {
```

```
34        self.img.transform=CGAffineTransformRotate(temtransform,M_PI_4 * -1);
35    }else{
36        self.img.transform = CGAffineTransformRotate(temtransform,M_PI_4 * 1);
37    }
38 }
39 // 用于移动图片的方法
40 - (IBAction)run:(id)sender {
41    // 获取图片的 frame 属性
42    CGRect tmpframe = self.img.frame;
43    // 获取按钮的 tag 属性
44    NSInteger runtag=[sender tag];
45    switch (runtag) {
46        case 1:  // 向上移动
47            tmpframe.origin.y-=10;
48            self.img.frame=tmpframe;
49            break;
50        case 2:  // 向下移动
51            tmpframe.origin.y+=10;
52            self.img.frame=tmpframe;
53            break;
54        case 3:  // 向左移动
55            tmpframe.origin.x-=10;
56            self.img.frame=tmpframe;
57            break;
58        case 4:  // 向右移动
59            tmpframe.origin.x+=10;
60            self.img.frame=tmpframe;
61            break;
62        default:
63            break;
64    }
65 }
66 @end
```

在例 2-3 中，使用按钮对图片进行各种操作时，首先都是获取图片对象的相关属性，然后根据图片对象的 Tag 属性，执行不同的动作。以 run 方法为例，该方法用于实现图片的移动操作，第 41~44 行代码分别获取了图片的 frame 和按钮的 tag 属性，第 45~65 行代码使用 switch 语句，根据按钮的 tag 属性，判断按钮移动的方向，并对 frame 属性的坐标位置进行修改，从而实现图片的移动。

4. 在模拟器上运行程序

单击 Xcode 工具的运行按钮，在模拟器上运行程序。程序运行成功后，单击不同的按钮操作图片，发现图片可以实现移动、旋转和缩放了。使用按钮对图片进行移动、旋转、缩放后的部分图片如图 2-22 所示。

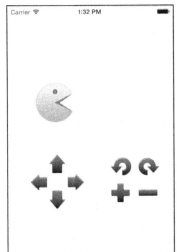 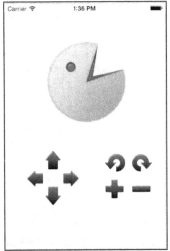 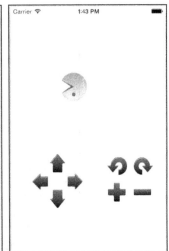

图 2-22 使用按钮移动、旋转、缩放图片

2.4 文本框控件和文本控件

在 iOS 开发中，经常需要一些显示文字的控件，虽然 UILabel 标签可以实现文字的展示，但它不能和用户进行交互，为此，UIKit 框架提供了 UITextField 和 UITextView 文本控件，接下来，本节将针对这两个控件进行详细讲解。

2.4.1 文本框控件（UITextField）

在 iOS 开发中，文本框控件使用 UITextField 来表示，它和 UIButton 控件一样，都直接继承自 UIControl 控件，并且可以和用户进行交互。为了帮助大家更好地理解什么是文本框控件，接下来，通过新浪微博登录的界面来展示 UITextField 的使用场景，如图 2-23 所示。

图 2-23 所示的是一个新浪微博的登录界面，该界面中的用户名和密码输入框都是使用文本框控件 UITextField 控件实现的。由此可见，UITextField 控件不仅可以显示，同时可供用户输入或者编辑文本。

要想在程序中使用 UITextField，首先得学会创建 UITextField。同样从对象库中找到 Text Field，将其拖曳到 Main.storyboard 编辑界面中，这样就轻而易举地创建了一个文本输入框。选中 Text Field 控件，Xcode 右侧出现了 UITextField 的属性检查器面板，

图 2-23 新浪微博登录界面

该面板用于设置 UITextField 的相关属性，如图 2-24 所示。

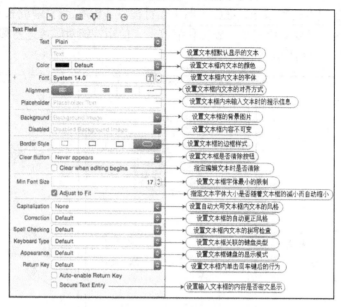

图 2-24　UITextField 的属性检测器面板

图 2-24 所示的是 UITextField 所支持的一些属性，通过设置这些属性，可以使文本框的状态发生相应变化。接下来，针对 Clear Button 属性和 Keyboard Type 属性进行详细讲解。

1. Clear Button

Clear Button 用于控制何时显示清除按钮，选中文本框控件，单击该属性的下拉列表，结果如图 2-25 所示。

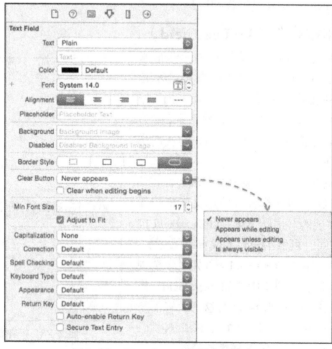

图 2-25　Clear Button 属性支持的选项

图 2-25 所示的是 UITextField 控件的 Clear Button 属性选项，这些选项所代表的含义如下所示。

- Never appears：从不显示清除按钮。
- Appears while editing：当编辑内容时显示清除按钮。
- Appears unless editing：除了编辑之外，都会显示清除按钮。
- Is always visible：清除按钮一直可见。

2. Keyboard Type

Keyboard Type 用于设置文本框关联的键盘类型，选中文本框控件，单击该属性的下拉列表，结果如图 2-26 所示。

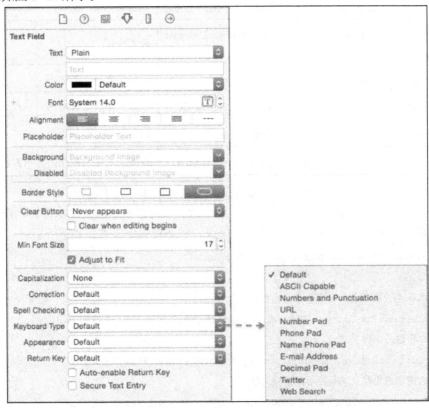

图 2-26　Keyboard Type 属性支持的选项

图 2-26 所示的是 Keyboard Type 属性所支持的选项，这些选项所代表的含义如下所示。

- Default：显示默认的虚拟键盘。
- ASCII Capable：显示英文字母键盘。
- Numbers and Punctuation：显示数字和标点符号键盘。
- Number Pad：显示数字键盘。
- Phone Pad：显示电话拨号键盘。
- E-mail Address：显示输入 E-mail 地址的虚拟键盘。
- Decimal Pad：显示可输入数字和小数点的虚拟键盘。

针对 UITextField 属性检查器面板设置的属性，UITextField 类也定义了与之对应的属性，接下来通过一张表来列举 UITextField 的常见属性，见表 2-8。

表 2-8　UITextField 的常见属性

属性声明	功能描述
@property(nullable,nonatomic,copy) NSString *placeholder;	设置文本框未输入文本时的提示信息
@property(nonatomic)UITextBorderStyle borderStyle;	设置文本框边框的样式
@property(nonatomic)UITextFieldViewMode clearButtonMode;	设置文本框是否显示清除按钮
@property(nonatomic) BOOL clearsOnBeginEditing;	再次编辑时是否清空之前的文本内容
@property(nonatomic) BOOL adjustsFontSizeToFitWidth;	设置文本内容是否适应文本框窗口大小
@property(nonatomic,readonly,getter=isEditing) BOOL editing;	设置文本框内文本内容是否允许编辑
@property(nullable, nonatomic,weak) id<UITextFieldDelegate> delegate;	设置代理
@property(nullable, nonatomic,strong) UIView *leftView;	设置文本框左侧视图
@property(nonatomic) UITextFieldViewMode leftViewMode;	设置文本框左视图的显示方式
@property(nullable, nonatomic,strong) UIView *rightView;	设置文本框右侧视图
@property(nonatomic) UITextFieldViewMode rightViewMode;	设置文本框右视图的显示方式

表 2-8 列举出了 UItextField 的常见属性，其中 delegate 为代理属性，如果一个对象要想监听文本框的动态，如限制文本框输入内容的个数，该对象可以成为文本框的代理来实现监听，但是前提是要遵守 UITextFieldDelegate 协议，该协议的定义方式如下所示。

```
@protocol UITextFieldDelegate <NSObject>
@optional
// 文本框是否可以进入编辑模式（是否可进入输入状态）
- (BOOL)textFieldShouldBeginEditing:(UITextField *)textField;
// 文本框进入编辑模式
- (void)textFieldDidBeginEditing:(UITextField *)textField;
// 是否退出编辑模式（是否可结束输入状态）
- (BOOL)textFieldShouldEndEditing:(UITextField *)textField;
//退出编辑模式（结束输入状态）
- (void)textFieldDidEndEditing:(UITextField *)textField;
// 当输入任何字符时，代理调用该方法
-(BOOL)textField:(UITextField *)textField shouldChangeCharactersInRange:
(NSRange)range replacementString:(NSString *)string;
// 是否可以单击清除按钮
- (BOOL)textFieldShouldClear:(UITextField *)textField;
// 单击键盘上的 return 按钮时调用
- (BOOL)textFieldShouldReturn:(UITextField *)textField;
@end
```

从上述代码中可以看出，UITextFieldDelegate 协议中定义了许多供代理监听的方法，这些方法会在文本框的不同状态下被调用。例如，textFieldShouldReturn 方法是单击键盘上的 return 键按钮时调用的方法，该方法可以实现单击 return 键后所执行的行为。

2.4.2 实战演练——用户登录"传智播客"

UITextField 作为用户输入文本的控件之一，它经常会运用在一些用户的登录界面，例如，新浪微博的登录界面，用户名和密码的文本输入框就是使用 UITextField 实现的。为了帮助大家更好地学习 UITextField 的使用，接下来，带领大家开发一个用户登录传智播客的案例，具体步骤如下。

1．创建工程，设计界面

（1）新建一个 Single View Application 应用，名称为 04_UITextField，然后在 Main.storyboard 界面中添加一个 UIImageView 控件、两个 UITextField 控件和一个 UIButton 控件，其中，UIImageView 控件用于显示 Logo 图片，UITextField 控件用于输入用户登录的用户名和密码，UIButton 控件用于用户的登录。

（2）将提前准备好的图片放到 Supporting Files 文件中，并为 UIImageView 控件和 UIButton 控件设置背景图片。为了确保密码的安全，通常情况下，我们都会将密码设置为密文显示，即用于输入密码的 UITextField 控件中的 Secure Text Entry 属性勾选上。设计好的界面如图 2-27 所示。

图 2-27　用户登录的界面

2．创建控件对象的关联

（1）单击 Xcode 界面右上角的 ⊘ 图标，进入控件与代码的关联界面，为 UITextField 控件添加用于表示用户名和密码的属性，分别命名 username 和 password，创建好的界面如图 2-28 所示。

图 2-28　为 UITextField 控件添加属性

（2）同样的方式，为登录按钮添加一个事件，命名为 login，添加完成后的界面如图 2-29 所示。

图 2-29 为 UIButton 控件添加用于单击的方法

3. 通过代码实现用户登录的功能

完成控件对象的关联后，就可以通过代码实现用户登录的功能了。为了演示用户登录的功能，我们假设有一个用户名为 itcast，密码为 12345 的用户。使用代码实现用户登录功能的代码如例 2-4 所示。

【例 2-4】viewController.m

```
1  #import "ViewController.h"
2  @interface ViewController ()
3  - (IBAction)login:(id)sender;  // 声明 UIButton 按钮的单击事件
4  // 账号和密码文本框
5  @property (weak, nonatomic) IBOutlet UITextField *password;
6  @property (weak, nonatomic) IBOutlet UITextField *username;
7  @end
8  @implementation ViewController
9  - (void)viewDidLoad {
10     [super viewDidLoad];
11 }
12 - (IBAction)login:(id)sender {
13     // 获取用户名
14     NSString *username=self.username.text;
15     // 获取密码
16     NSString *password=self.password.text;
17     // 判断用户名和密码是否正确
18     if ([username isEqualToString:@""]||[password isEqualToString:@""]) {
```

```
19      [self showMessage:@"用户名或密码不能为空"];
20    }else if(![password isEqualToString:@"12345"]|| ![username
21      isEqualToString:@"itcast"]){
22      [self showMessage:@"用户名或密码错误"];
23    }else if([username isEqualToString:@"itcast"]&& [password
24      isEqualToString:@"12345"]){
25      [self showMessage:@"登录成功"];
26    }
27 }
28 // 提示信息的方法
29 -(void)showMessage:(NSString *) message{
30    UIAlertController *alertC = [UIAlertController alertControllerWithTitle:nil
31      message:message preferredStyle:UIAlertControllerStyleAlert];
32    UIAlertAction *certain = [UIAlertAction actionWithTitle:@"确定"
33      style:UIAlertActionStyleDefault handler:nil];
34    [alertC addAction:certain];
35    [self presentViewController:alertC animated:YES completion:nil];
36 }
37 @end
```

在例 2-4 中，第 18~26 行代码用于对用户名和密码进行判断，并且调用了 showMessage 方法显示登录的结果，showMessage 方法是程序第 29~36 行代码定义的一个方法，该方法首先创建了一个 UIAlertController 对象，并在创建该对象时指定了警告框的标题、消息内容及警告框包含的按钮信息，然后调用 presentViewController: animated: completion:方法，将创建的 UIAlertController 对象显示出来。

4. 在模拟器上运行程序

单击 Xcode 工具的运行按钮，在模拟器上运行程序。程序运行成功后，在文本框中输入用户名和密码，单击登录按钮，这时，不管用户名和密码输入的是否正确，都会弹出一个对应的提示框，效果如图 2-30 所示。

图 2-30　用户登录的运行结果

2.4.3 多行文本控件（UITextView）

在 iOS 应用中，经常需要输入多行文本，这时，需要使用 UITextView 控件实现。与 UITextField 控件相比，UITextView 继承自 UIScrollView：UIView 类，它不仅可以输入并显示文本，而且可以在固定的区域展示足够多的文本，并且这些文本内容可以换行显示。为了帮助大家更好地理解什么是 UITextView，接下来，通过一张发表微博的图片来展示 UITextView 的应用场景，如图 2-31 所示。

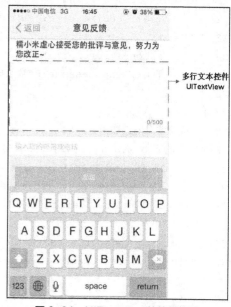

图 2-31 所示是发送微博的界面，其中，发表微博内容的区域是一个可以滚动显示的文本框，它是由一个多行文本控件实现的。通常情况下，多行文本控件也称为文本视图。

同样，在学习 UITextView 控件之前，先来看一下 UITextView 控件所支持的属性。从对象库中将 Text View 直接拖曳到 Main.storyboard 编辑界面并选中，在 Xcode 右侧会出现了 UITextView 的属性检查器面板，如图 2-32 所示。

图 2-31 UITextView 的使用场景

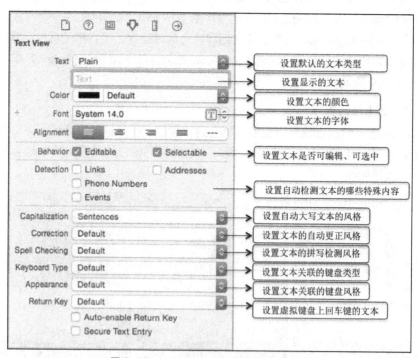

图 2-32 UITextView 的属性检测器面板

图 2-32 所示标识出了 UITextView 常见属性的设置，这些属性所代表的含义比较简单，大家可以通过修改属性的设置，体会这些属性对 UITextView 所起的作用。

除了可以在属性检查器面板中设置属性外，还可以使用 UITextView 类提供的属性来进行设置，接下来，通过一张表来列举 UITextView 的常见属性，具体如表 2-9 所示。

表 2-9　UITextView 的常见属性

属性声明	功能描述
@property(nullable,nonatomic,weak) id<UITextViewDelegate> delegate;	设置代理
@property(nonatomic,getter=isEditable) BOOL editable;	设置文本视图是否可编辑
@property(nonatomic,getter=isSelectable) BOOL selectable;	设置文本视图是否可选择
@property(nonatomic) BOOL clearsOnInsertion;	设置文本视图输入时是否清除之前的文本
@property(null_resettable,copy) NSAttributedString *attributedText;	设置文本视图默认插入的文字内容
@property (nullable, readwrite, strong) UIView *inputView;	设置底部弹出的视图
@property (nullable, readwrite, strong) UIView *inputAccessoryView;	设置底部弹出视图上方的辅助视图

表 2-9 列举了 UITextView 的常见属性，其中 delegate 为代理属性，文本视图的事件交由代理对象处理，实现对文本视图的监听，但是前提要遵守 UITextViewDelegate 协议，该协议的定义方式如下所示。

```
@protocol UITextViewDelegate <NSObject, UIScrollViewDelegate>
@optional
// 用户将要开始编辑 UITextView 的内容时会激发该方法
- (BOOL)textViewShouldBeginEditing:(UITextView *)textView;
// 用户开始编辑该 UITextView 的内容时会激发该方法
- (void)textViewDidBeginEditing:(UITextView *)textView;
// 用户将要结束编辑该 UITextView 的内容时会激发该方法
- (BOOL)textViewShouldEndEditing:(UITextView *)textView;
//用户结束编辑该 UITextView 的内容时会激发该方法
- (void)textViewDidEndEditing:(UITextView *)textView;
// 该 UITextView 内指定范围内的文本内容将要被替换时激发该方法
- (BOOL)textView:(UITextView *)textView
shouldChangeTextInRange:(NSRange)range replacementText:(NSString *)text;
// 该 UITextView 中包含的文本内容发生改变时会激发该方法
- (void)textViewDidChange:(UITextView *)textView;
// 用户选中该 UITextView 内某些文本时会激发该方法
- (void)textViewDidChangeSelection:(UITextView *)textView;
@end
```

从上述代码中可以看出，UITextViewDelegate 协议中定义了很多方法，这些方法会在不同的状态下被激发。例如，textView：shouldChangeTextInRange：方法是替换多行文本控件中指定文本时会触发的方法，该方法可以实现把回车键当作退出键盘的响应键。

2.5 开关控件（UISwitch）

2.5.1 开关控件概述

在某些 iOS 应用中，经常会看到一些类似传统物理开关的控件，例如，手电筒的开关、Setting 选项中的定位开关等，这些开关都是使用开关控件 UISwitch 实现的，为了大家更好地理解什么是开关控件，接下来，通过一张图来描述开关控件的应用场景，如图 2-33 所示。

图 2-33 所示的是一个 Setting 选项中的 Safari 选项界面，该界面中包含了很多 UISwitch 控件，并且这些控件都只有"开/关"两种状态。

UISwitch 控件继承自 UIControl 类，它是一个可以与用户进行交互的控件。同样，在学习 UISwitch 控件之前，先来看一下 UISwitch 所支持的属性。将对象库中的 UISwitch 控件

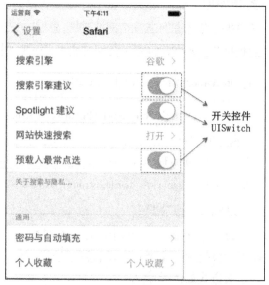

图 2-33 Setting 选项中的 Safari 选项

拖曳到 Main.storyboard 编辑界面并选中，Xcode 右侧会出现 UISwitch 的属性检查器面板，如图 2-34 所示。

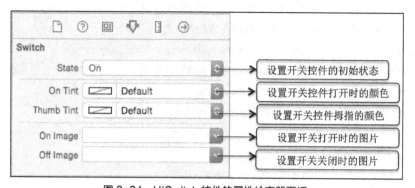

图 2-34 UISwitch 控件的属性检查器面板

从图 2-34 中可以看出，UISwitch 控件属性检查器面板中的属性比较少，其中，State 属性用于切换开关控件的"开/关"状态，应用程序可以通过属性 on 或方法 isOn 来检测当前的状态。

2.5.2 实战演练——使用开关控制"灯泡"

在 iPhone 或 iPad 设备上，经常会看到类似于手电筒这种应用，它的界面比较简单，只有一个开关控制手电筒的打开关闭状态，出于这种设计思路，接下来，我们使用开关控件 UISwitch 来控制"灯泡"，当用户打开 UISwitch 时，应用程序界面的灯泡图片是点亮的，当用户关闭 UISwitch 控件时，灯泡的图片是熄灭的，具体步骤如下。

1. 创建工程，设计界面

（1）新建一个 Single View Application 应用，名称为 05_UISwitch，然后在 Main.storyboard 界面中添加一个 UIImageView 控件和一个 UISwitch 控件，其中，UIImageView 控件用于显示灯泡的图片，UISwitch 控件用于显示开关。

（2）将提前准备好的图片放到 Supporting Files 文件中，并将 UISwitch 控件的初始状态设置为打开，UIImageView 控件的初始图片是灯泡点亮的状态，设计好的界面如图 2-35 所示。

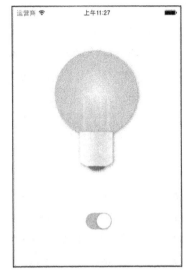

2. 创建控件对象的关联

单击 Xcode 界面右上角的 ⊘ 图标，进入控件与代码的关联界面，为 UIImageView 控件添加表示图片对象的属性，命名为 img；同理，为 UISwitch 控件添加切换开关状态的方法，命名为 change，添加完成后的界面如图 2-36 所示。

图 2-35 使用开关控制灯泡的界面

3. 通过代码实现灯泡开关的控制

完成控件对象的关联后，就可以通过代码实现灯泡开关的控制了。进入 ViewController.m 文件，在 change 方法中，首先判断灯泡切换时的状态，然后根据灯泡开关的状态对灯泡的图片进行切换。使用开关控制灯泡的代码如例 2-5 所示。

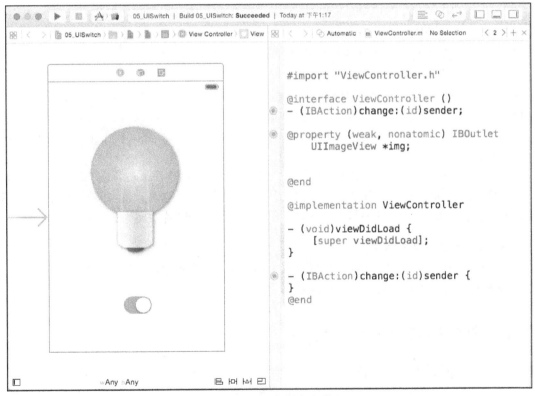

图 2-36 为控件对象添加关联

【例2-5】viewController.m

```objc
1   #import "ViewController.h"
2   @interface ViewController ()
3   -(IBAction)change:(id)sender;
4   @property (weak, nonatomic) IBOutlet UIImageView *img;
5   @end
6   @implementation ViewController
7   - (void)viewDidLoad {
8       [super viewDidLoad];
9   }
10  - (IBAction)change:(id)sender {
11      if(![sender isOn]){
12          // 获取文件的名称
13          NSString *filename=[NSString stringWithFormat:@"img_01.jpg"];
14          // 加载图片
15          UIImage *image=[UIImage imageNamed:filename];
16          // 更换图片
17          self.img.image=image;
18      }else {
19          // 获取文件的名称
20          NSString *filename=[NSString stringWithFormat:@"img_02.jpg"];
21          // 加载图片
22          UIImage *image=[UIImage imageNamed:filename];
23          // 更换图片
24          self.img.image=image;
25      }
26  }
27  @end
```

在例2-5中，change方法是控制灯泡开关的核心代码，当程序通过调用isOn方法后，如果判断的结果不是YES，则说明控制灯泡的开关是关闭状态，这时，将当前界面的图片使用img_02替换。同理，如果开关是打开状态，则将当前页面的图片替换为img_01。

4. 在模拟器上运行程序

单击Xcode工具的运行按钮，在模拟器上运行程序。程序运行成功后，单击开关按钮，发现使用开关可以控制灯泡，效果如图2-37所示。

2.6 滑块控件（UISlider）

2.6.1 滑块控件概述

在播放器界面，经常可以看到类似于进度条的控件，例如，音量的控制、播放进度的控制。在 iOS 开发中，这种使用滑块来改变数值的控件称为滑块控件。滑块控件使用 UISlider 表示，它继承自 UIControl，是一个可以与用户进行交互的控件。接下来，通过一张音乐播放的图片来展示 UISlider 的应用场景，如图 2-38 所示。

图 2-37　使用开关控制灯泡的运行结果　　　　图 2-38　音乐播放器界面

图 2-38 所示的是一个音乐播放器的界面，该播放器中的歌曲播放进度就是一个滑块控件，它可以通过拖动的方式来改变音乐的播放进度。

同学习其他控件一样，从对象库中将滑块控件拖曳到 Main.storyboard 编辑界面中并选中，在 Xcode 右侧查看 UISlider 的属性检查器面板中的相关属性，如图 2-39 所示。

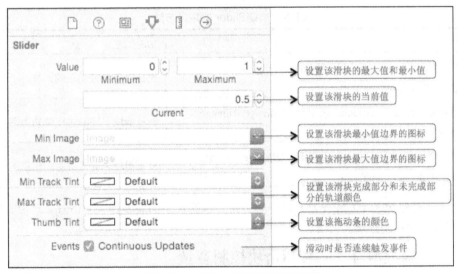

图 2-39　UISlider 的属性检查器面板

图 2-39 展示了 UISlider 支持的一些属性，这些属性都可以改变 UISlider 的状态。同时，针对 UISlider 属性检查器面板设置的属性，UISlider 类也定义了与之对应的属性，接下来通过一张表来列举 UISlider 的常见属性，见表 2-10。

表 2-10 UISlider 的常见属性

属性声明	功能描述
@property(nonatomic) float value;	设置或者获取滑块的值
@property(nonatomic) float minimumValue;	设置滑块的最小值，默认为 0.0
@property(nonatomic) float maximumValue;	设置滑块的最大值，默认为 1.0
@property(nullable, nonatomic,strong) UIImage *minimumValueImage;	设置滑块最小值边界的图片
@property(nullable, nonatomic,strong) UIImage *maximumValueImage;	设置滑块最大值边界的图片
@property(nullable, nonatomic,strong) UIColor *minimumTrackTintColor;	设置小于滑块当前值的轨道颜色，默认为蓝色
@property(nullable, nonatomic,strong) UIColor *maximumTrackTintColor;	设置大于滑块当前值的轨道颜色，默认为白色
@property(nullable, nonatomic,strong) UIColor *thumbTintColor;	设置当前拖动条的颜色，默认为白色

表 2-10 列举出了 UISlider 常见的一些属性，它们都可以改变滑块的样式。同时 UISlider 类还提供了相应的方法，用来定制滑块的外观，接下来通过一张表来列举 UISlider 的常见方法，见表 2-11。

表 2-11 UISlider 的常见方法

方法声明	功能描述
- (void)setThumbImage:(nullable UIImage *)image forState:(UIControlState)state;	设置滑块上拖动条的图片
- (void)setMinimumTrackImage:(nullable UIImage *)image forState:(UIControlState)state;	设置滑块已完成进度的轨道图片
- (void)setMaximumTrackImage:(nullable UIImage *)image forState:(UIControlState)state;	设置滑块未完成进度的轨道图片

表 2-11 列举出了 UISlider 常见的一些方法，这些方法都需要传入 UIImage 对象，使用图片来改变 UISlider 的外观。

2.6.2 实战演练——使用滑块控制音量

在大多数应用中，音量的控制都是通过滑块控件实现的。为了帮助大家更好地学习滑块控件 UISlider 的使用，接下来，我们来模拟实现一个控制音量的功能，具体步骤如下：

1．创建工程，设计界面

（1）新建一个 Single View Application 应用，名称为 06_UISlider，然后在 Main.storyboard 界面中添加一个 UISlider 控件、一个 UILabel 控件和一个 UIImageView 控件，其中

UIImageView 用于显示图片，UILabel 用于提示用户拖动滑块，UISlider 用于根据不同的阶段的值切换图片。

（2）将 UISlider 控件的 Current 属性设置为 0.4，UILabel 控件的 text 属性设置为"提示：请拖动滑块改变音量"。

（3）将提前准备好的图片资源放到 Supporting Files 文件中，为 UIImageView 设置默认显示的图片，设计好的界面如图 2-40 所示。

2．创建控件对象的关联

单击 Xcode 界面右上角的 ◎ 图标，进入控件与代码的关联界面，选中 UIImageView，添加一个表示音量的对象，命名为 voiceImageV，同样，为 UISlider 控件添加一个表示音量控制的滑块对象，命名为 slider，添加完成后的界面如图 2-41 所示。

3．通过代码实现调节音量的功能

完成控件对象的关联后，就可以通过代码实现调节音量的功能了。进入 ViewController.m 文件，根据滑块数值的变化适时地切换音量图片，代码如例 2-6 所示。

图 2-40 使用滑块控制音量的界面

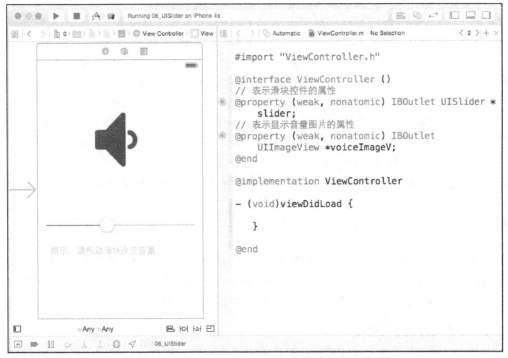

图 2-41 创建控件对象关联后的界面

【例2-6】ViewController.m

```
1   #import "ViewController.h"
2   @interface ViewController ()
3   // 滑块
4   @property (weak, nonatomic) IBOutlet UISlider *slider;
5   // 音量图片
6   @property (weak, nonatomic) IBOutlet UIImageView *voiceImageV;
7   @end
8   @implementation ViewController
9   - (void)viewDidLoad {
10      // 1.为滑块控件UISlider添加监听器
11      [self.slider addTarget:self action:@selector(valueChange:)
12      forControlEvents:UIControlEventValueChanged];
13  }
14  // 滑块数值发生变化时会调用的方法
15  - (void)valueChange:(UISlider *)slider0
16  {
17      // 1.设置图片的数量
18      int count = 4;
19      // 2.获取滑块的值
20      float level = slider0.value;
21      // 3.根据滑块的值适时切换图片
22      if (level>=0 && level<1.0/(count-1)) {
23          self.voiceImageV.image = [UIImage imageNamed:@"voice0.jpg"];
24      }else if (level>=1.0/(count-1) && level<2.0/(count-1)){
25          self.voiceImageV.image = [UIImage imageNamed:@"voice1.jpg"];
26      }else if(level>=2.0/(count-1) && level<1){
27          self.voiceImageV.image = [UIImage imageNamed:@"voice2.jpg"];
28      }else if(level == 1){
29          self.voiceImageV.image = [UIImage imageNamed:@"voice3.jpg"];
30      }
31  }
32  @end
```

在例2-6中，第11~12行代码为滑块控件添加监听器方法，并设置数值变化的监听方法是valueChange；第15~31行代码则是方法valueChange的具体实现，该方法通过划分UISlider控件，更换不同的表示音量的图片，从而实现了对音量的控制。

4. 在模拟器上运行程序

单击Xcode工具的运行按钮，在模拟器上运行程序。程序运行成功以后，拖动滑块，发现"音量"可以根据滑块的拖动来改变大小。使用滑块控制音量的部分运行结果如图2-42所示。

图 2-42 使用滑块实现音量调节

2.7 分段控件（UISegmentControl）

2.7.1 分段控件概述

目前，很多手机 App 程序都会在界面上设计一栏按钮，这些按钮可以通过切换，在屏幕上展现不同的内容，例如，网易新闻页面频道栏中的头条、娱乐、图片等，在 iOS 中，这种可以在不同类别信息间进行切换的控件，称为分段控件，接下来，通过一张图片来展示分段控件的应用场景，如图 2-43 所示。

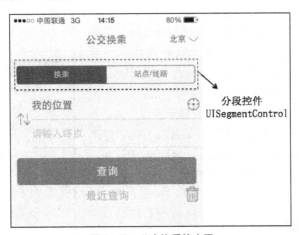

图 2-43 公交换乘的应用

分段控件使用 UISegmentControl 表示，它继承自 UIControl，是一个可活动的控件。同其他控件一样，分段控件也可以通过拖曳的方式创建。将对象库中的 Segment Control 控件拖曳到 Main.storyboard 编辑界面中并选中，在 Xcode 右侧会出现 UISegmentControl 的属性检查器面板，如图 2-44 所示。

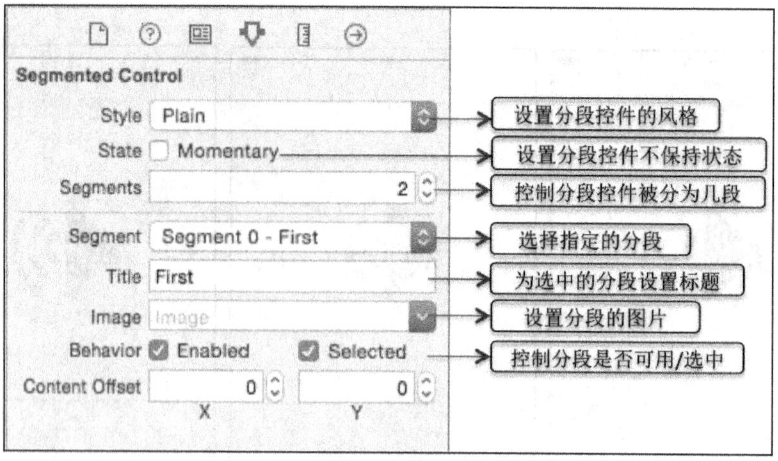

图 2-44 UISegmentControl 的属性检查器面板

从图 2-44 中可以看出，UISegmentControl 控件属性检查器面板中的属性比较少，其中，Segments 属性的值是一个整数，它用于控制分段控件被分为几段；Segment 属性则是一个列表框，它所包含的列表项随着 Segments 属性设置的值而改变，例如，Segments 的属性设为 4，那么 Segment 的列表框将包含 4 个列表项，并且 Segment 0 代表第 1 个分段，Segment 1 代表第 2 个分段，依次类推。

2.7.2 实战演练——使用分段控件控制"花朵"

分段控件在实际开发中应用是非常广泛的，为了帮助大家更好地掌握分段控件，接下来，我们使用分段控件开发一个控制花朵颜色的案例，该案例中共有 3 个分段，单击每个分段就会出现不同颜色的花朵，具体步骤如下。

1．创建工程，设计界面

（1）新建一个 Single View Application 应用，命名 07_UISegmentControl，然后在 Main.storyboard 界面中添加一个 UILabel 控件、一个 UIImageView 控件和一个 UISegmentControl 控件，其中，UILabel 控件用于提示用户选择花朵颜色，UIImageView 控件用于显示花朵，UISegmentControl 控件用于控制花朵的显示。

（2）将提前准备好的图片放到 Supporting Files 文件中，将 UISegmentControl 的 Segments 属性设置为 3，Segment 属性分别设置为对应的花朵图片，设计好的界面如图 2-45 所示。

2．创建控件对象的关联

单击 Xcode 界面右上角的 ⓘ 图标，进入控件与代码的关联界面，为 UIImageView 控件添加表示图片对象的属性，命名为 img；同理，为 UISegmentControl 控件添加单击按钮的方法，命名为 selectchange，添加完成后的界面如图 2-46 所示。

图 2-45 使用分段控件控件花朵的界面

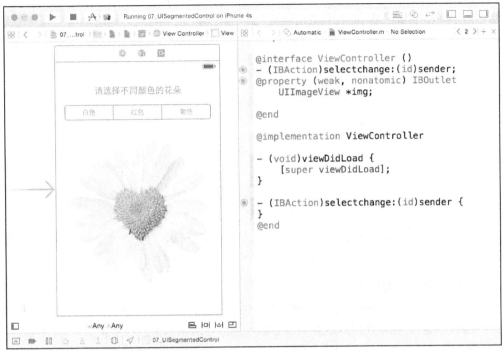

图 2-46　为控件对象创建关联

3. 通过代码实现切换花朵的功能

完成控件对象的关联后，就可以通过代码实现花朵的切换了。进入 ViewController.m 文件，在 selectchange 方法中，根据分段控件的 Segment 属性判断单击的是哪个分段，从而控制不同颜色花朵的显示。使用分段控件控制花朵的代码如例 2-7 所示。

【例 2-7】ViewController.m

```
1   #import "ViewController.h"
2   @interface ViewController ()
3   - (IBAction)selectchange:(id)sender;// 声明用于切换图片的分段控件
4   @property (weak, nonatomic) IBOutlet UIImageView *img;//声明一个图片控件
5   @end
6   @implementation ViewController
7   - (void)viewDidLoad {
8       [super viewDidLoad];
9   }
10  - (IBAction)selectchange:(id)sender {
11      // 创建要切换的图片对象
12      UIImage *img1=[UIImage imageNamed:@"flower_01.jpg"];
13      UIImage *img2=[UIImage imageNamed:@"flower_02.jpg"];
14      UIImage *img3=[UIImage imageNamed:@"flower_03.jpg"];
15      switch ([sender selectedSegmentIndex]) {
16          case 0:
17              self.img.image=img1;
18              break;
```

```
19          case 1:
20              self.img.image=img2;
21              break;
22          case 2:
23              self.img.image=img3;
24              break;
25          default:
26              break;
27      }
28  }
29  @end
```

在例 2-7 中，第 12~14 行代码创建了 3 个 UIImage 对象；第 15~28 行代码通过判断分段控件选中的位置，为 UIImageView 对象设置图片。

4. 在模拟器上运行程序

单击 Xcode 工具的运行按钮，在模拟器上运行程序。程序运行成功后，单击分段控件中的每个分段，发现分段控件可以按照期望控制不同颜色的花朵了。效果如图 2-47 所示。

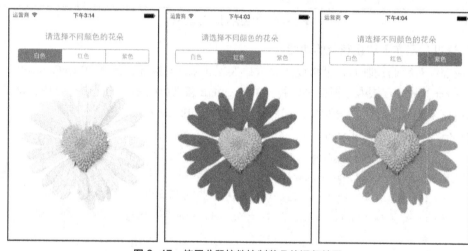

图 2-47　使用分段控件控制花朵的运行结果

2.8　数据选择控件

2.8.1　日期选择控件（UIDatePicker）

UIDatePicker 是一个可以用来选择日期和时间的控件，它继承自 UIControl，是一个可以与用户交互的控件。例如，计时器应用中就用到了 UIDatePicker 控件，如图 2-48 所示。

UIDatePicker 控件同样可以通过拖曳的方式创建，从对象库中找到 Date Picker 控件，并将其拖曳到 Main.storyboard 编辑界面中，这时，在 Xcode 右侧看到 UIDatePicker 属性检查器面板中的相关属性，如图 2-49 所示。

图 2-49 所示的是 UIDatePicker 所支持的一些属性，其中，Mode 和 Date 属性都支持多种选项，下面针对这两种属性进行详细讲解。

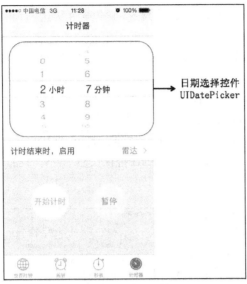

图 2-48 计时器应用

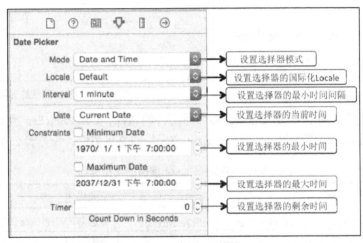

图 2-49 UIDatePicker 的属性检查器面板

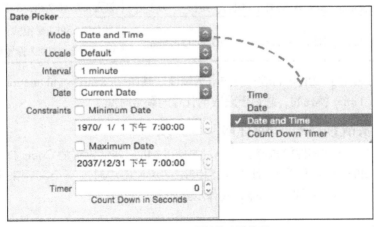

图 2-50 mode 属性的 4 种选项

1. Mode

Mode 属性用于设置 UIDatePicker 的模式，它包含 4 种选项，单击 Mode 属性的下拉列表，如图 2-50 所示。

从图 2-50 中可以看出，UIDatePicker 控件有 4 种模式可以选择，这 4 种模式的相关讲解具体如下：

- Time：该 UIDatePicker 控件只显示时间，不显示日期。
- Date：该 UIDatePicker 控件只显示日期，不显示时间。
- Date and Time：该 UIDatePicker 控件同时选择日期和时间。
- Count Down Timer：该 UIDatePicker 控件仅显示倒计时器。

2. Date

Date 属性用于设置日期选择器的当前时间，它包含两个选项，单击 Date 属性的下拉列表，如图 2-51 所示。

从图 2-51 中可以看出，Date 属性支持两种选项，这两种选项所表示的含义具体如下：

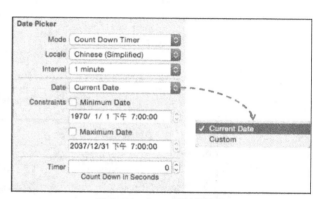

图 2-51　Date 属性的选项

- Current Date：表示系统当前的时间。
- Custom：表示自定义的时间，该时间用户可以任意指定。

针对日期选择控件在属性检查器面板中所支持的属性，UIDatePicker 类提供了对应的属性，接下来，通过一张表来描述 UIDatePicker 类提供的常见属性，见如表 2-12。

表 2-12　UIDatePicker 提供的常见属性

属性声明	功能描述
@property (nonatomic) UIDatePickerMode datePickerMode;	设置 UIDatePicker 的模式
@property (nullable, nonatomic, strong) NSLocale *locale;	设置 UIDatePicker 为国际化时间
@property (nonatomic, strong) NSDate *date;	设置 UIDatePicker 的当前时间
@property (nonatomic) NSTimeInterval countDownDuration;	当 UIDatePicker 模式为 Count Down Timer 时，设置剩余时间

表 2-12 中列举了 UIDatePicker 类的常见属性，其中，countDownDuration 属性是专门针对 CountDown Timer 模式的，它用于获取倒计时的剩余时间。

2.8.2　实战演练——倒计时

在 UIDatePicker 的属性检查器面板中，如果将 Mode 属性设置为 Count Down Timer，就可以将 UIDatePicker 控件当作倒计时器使用。接下来，通过一个案例来演示如何使用 UIDatePicker 控件实现倒计时的功能，具体步骤如下。

1. 界面设计

（1）新建一个 Single View Application 应用，命名 08_UIDatePicker，然后在 Main.storyboard

界面中添加一个 UIDatePicker 控件、一个 UIButton 控件，其中，UIDatePicker 控件用于显示时间，UIButton 控件用于开始计时。为了界面美观，我们在界面中添加几个 UIImageView 控件，作为倒计时的图标。

（2）将提前准备好的图片放到 Supporting Files 文件中，将 UIDatePicker 控件的 Mode 属性设置为 Count Down Timer，Date 属性设置 Custom，设计好的界面如图 2-52 所示。

2．创建控件对象的关联

单击 Xcode 界面右上角的 ◎ 图标，进入控件与代码的关联界面，为 UIDatePicker 控件创建表示日期控件的属性，命名为 datepicker，为 UIButton 控件添加单击事件，命名为 click。另外，由于单击按钮后，相当于启动了定时器更新 UIDatePicker 控件，这时，需要禁用 UIButton 控件和 UIDatePicker 控件，并更改按钮前面的图片，因此，需要为 UIButton、UIDatePicker 和 UIImageView 分别添加一个属性。添加完成后的界面如图 2-53 所示。

3．通过代码实现用户登录的功能

完成控件对象的关联后，就可以通过代码实现倒计时的功能了，进入 ViewController.m 文件，在 click 方法中，首先获取倒计时的剩余时间，然后启动定时器定时更新 UIDatePicker 的时间。ViewController.m 文件的代码如例 2-8 所示。

图 2-52　倒计时界面

图 2-53　创建控件对象的关联

【例 2-8】ViewController.m

```
1  #import "ViewController.h"
2  @interface ViewController ()
3  - (IBAction)click:(id)sender;
4  @property (weak, nonatomic) IBOutlet UIButton *btn_start;
```

```objc
5   @property (weak, nonatomic) IBOutlet UIImageView *img;
6   @property (weak, nonatomic) IBOutlet UIDatePicker *datepicker;
7   @end
8   @implementation ViewController
9    NSTimer *timer;
10   NSTimeInterval lefttime;
11  - (void)viewDidLoad {
12      [super viewDidLoad];
13  }
14  - (IBAction)click:(id)sender {
15      // 获取倒计时器的剩余时间
16      lefttime=self.datepicker.countDownDuration;
17      // 禁用 UIDatePicker 和 UIButton 控件
18      self.datepicker.userInteractionEnabled=NO;
19      [sender setEnabled:NO];
20      // 替换图片
21      UIImage *image=[UIImage imageNamed:@"img_03"];
22      self.img.image=image;
23      // 初始化一个字符串,用于提示用户开始倒计时
24      NSString *message=[NSString stringWithFormat:@"您还剩下【%f】秒",lefttime];
25      // 创建一个警告框,提示开始倒计时
26      UIAlertController *alertC = [UIAlertController
27          alertControllerWithTitle:@"开始倒计时"
28          message:message preferredStyle:UIAlertControllerStyleAlert];
29      UIAlertAction *certain = [UIAlertAction actionWithTitle:@"确定"
30          style:UIAlertActionStyleDefault handler:nil];
31      [alertC addAction:certain];
32      [self presentViewController:alertC animated:YES completion:nil];
33      // 启用计时器,控制每隔 60 秒执行一次 tickDown 方法
34      timer = [NSTimer scheduledTimerWithTimeInterval:60 target:self
35            selector:@selector(tickDown)userInfo:nil repeats:YES];
36  }
37  -(void) tickDown{
38      lefttime -= 60;
39      self.datepicker.countDownDuration = lefttime;
40      if (lefttime<=0) {
41          // 取消定时器
42          [timer invalidate];
43          // 启用 UIDatePicker 和 UIButton 控件,
44          self.datepicker.userInteractionEnabled = YES;
45          self.btn_start.enabled=YES;
46          // 替换图片
```

```
47      UIImage *image = [UIImage imageNamed:@"img_02"];
48      self.img.image=image;
49      // 创建一个警告框，提示时间到
50      UIAlertController *alertC = [UIAlertController
51          alertControllerWithTitle:@"时间到！"
52          message:nil preferredStyle:UIAlertControllerStyleAlert];
53      UIAlertAction *certain = [UIAlertAction actionWithTitle:@"确定"
54          style:UIAlertActionStyleDefault handler:nil];
55      [alertC addAction:certain];
56      [self presentViewController:alertC animated:YES completion:nil];
57  }
58 }
```

在例 2-8 中，click 方法是倒计时功能的具体实现，在该方法中，第 34~35 行代码启动了一个定时器，用于控制每隔 60 秒执行一次 tickDown 方法，而 tickDown 方法每执行一次，程序就会将剩余时间减少 60 秒，直到剩余时间小于等于 0 为止。

4. 在模拟器上运行程序

单击 Xcode 工具的运行按钮，在模拟器上运行程序。程序运行成功后，单击开始计时的按钮，会弹出一个提示框，提示剩余时间，单击确定按钮后，就可以看到该倒计时器每隔 60 秒跳动一次，剩余时间减少 1 分钟。以开始时间为 1 小时 4 分钟为例，倒计时的效果如图 2-54 所示。

图 2-54　倒计时效果

2.8.3　选择控件（UIPickerView）

除了日期选择控件外，还有一种选择控件是 UIPickerView，它直接继承于 UIView，是一个既能生成单列选择器，也能生成多列选择器，又能自定义外观的静态控件。为了让大家更好地认识什么是选择控件，接下来通过一张图片展示 UIPickerView 的使用场景，如图 2-55 所示。

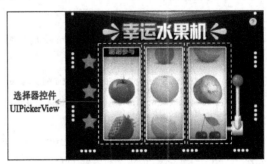

图 2-55　UIPickerView 的使用场景

图 2-55 所示的是一个水果机应用的界面，该应用界面中的水果选择控件是使用 UIPickerView 实现的。

同样，将 Picker View 从对象库中拖曳到 Main.storyboard 编辑界面并选中，Xcode 右侧出现了 UIPickerView 的属性检查器面板，该面板用于设置 UIPickerView 的相关属性，如图 2-56 所示。

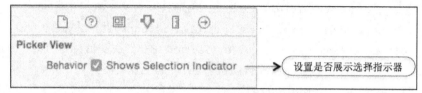

图 2-56　UIPickerView 的属性检查器面板

图 2-56 所示了 UIPickerView 的 Behavior 属性，该属性用于显示选中行的标记，一般以高亮背景作为选中标记。同时，UIPickerView 类也提供了相应的属性，接下来通过一张表来列举 UIPickerView 的常见属性，见表 2-13。

表 2-13　UIPickerView 的常见属性

方法声明	功能描述
@property(nullable,nonatomic,weak)　id<UIPickerViewDataSource> dataSource;	设置数据源
@property(nullable,nonatomic,weak)　id<UIPickerViewDelegate>　delegate;	设置代理
@property(nonatomic) BOOL showsSelectionIndicator;	设置是否显示 UIPickerView 的选中标记
@property(nonatomic,readonly) NSInteger numberOfComponents;	获取 UIPickerView 指定列中包含的列表项的数量，该属性权限为只读

表 2-13 列举了 UIPickerView 的一些常见属性，其中 dataSource 和 delegate 这两个属性非常重要，接下来，针对它们进行详细讲解。

1. dataSource

dataSource 代表数据源，该属性用于指定 UIPickerView 的数据源，它知道该控件应该展示的列数和行数，但是前提要遵守 UIPickerViewDataSource 协议，该协议的定义方式如下所示。

```
@protocol UIPickerViewDataSource<NSObject>// 数据源协议
@required
// 返回选择器总共有多少列
- (NSInteger)numberOfComponentsInPickerView:(UIPickerView *)pickerView;
// 返回选择器每列总共有多少行
- (NSInteger)pickerView:(UIPickerView *)pickerView
numberOfRowsInComponent:(NSInteger)component;
@end
```

从上述可以看出，UIPickerViewDataSource 协议定义了两个方法，这些方法是使用 @required 关键字修饰的必须要实现的方法，通过委托代理的方式限制数据信息展示的样式，如行数和列数，因此我们又称之为数据源协议。

2. delegate

delegate 表示代理，该属性用于设定 UIPickerView 的代理，实现代理对 UIPickerView 的监听，但是前提要遵守 UIPickerViewDelegate 协议，该协议的定义方式如下所示。

```
@protocol UIPickerViewDelegate<NSObject>// 代理协议
@optional
// 返回第 component 列每一行的宽度
- (CGFloat)pickerView:(UIPickerView *)pickerView
widthForComponent:(NSInteger)component;
// 返回第 component 列每一行的高度
- (CGFloat)pickerView:(UIPickerView *)pickerView
rowHeightForComponent:(NSInteger)component;
// 设置选择器每行显示的文本内容
- (nullable NSString *)pickerView:(UIPickerView *)pickerView titleForRow:(NSInteger)row
     forComponent:(NSInteger)component;
// 设置选择器每行显示的视图内容
- (UIView *)pickerView:(UIPickerView *)pickerView viewForRow:(NSInteger)row
     forComponent:(NSInteger)component reusingView:(nullable UIView *)view;
//单击选择器某列某行时，就会调用这个方法
- (void)pickerView:(UIPickerView *)pickerView didSelectRow:(NSInteger)row
inComponent:(NSInteger)component;
@end
```

从上述代码可以看出，UIPickerViewDelegate 协议定义了一些方法，这些方法都可以展示选择器每行每列的信息，且方法是可选择实现的。例如，pickerView:titleForRow:forComponent 方法根据相应的数据，展示选择器每行对应的文本内容。

除了协议方法之外，UIPickerView 类也定义了一些常见的方法，接下来通过一张表列举 UIPickerView 的常见方法，见表 2-14。

表 2-14 UIPickerView 的常见方法

方法声明	功能描述
-(NSInteger)numberOfRowsInComponent:(NSInteger)component;	返回第 component 列有多少行
- (CGSize)rowSizeForComponent:(NSInteger)component;	返回第 component 列中一行的尺寸
- (nullable UIView *)viewForRow:(NSInteger)row forComponent:(NSInteger)component;	设置选择器某列某行的视图内容
- (void)reloadAllComponents;	刷新所有列的数据
- (void)reloadComponent:(NSInteger)component;	刷新某一列的数据
- (void)selectRow:(NSInteger)row inComponent:(NSInteger)component animated:(BOOL)animated;	设置是否动画选中某列某行
- (NSInteger)selectedRowInComponent:(NSInteger)component;	返回选中的是第 component 列的第几行

表 2-14 列举了 UIPickerView 类一些常见的方法，这些方法配合使用，可以协调展示不

同样式的选择器。

2.8.4　实战演练——点菜系统

随着社会的发展，人们对生活质量的要求不断提高，也越来越注重于饮食。去酒店吃饭成了人们生活中的一部分。为了提高酒店的服务质量，开发一套完善的酒店点菜系统是必要的。接下来，带领大家使用 UIPickerView 开发一个"点餐系统"，具体步骤如下。

1．创建工程，设计界面

（1）新建一个 Single View Application 应用，名称为 09_UIPickerView，然后在 Main.storyboard 界面中添加 1 个 UIPickerView、1 个 UIView、3 个 UIButton 和 9 个 UILabel，其中 UIPickerView 用于滚动选中菜系内容，UILabel 用于显示选择器选中的菜系，UIButton 用于随机选中菜系。

（2）设置 UIView 的背景颜色，并将用于保存菜系数据的 foods.plist 文件放到 Supporting Files 文件中，设计好的界面如图 2-57 所示。

2．创建控件对象的关联

（1）单击 Main.storyboard 左下角的 图标，打开文档大纲区，选中 UIPickerView 右击，弹出一个黑框列表，从该列表 dataSource 选项后的空圆圈拖线到文档大纲区中的控制器文件，设置 UIPickerView 的 dataSource 为控制器，如图 2-58 所示。

图 2-57　点菜系统界面

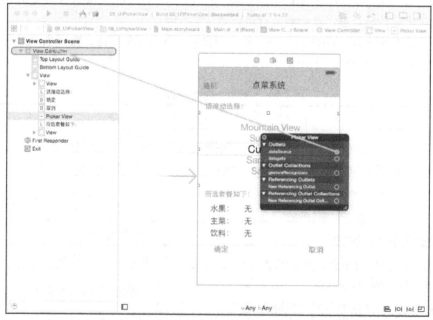

图 2-58　设置 UIPickerView 的 dataSource 为控制器

（2）同样的方式，设置 UIPickerView 的 delegate 为控制器，如图 2-59 所示。

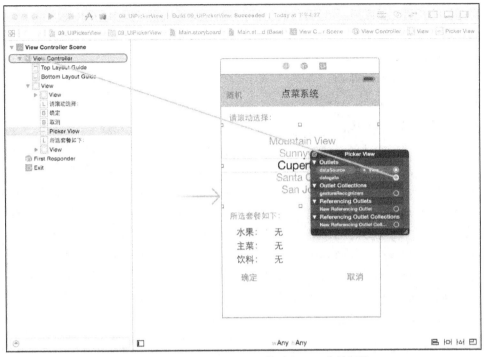

图 2-59　设置 UIPickerView 的 delegate 为控制器

（3）使用控件和代码关联的方式，为 UIButton 添加单击事件，添加 UILabel 和 UIPickerView 属性，添加完成后的界面如图 2-60 所示。

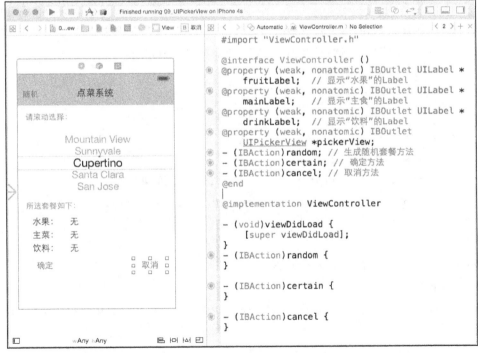

图 2-60　完成控件对象关联的界面

3. 通过代码实现点菜的功能

完成控件对象的关联后，就可以通过代码实现点菜的功能了。进入 ViewController.m 文件，遵守数据源和代理协议，将数据信息展示到 UIPickerView 控件中，并将选中的行内容显示到对应 UILabel 上，代码如例 2-9 所示。

【例 2-9】ViewController.m

```
1  #import "ViewController.h"
2  // 遵守数据源和代理协议
3  @interface ViewController () <UIPickerViewDataSource, UIPickerViewDelegate>
4  @property (nonatomic, strong)NSArray *foods;    // 保存 plist 文件中所有的 food
5  @property (weak, nonatomic) IBOutlet UILabel *fruitLabel;   // 显示"水果"的 Label
6  @property (weak, nonatomic) IBOutlet UILabel *mainLabel;    // 显示"主食"的 Label
7  @property (weak, nonatomic) IBOutlet UILabel *drinkLabel;   // 显示"饮料"的 Label
8  @property (weak, nonatomic) IBOutlet UIPickerView *pickerView;
9  - (IBAction)random; // 生成随机套餐方法
10 - (IBAction)certain; // 确定方法
11 - (IBAction)cancel; // 取消方法
12 @end
13 @implementation ViewController
14 // 懒加载数组
15 - (NSArray *)foods
16 {
17     if (_foods == nil) {
18         _foods = [NSArray arrayWithContentsOfFile:[[NSBundle mainBundle]
19         pathForResource:@"foods" ofType:@"plist"]];
20     }
21     return _foods;
22 }
23 - (void)viewDidLoad {
24     [super viewDidLoad];
25     for (int i = 0; i < 3; i++) {    // 选中每一列的第一行
26         [self pickerView:nil didSelectRow:0 inComponent:i];
27     }
28 }
29 #pragma mark - UIPickerViewDataSource
30 // 总共有多少列
31 - (NSInteger)numberOfComponentsInPickerView:(UIPickerView *)pickerView
32 {
33     return self.foods.count;
```

```objc
34 }
35 // 每列总共有多少行
36 - (NSInteger)pickerView:(UIPickerView *)pickerView
37 numberOfRowsInComponent:(NSInteger)component
38 {
39     NSArray *subFood = self.foods[component];
40     return subFood.count;
41 }
42 #pragma mark - UIPickerViewDelegate
43 // 第 component 列的第 row 行显示文字内容
44 - (NSString *)pickerView:(UIPickerView *)pickerView titleForRow:(NSInteger)row
45 forComponent:(NSInteger)component
46 {
47     return self.foods[component][row];
48 }
49 // 选中了第 component 列的第 row 行
50 - (void)pickerView:(UIPickerView *)pickerView didSelectRow:(NSInteger)row
51 inComponent:(NSInteger)component
52 {
53     // 将选中行的文本显示到对应的 Label
54     if (component == 0) {          // 水果 Label
55         self.fruitLabel.text = self.foods[component][row];
56     }else if (component == 1){     // 主菜 Label
57         self.mainLabel.text = self.foods[component][row];
58     }else if(component == 2){      // 饮料 Label
59         self.drinkLabel.text = self.foods[component][row];
60     }
61 }
62 // 设置行高
63 - (CGFloat)pickerView:(UIPickerView *)pickerView
64 rowHeightForComponent:(NSInteger)component
65 {
66     return 35;
67 }
68 // 随机选中一份套餐
69 - (IBAction)random {
70     for (int component = 0; component < self.foods.count; component++) {
71         // 1.第 component 列数组的总长度
```

```objc
72      int count = (int)[self.foods[component] count];
73      // 2.旧的行号
74      int oldRow = (int)[self.pickerView selectedRowInComponent:component];
75      // 3.第几行(默认新的行号跟旧的行号一样)
76      int row = oldRow;
77      // 4.保证行数跟上一次不一样
78      while (row == oldRow) {
79          row = arc4random()%count;
80      }
81      // 5.让 pickerView 主动选中第 compoent 列的第 row 行
82      [self.pickerView selectRow:row inComponent:component animated:YES];
83      // 6.设置 label 的文字
84      [self pickerView:nil didSelectRow:row inComponent:component];
85     }
86  }
87  // 单击确定
88  - (IBAction)certain {
89      // 提示用户点餐成功
90      UIAlertController *alertC = [UIAlertController
91          alertControllerWithTitle:@"点餐成功" message:@"请稍后。。"
92          preferredStyle:UIAlertControllerStyleAlert];
93      UIAlertAction *certain = [UIAlertAction actionWithTitle:@"好的"
94          style:UIAlertActionStyleDefault handler:nil];
95      [alertC addAction:certain];
96      [self presentViewController:alertC animated:YES completion:nil];
97  }
98  // 单击取消
99  - (IBAction)cancel {
100     // 直接回到初始化时候
101     for (int i = 0; i < 3; i++) {
102         [self pickerView:nil didSelectRow:0 inComponent:i];
103         [self.pickerView selectRow:0 inComponent:i animated:YES];
104     }
105  }
106  @end
```

在例 2-9 中，第 3 行代码遵守了数据源和代理协议；第 4 行代码定义了一个数组，用于保存 plist 文件中所有的 foods 数据；第 14~22 行代码使用懒加载的方法初始化数组；第 29~67 行代码分别为数据源和代理协议中定义的一些方法，用于展示数组中的数据；第 69~105 行代码分别为单击随机、确定和取消按钮后执行的行为。

4. 在模拟器上运行程序

单击 Xcode 工具的运行按钮，在模拟器上运行程序。程序运行成功后，UIPickerView 选中的数据成功展示到 Label 中，单击随机、确定和取消按钮，也都一一对应完成了相应功能。程序运行结果的部分结果如图 2-61 所示。

图 2-61　程序运行部分场景图

多学一招：懒加载

我们知道 iOS 设备的内存有限。如果程序在启动后就一次性加载应用程序将来会用到的所有资源（如大量数据、图片、音频等），那么就有可能会耗尽 iOS 设备的内存，就会造成应用程序运行缓慢，或者出现卡顿，甚至于应用程序会发生崩溃。同很多语言一样，iOS 中用"懒加载"的方式来加载这些资源，对这些资源进行合理化管理。

懒加载又称之为"延迟加载"，说通俗一点，就是在开发中，程序启动的时候不立刻使用的资源先不加载，当程序运行中需要使用资源的时候再去加载它。懒加载用于 get 方法，主要有以下好处。

- 效率低，占用内存小。
- 不必将创建对象的代码全部写在 viewDidLoad 方法中，代码的可读性更强。
- 每个控件的 get 方法中负责自身的实例化，代码彼此之间的独立性强，耦合度低。

2.9　屏幕滚动控件（UIScrollView）

2.9.1　屏幕滚动控件概述

移动设备的屏幕大小是极其有限的，因此直接展示在用户眼前的内容也是有限的。当屏幕展示的内容较多、超出一个屏幕时，用户可以通过滚动的方式来查看屏幕外的内容。在 iOS 中，UIScrollView 是一个支持滚动的控件，它直接继承自 UIView，可以用来展示大量的内容，并且可以通过滚动的方式查看所有的内容。为了让大家更好地理解，接下来通过一张图片来展示 UIScrollView 的使用场景，如图 2-62 所示。

图 2-62　UIScrollView 的使用场景

图 2-62 所示是一个新闻页面，该页面有很多内容需要展示，因此，该页面中包含了一个 UIScrollView 控件，用户可以通过滚动的方式来在有限的屏幕中查看更多内容。

UIScrollView 控件同其他控件一样，都包含很多属性，同样，从对象库中找到 Scroll View，将其拖曳到 Main.storyboard 编辑界面中，在 Xcode 右侧会出现 UIScrollView 的属性检测器面板，该面板可以设置 UIScrollView 的相关属性，如图 2-63 所示。

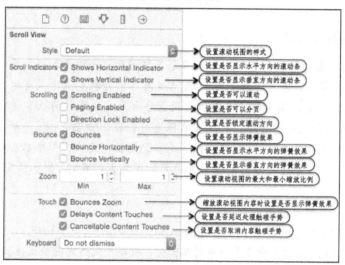

图 2-63　UIScrollView 的属性检测器面板

针对 UIScrollView 属性检查器面板设置的属性，UIScrollView 类也定义了与之对应的属性，接下来通过一张表来列举 UIScrollView 的常见属性，见表 2-15。

表 2-15　UIScrollView 的常见属性

属性声明	功能描述
@property(nonatomic) CGPoint contentOffset;	设置滚动视图的滚动偏移量
@property(nonatomic)CGSize contentSize;	设置滚动视图的滚动范围
@property(nonatomic)UIEdgeInsets contentInset;	设置滚动视图的额外滚动区域

（续表）

属性声明	功能描述
@property(nullable, nonatomic, weak) id<UIScrollViewDelegate> delegate;	设置代理
@property(nonatomic,getter=isScrollEnabled) BOOL scrollEnabled;	设置滚动视图是否允许滚动
@property(nonatomic,getter=isPagingEnabled) BOOL pagingEnabled;	设置滚动视图是否开启分页
@property(nonatomic) BOOL showsHorizontalScrollIndicator;	设置滚动视图是否显示水平滚动条
@property(nonatomic)BOOL showsVerticalScrollIndicator;	设置滚动视图是否显示垂直滚动条
@property(nonatomic) CGFloat minimumZoomScale;	设置滚动视图的最小缩放比例
@property(nonatomic) CGFloat maximumZoomScale;	设置滚动视图的最大缩放比例
@property(nonatomic) BOOL scrollsToTop;	设置滚动视图是否滚动到顶部

表 2-15 列举了 UIScrollView 的常见属性，其中 contentOffset、contentSize、contentInset 是 UIScrollView 支持的 3 个控件显示区域属性，delegate 为代理属性，这些属性都比较重要，接下来针对这几个属性进行详细介绍。

1. contentSize

该属性是一个 CGSize 类型的值，CGSize 是一个结构体类型，它包含 width、height 两个成员变量，代表着该 UIScrollView 所需要显示内容的完整高度和完整宽度。例如，内容视图为灰色部分，它的大小为 320×544，而 ScrollView 视图的大小只有 320×460，由于内容视图超出了 ScrollView 可显示的大小，因此，需要滚动屏幕来查看内容，如图 2-64 所示。

2. contentInset

该属性是一个 UIEdgeInsets 类型的值，UIEdgeInsets 也是一个结构体类型，它包含 top、left、bottom、right 4 个成员变量，分别代表着该 UIScrollView 所需要显示内容在上、左、下、右的留白。例如，内容视图为灰色部分，它的大小为 320×480，而 ScrollView 的大小只有 320×460，由于内容视图超出了 ScrollView 可显示的大小，并且上方要留一部分空白显示其他控件，因此，需要滚动屏幕来查看内容，如图 2-65 所示。

图 2-64　contentSize 属性　　图 2-65　contentInset 属性　　图 2-66　contentOffset 属性

3. contentOffset

该属性是一个 CGPoint 类型的值，CGPoint 也是一个结构体类型，它包含 x、y 两个成员变量,代表内容视图的坐标原点与该 UIScrollView 坐标原点的偏移量,如图 2-66 所示。

4. delegate

该属性是一个 id 类型的值,它可以指定代理对象。在 ScrollView 中定义了一个 UIScrollViewDelegate 协议,该协议定义了许多可以监听 UIScrollView 滚动过程的方法,例如,要想监听 ScrollView 的缩放和拖曳,可以通过遵守 UIScrollViewDelegate 协议,指定 ScrollView 的代理对象来实现。UIScrollViewDelegate 协议的定义方式如下所示。

```
@protocol UIScrollViewDelegate<NSObject>
@optional
// 滚动 UIScrollView 时就会调用该方法
- (void)scrollViewDidScroll:(UIScrollView *)scrollView;
// 缩放 UIScrollView 时就会调用该方法
- (void)scrollViewDidZoom:(UIScrollView *)scrollView;
// 即将拖曳 UIScrollView 时就会调用该方法
- (void)scrollViewWillBeginDragging:(UIScrollView *)scrollView;
// 即将停止拖曳 UIScrollView 时就会调用该方法
- (void)scrollViewWillEndDragging:(UIScrollView *)scrollView
withVelocity:(CGPoint)velocity targetContentOffset:(inout CGPoint *)
targetContentOffset;
// 停止拖曳 UIScrollView 时就会调用该方法
- (void)scrollViewDidEndDragging:(UIScrollView *)scrollView
willDecelerate:(BOOL)decelerate;
// UIScrollView 即将减速时就会调用该方法
- (void)scrollViewWillBeginDecelerating:(UIScrollView *)scrollView;
// UIScrollView 减速完成时就会调用该方法
- (void)scrollViewDidEndDecelerating:(UIScrollView *)scrollView;
// 返回缩放的视图,这个视图必须是 UIScrollView 的子视图
- (nullable UIView *)viewForZoomingInScrollView:(UIScrollView *)scrollView;
// UIScrollView 即将缩放时就会调用该方法
- (void)scrollViewWillBeginZooming:(UIScrollView *)scrollView
   withView:(nullable UIView *)view;
// UIScrollView 完成缩放时就会调用该方法
- (void)scrollViewDidEndZooming:(UIScrollView *)scrollView
   withView:(nullable UIView *)view atScale:(CGFloat)scale;
@end
```

从上述代码中可以看出,UIScrollViewDelegate 协议中定义了许多供代理监听的方法,这些方法会在滚动视图的不同状态下被调用。例如,scrollViewDidScroll 方法是改变滚动视图偏移量时调用的方法,该方法会在视图滚动后执行。

2.9.2 实战演练——喜马拉雅

UIScrollView 在 iOS 开发中经常使用,它主要用于在有限的屏幕上展示更多的内容。为了大家更好地掌握 UIScrollView 的使用,接下来带领大家搭建一个喜马拉雅的应用界面,具

体步骤如下。

1．界面设计

（1）新建一个 Single View Application 应用，名称为 10_UIScrollView，然后在 Main.storyboard 界面中添加 1 个 UIScrollView、2 个 UIView、1 个 UILabel 和 12 个 UIButton，其中 UIButton 只作为显示，不支持单击事件，UIScrollView 用于滚动它内部包含的内容视图。

（2）将提前准备好的图片放到 Assets.xcassets 文件中，并为 UIButton 设置普通和高亮状态下的背景图片，设计好的界面如图 2-67 所示。

图 2-67　搭建好的喜马拉雅界面

在图 2-67 中，UIScrollView 上添加了 7 个 UIButton，它们分别设置了普通状态下的背景图片，由于屏幕尺寸的限制，无法展示 UIScrollView 最底部的一个 UIButton。需要注意的是，只有添加到 UIScrollView 内部的控件才能实现滚动，如同绑定的关系。

2．创建控件对象的关联

单击 Xcode 界面右上角的 ⓞ 图标，进入控件与代码的关联界面，使用控件和代码关联的方式，为 UIScrollView 和其内部最底部的 UIButton 添加两个属性，分别命名为 scrollView 和 lastView，添加完成后的界面如图 2-68 所示。

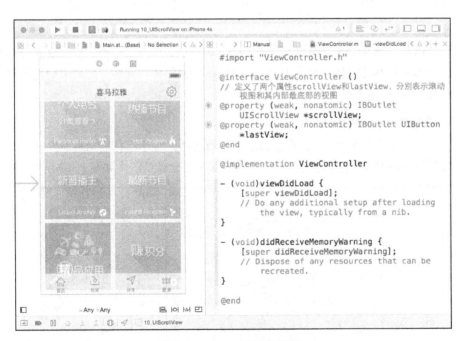

图 2-68　创建视图对象的关联

从图 2-68 中可以看出，完成控件对象的关联后，成功添加了两个属性。

3．通过代码实现滚动的功能

完成控件对象的关联后，就可以通过代码实现滚动的功能了。进入 ViewController.m 文件，在 viewDidLoad 方法中实现滚动的功能，代码如例 2-10 所示。

【例 2-10】ViewController.m

```
1    #import "ViewController.h"
2    @interface ViewController ()
3    // 定义了两个属性 scrollView 和 lastView，分别表示滚动视图和其内部最底部的视图
4    @property (weak, nonatomic) IBOutlet UIScrollView *scrollView;
5    @property (weak, nonatomic) IBOutlet UIButton *lastView;
6    @end
7    @implementation ViewController
8    - (void)viewDidLoad {
9        [super viewDidLoad];
10       // 1.获取 lastView 的最大 Y 值
11       CGFloat lastViewH = CGRectGetMaxY(self.lastView.frame) + 10;
12       // 2.设置 scrollView 的滚动范围
13       self.scrollView.contentSize = CGSizeMake(0, lastViewH);
14       // 3.设置 scrollView 的偏移量
15       self.scrollView.contentOffset = CGPointMake(0, -54);
16       // 4.设置 scrollView 的间距
17       self.scrollView.contentInset = UIEdgeInsetsMake(54, 0, 44, 0);
18   }
19   @end
```

在例 2-10 中，第 8～18 行代码是 viewDidLoad 方法，该方法中首先根据最底部视图的 Y 值确定 scrollView 的滚动范围，然后设置 scrollView 的偏移量和间距，协调滚动视图跟其他视图的位置，使界面更加美观。

4. 在模拟器上运行程序

单击 Xcode 工具的运行按钮，在模拟器上运行程序。程序运行成功后，发现视图可以滚动了，并且最底部的视图也能显现出来，滚动界面的部分场景图片如图 2-69 所示。

图 2-69　滚动界面

2.10 页控件（UIPageControl）

2.10.1 页控件概述

顾名思义，页控件是一个可以实现翻页效果的控件，它是一个比较简单的控件，由 N 个小圆点组成，每个小圆点代表一个页面，并且当前页面使用高亮的圆点显示。在 iOS 中，页控件使用 UIPageControl 类来表示，它直接继承于 UIControl：UIView，是一个可以与用户交互的活动控件。接下来通过一张图片来展示 UIPageControl 的使用场景，如图 2-70 所示。

图 2-70　UIPageControl 的使用场景

图 2-70 所示了 5 个小圆点，并且第 2 个小圆点是高亮状态，说明页控件包含 5 个页面，并且当前页面是第 2 个页面。

页控件 Page Control 同样可以从对象库中找到。将 Page Control 控件从对象库中拖曳到 Main.storyboard 编辑界面中，在 Xcode 右侧查看 UIPageControl 的属性检测器面板，如图 2-71 所示。

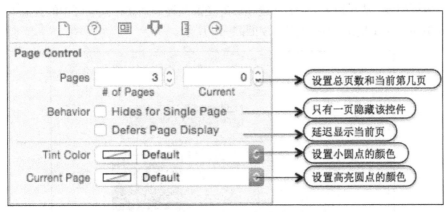

图 2-71　UIPageControl 的属性检测器面板

图 2-71 显示的是 UIPageControl 所支持的一些属性，通过对这些属性的设置，可以使页控件发生相应的变化。

针对 UIPageControl 属性检查器面板设置的属性，UIPageControl 类也定义了与之对应的属性，接下来通过一张表来列举 UIPageControl 的常见属性，如表 2-16 所示。

表 2-16 UIPageControl 的常见属性

属性声明	功能描述
@property(nonatomic) NSInteger numberOfPages;	设置总共有多少页
@property(nonatomic) NSInteger currentPage;	设置当前是第几页
@property(nullable, nonatomic,strong) UIColor *pageIndicatorTintColor;	设置页码指示器的颜色
@property(nullable, nonatomic,strong) UIColor *currentPageIndicatorTintColor;	设置当前页码指示器的颜色

表 2-16 列举了 UIPageControl 所支持的一些属性，它们均可以设置页控件的外观。

2.10.2 实战演练——自动轮播器

实际项目中，经常会把 UIScrollView 和 UIPageControl 结合使用，接下来，带领大家使用这两个控件完成一个自动轮播器，具体步骤如下。

1．创建工程，设计界面

（1）新建一个 Single View Application 应用，名称为 11_UIScrollView 和 UIPageControl，然后在 Main.storyboard 界面中添加一个 UIScrollView、一个 UIPageControl、一个 UIView 和一个 UILabel，其中，UIScrollView 用于显示轮播图片，UIPageControl 用于显示页码。

（2）将提前准备好的图片放到 Assets.xcassets 文件中，并为 UIPageControl 的圆点和高亮圆点分别设置白色和蓝色，设计好的界面如图 2-72 所示。

图 2-72 搭建好的界面

2．创建控件对象的关联

（1）单击 Main.storyboard 左下角的 图标，打开文档大纲区，选中 UIScrollView 右击，弹出一个黑框列表，从该列表 delegate 选项后的空圆圈拖线到文档大纲区中的控制器文件，设置 UIScrollView 的 delegate 为控制器，如图 2-73 所示。

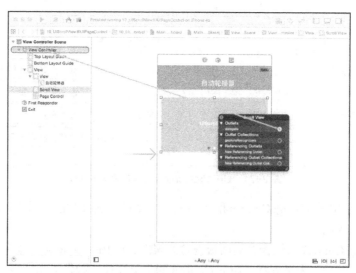

图 2-73 设置 UIScrollView 的 delegate 为控制器

（2）单击 Xcode 界面右上角的 ⊘ 图标，进入控件与代码的关联界面，使用控件和代码关联的方式，为 UIScrollView 和 UIPageControl 添加两个属性，分别命名为 scrollView 和 pageControl，用于表示轮播器和页码指示器，添加完成后的界面如图 2-74 所示。

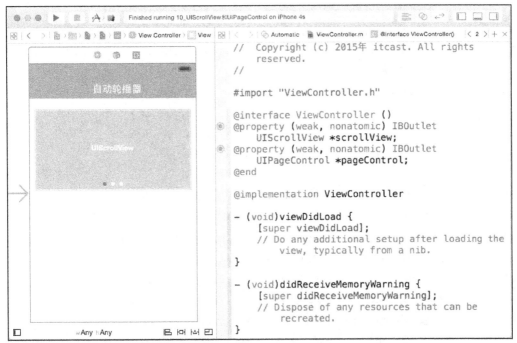

图 2-74　创建 UIScrollView 和 UIPageControl 控件对象的关联

3. 通过代码实现自动轮播的功能

完成控件对象的关联后，就可以通过代码加载图片，并实现自动轮播的功能了。进入 ViewController.m 文件，在 viewDidLoad 方法中完成相对的功能，代码如例 2-11 所示。

【例 2-11】ViewController.m

```
1    #import "ViewController.h"
2    @interface ViewController ()<UIScrollViewDelegate>
3    // 定义两个属性 scrollView 和 pageControl，分别表示轮播器和页码
4    @property (weak, nonatomic) IBOutlet UIScrollView *scrollView;
5    @property (weak, nonatomic) IBOutlet UIPageControl *pageControl;
6    @property (nonatomic, strong) NSTimer *timer; // 定时器
7    @end
8    @implementation ViewController
9    - (void)viewDidLoad {
10       [super viewDidLoad];
11       // 1.图片的总数
12       int count = 6;
13       // 2.imageView 的尺寸和 Y 值
14       CGFloat imageY = 0;
15       CGFloat imageW = self.scrollView.frame.size.width;
```

```objc
16      CGFloat imageH = self.scrollView.frame.size.height;
17      // 3.循环添加5张图片到scrollView上
18      for (int i = 0; i<count; i++) {
19          UIImageView *imageView = [[UIImageView alloc] init];
20          CGFloat imageX = i * imageW;
21          imageView.frame = CGRectMake(imageX, imageY, imageW, imageH);
22          // 拼接图片的名称
23          NSString *imageName = [NSString
24                                  stringWithFormat:@"img_0%d",i+1];
25          imageView.image = [UIImage imageNamed:imageName];
26          [self.scrollView addSubview:imageView];
27      }
28      // 4.设置scrollView的contentSize,让视图可以滚动
29      CGFloat contentW = count * imageW;
30      self.scrollView.contentSize = CGSizeMake(contentW, 0);
31      // 5.隐藏scrollView的水平滚动条
32      self.scrollView.showsHorizontalScrollIndicator = NO;
33      // 6.设置pageControl的总页数
34      self.pageControl.numberOfPages = count;
35      // 7.设置scrollView分页
36      self.scrollView.pagingEnabled = YES;
37      // 8.开启定时器
38      [self addTimer];
39  }
40  //添加定时器方法
41  - (void)addTimer
42  {
43      self.timer = [NSTimer scheduledTimerWithTimeInterval:2.0f
44      target:self selector:@selector(nextImage) userInfo:nil repeats:YES];
45      [[NSRunLoop currentRunLoop] addTimer:self.timer
46        forMode:NSRunLoopCommonModes];
47  }
48  //移除定时器方法
49  - (void)removeTimer{
50      [self.timer invalidate];
51      self.timer = nil;
52  }
53  // 定时器调用的方法
54  - (void)nextImage
55  {
```

```objc
56      int count = 6;// 图片的总数
57      // 增加 pageControl 的页码
58      int page = 0;
59      if (self.pageControl.currentPage == count - 1) {
60          page = 0;
61      } else {
62          page = self.pageControl.currentPage + 1;
63      }
64      // 计算 scrollView 滚动的位置
65      CGFloat offsetX = page * self.scrollView.frame.size.width;
66      CGPoint offset = CGPointMake(offsetX, 0);
67      [self.scrollView setContentOffset:offset animated:YES];
68  }
69  #pragma mark - UIScrollViewDelegate 方法
70  //当 scrollView 正在滚动就会调用该方法
71  - (void)scrollViewDidScroll:(UIScrollView *)scrollView
72  {
73      // 根据 scrollView 的滚动位置决定 pageControl 显示第几页
74      CGFloat scrollW = scrollView.frame.size.width;
75      int page = (scrollView.contentOffset.x+scrollW*0.5)/scrollW;
76      self.pageControl.currentPage = page;
77  }
78  //开始拖曳的时候会调用该方法
79  - (void)scrollViewWillBeginDragging:(UIScrollView *)scrollView
80  {
81      // 停止定时器（一旦停止，就不能再使用）
82      [self removeTimer];
83  }
84  //停止拖曳的时候会调用该方法
85  - (void)scrollViewDidEndDragging:(UIScrollView *)scrollView
86  willDecelerate:(BOOL)decelerate
87  {
88      [self addTimer];        // 开启定时器
89  }
90  @end
```

在例2-11中，第9～39行代码是viewDidLoad方法，用于设置滚动视图和页码内容；第41～52行代码为添加和移除定时器的方法；第54～68行代码为定时器每间隔2秒重复调用的方法，用于切换高亮圆点的位置；第71～89行代码均为UIScrollViewDelegate方法，分别用于设置滚动视图的分页、用户拖曳时停止定时器和停止拖曳时启动定时器。

4. 在模拟器上运行程序

单击 Xcode 工具的运行按钮，在模拟器上运行程序。程序运行成功后，每隔两秒钟自动切换下一张图片，一个自动播放图片的应用开发完成了，自动轮播器的部分场景如图 2-75 所示。

图 2-75　自动轮播器的部分场景

2.11　本章小结

本章首先对 UI 开发的始祖 UIView 进行了详细讲解，然后介绍了 iOS 开发中常用的控件，包括标签控件、图片控件、按钮控件、文本控件、开关控件、滑块控件、分段控件、数据选择控件、屏幕滚动控件和页控件，在讲解这些控件时，采用的方式都是从生活引入开发的方式，让大家带着对每个控件的基本认识去学习，并带领大家使用不同的控件开发不同的案例。

通过本章的学习，希望大家可以熟练掌握这些控件的使用，能够独立完成相关案例的开发，从而加强本章知识的学习。

【思考题】
1. 简述什么是懒加载。
2. 简述 UIView 中 frame 和 bounds 属性的区别。
扫描右方二维码，查看思考题答案！

第 3 章 表视图

学习目标

- 掌握表视图的组成，明确不同类型表视图的内部结构。
- 掌握表视图的创建、修改，会为表视图添加索引。
- 掌握表视图的 UI 设计模式，掌握分页、下拉刷新模式的使用。

在 iOS 应用中，经常需要展示一些数据列表，例如，iOS 系统自带的 Setting（设置）、通信录等，这些数据列表不仅可以有规律地展示数据，而且还可以多层次嵌套数据。通常来讲，我们将这种用于显示数据列表的视图对象称为表视图，它普遍运用于 iOS 的应用程序中，是开发中最常用的视图之一，本章将针对表视图进行详细讲解。

3.1 表视图基础

3.1.1 表视图的组成

在众多 App 中，到处可以看到各种各样的表格数据，通常情况下，这些表格数据都是通过表视图展示的。表视图不仅可以显示文本数据，还可以显示图片，为了帮助大家更好地掌握表视图的显示方式，接下来，通过一张图来分析表视图的组成，如图 3-1 所示。

图 3-1 所示的表视图包括很多组成部分，这些组成部分所代表的含义具体如下。

- 表头视图（tableHeaderView）：表视图最上面的视图，用来展示表视图的信息。
- 表脚视图（tableFooterView）：表视图最下面的视图，用来展示表视图的信息。
- 单元格：(cell)：组成表视图每一行的单位视图。

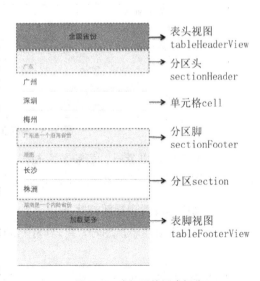

图 3-1 表视图的组成部分

- 分区：（section）：具有相同特征的多个单元格组成。
- 分区头：（sectionHeader）：用来描述每一节的信息。
- 分区脚：（sectionFooter）：用来描述节的信息和声明。

在 iOS 中，表视图使用 UITableView 表示，它继承自 UIScrollView，并且拥有两个非常重要的协议，分别是 UITableViewDelegate 委托协议和 UITableViewDataSource 数据源协议。由于 UITableView 并不负责存储表中的数据，因此，它需要从遵守这两个协议的对象中获取配置的数据。关于表视图委托协议和数据源协议的具体讲解，将在后面的小节中进行详细介绍。

3.1.2 表视图样式设置

在移动应用中，不同应用所包含的表视图的风格也不尽相同。iOS 中的表视图分为普通表视图和分组表视图，接下来，通过一张图来描述这两种表视图的区别，如图 3-2 所示。

在图 3-2 中，左边样式的表视图是普通表视图，右边样式的表视图是分组表视图，它们在视觉上的差异在于分组表视图是将数据按组进行区分。

其实，除了视觉方面的设计，表视图的样式还可以通过设置属性来体现。表视图属性的设置分为两种方式，这两种设置方式具体如下。

图 3-2 表视图的两种样式

1. 在属性检查器中设置表视图样式

进入 Storyboard 界面，从对象库中将 Table View 控件拖曳到界面中，在属性检查器面板中有一个 Style 属性，该属性所支持的选项如图 3-3 所示。

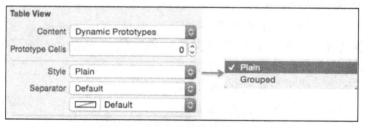

图 3-3 表视图的属性检查器面板

从图 3-3 中可以看出，表视图的 Style 样式支持两个选项，分别是 Plain 和 Grouped，其中，Plain 用于指定普通表视图，Grouped 用于指定分组表视图。

2. 通过代码设置表视图样式

当通过代码创建表视图时，可以调用 initWithFrame 方法来实现，该方法的语法格式如下所示：

```
- (instancetype)initWithFrame:(CGRect)frame style:(UITableViewStyle)style;
```

在上述方法中，参数 style 用于指定表视图的样式，它是一个枚举类型，包含两个值，具体语法格式如下所示：

```
typedef NS_ENUM(NSInteger, UITableViewStyle) {
    UITableViewStylePlain,
    UITableViewStyleGrouped
};
```

在上述枚举类型中，UITableViewStylePlain 用于指定普通表视图，UITableViewStyleGrouped 用于指定分组表视图，它们的功能和在属性检查器面板中设置 Style 属性相同。

3.1.3　数据源协议

设置好表视图的样式后，需要给表视图设置数据。在 iOS 中表视图显示的数据都是从遵守数据源协议（UITableViewDataSource）的对象中获取的，在配置表视图的时候，表视图会向数据源查询一共有多少行数据，以及每一行显示什么数据等。为此，UITableViewDataSource 提供了相关的方法，其中最重要的 3 个方法见表 3-1。

表 3-1　UITableViewDataSource 的主要方法

方法名	功能描述
- (NSInteger)numberOfSectionsInTableView:(UITableView*) tableView;	返回表视图将划分为多少个分区
- (NSInteger)tableView:(UITableView *)tableView numberOfRowsInSection:(NSInteger)section;	返回给定分区包含多少行，分区编号从 0 开始
- (UITableViewCell *)tableView:(UITableView *)tableView cellForRowAtIndexPath:(NSIndexPath *)indexPath;	返回一个单元格对象，用于显示在表视图指定的位置

表 3-1 列举的 3 个方法中，tableView:numberOfRowsInSection:和 tableView:cellForRowAtIndexPath:这两个方法必须实现，否则程序会发生异常；而当表视图有多个分组的时候，numberOfSectionsInTableView 这个方法用于指定表视图分组的个数，因此，该方法也必须实现。

3.1.4　委托协议

除数据源协议外，与表视图相关的还有一个委托协议（UITableViewDelegate）。表视图的委托协议包含多个对用户在表视图中执行的操作进行响应的方法，例如，选中某个单元格、设置单元格高度等。表 3-2 列举了表视图代理协议（UITableViewDelegate）提供的一些方法。

表 3-2　UITableViewDataDelegate 的主要方法

方法名	功能描述
- (void)tableView:(UITableView *)tableView didSelectRowAtIndexPath:(NSIndexPath *)indexPath;	响应选择表视图单元格时调用的方法
- (CGFloat)tableView:(UITableView *)tableView heightForRowAtIndexPath:(NSIndexPath *)indexPath;	设置表视图中单元格的高度
- (CGFloat)tableView:(UITableView *)tableView heightForHeaderInSection:(NSInteger)section;	设置指定分区头部的高度，其中参数 section 用于指定某个分区

（续表）

方法名	功能描述
- (nullable UIView *)tableView:(UITableView *)tableView viewForHeaderInSection:(NSInteger)section;	设置指定分区头部要显示的视图，其中参数 section 用于指定某个分区
- (nullable UIView *)tableView:(UITableView *)tableView viewForFooterInSection:(NSInteger)section;	设置指定分区尾部显示的视图，其中参数 section 用于指定某个分区
- (NSInteger)tableView:(UITableView *)tableView indentationLevelForRowAtIndexPath:(NSIndexPath *)indexPath;	设置表视图中单元格的等级缩进(数字越小等级越高)

表 3-2 列举了委托协议中的一些常用方法，其中 didSelectRowAtIndexPath 方法是响应选择单元格时调用的，从选择单元格到触摸结束，再到编辑单元格，我们只需要向该方法传递一个 NSIndexPath 对象，指出触摸的位置，就可以对触摸所属的分区和行做出响应。

3.1.5 单元格的组成和样式

单元格作为构成表视图的最主要元素，掌握它的组成结构是非常重要的。默认情况下，单元格由图标（imageView）、标题（textLabel）、详细内容（detailTextLabel）等组成，这些组成在单元格中的排列方式如图 3-4 所示。

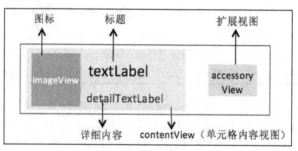

图 3-4 默认单元格（cell）的组成

图 3-4 所示的是一个单元格，它包含单元格内容和扩展视图两部分，其中，单元格内容视图中的图标、标题、详细内容都可以根据需要进行选择性设置。当然，单元格本身也有很多显示的样式，通常情况下，我们会在调用 initWithStyle 方法初始化单元格的时候设置样式，initWithStyle 方法的语法格式如下所示。

```
- (instancetype)initWithStyle:(UITableViewCellStyle)style
    reuseIdentifier:(nullable NSString *)reuseIdentifier;
```

上述方法中，参数 reuseIdentifier 是用来表示重用的标识符，参数 style 用于指定单元格的样式，它所属的类型 UITableViewCellStyle 是一个枚举类型，UITableViewCellStyle 的具体语法格式如下所示。

```
typedef NS_ENUM(NSInteger, UITableViewCellStyle) {
    UITableViewCellStyleDefault,  // 默认的单元格样式
    UITableViewCellStyleValue1,   // 有图标带有主标题的单元格样式
    UITableViewCellStyleValue2,   // 无图标带有详细内容的单元格样式
    UITableViewCellStyleSubtitle  // 带有详细内容的单元格样式
};
```

从上述语法可以看出，UITableViewCellStyle 的值有 4 个，说明单元格可以设置4种样式。为了大家更好地区分这 4 种样式，接下来，将相同的数据按照不同的样式进行展示，从而体现出 4 种样式不同的效果，具体如下。

- UITableViewCellStyleDefault：默认样式，只有图标和标题，效果如图 3-5 所示。
- UITableViewCellStyleValue1：带图标、标题和详细内容的样式，详细内容位于最右侧，效果如图 3-6 所示。
- UITableViewCellStyleValue2：无图标带详细内容的样式，效果如图 3-7 所示。
- UITableViewCellStyleSubtitle：带图标、标题和详细内容的样式，详细内容位于标题下方，效果如图 3-8 所示。

图 3-5　默认样式

图 3-6　详细内容位于右侧的样式　　图 3-7　无图标带详细内容的样式　　图 3-8　详细内容位于标题下方的样式

同理，扩展视图的样式也有很多种，它可以使用苹果公司提供的固有样式，也可以自定义。扩展视图是在枚举类型 UITableViewCellAccessoryType 中定义的，其定义的语法格式如下所示。

```
typedef NS_ENUM(Integer, UITableViewCellAccessoryType) {
    UITableViewCellAccessoryNone,
    UITableViewCellAccessoryDisclosureIndicator,
    UITableViewCellAccessoryDetailDisclosureButton,
    UITableViewCellAccessoryCheckmark,
    UITableViewCellAccessoryDetailButton
};
```

从上述语法可以看出，UITableViewCellAccessoryType 类包含 5 个常量，其中第一个常量表示没有扩展图标，而其他 4 个常量所表示的样式如下所示。

- UITableViewCellAccessoryDisclosureIndicator：扩展样式，图标样式为 ，效果如图 3-9 所示。
- UITableViewCellAccessoryDetailDisclosureButton：细节样式，图标ⓘ，效果如图 3-10 所示。
- UITableViewCellAccessoryCheckmark：选中样式，图标为 ✓，表示该行被选中，效果如图 3-11 所示。
- UITableViewCellAccessoryDetailButton：细节展示样式，图标为ⓘ，用于展示单元格的具体细节，效果如图 3-12 所示。

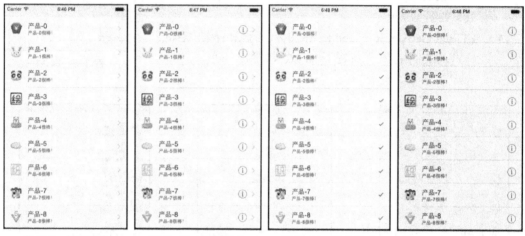

图 3-9　扩展样式　　　图 3-10　细节样式　　　图 3-11　选中样式　　　图 3-12　细节展示样式

3.2　实战演练——汽车品牌

通过 3.1 节的学习，我们已经了解了表视图的基础知识，但是，表视图的形式灵活多变，本着由浅入深的原则，本节将通过一个展示汽车品牌的案例来讲解表视图的其他知识，包括简单表视图的创建、为表视图添加搜索栏以及添加表视图的索引等。

3.2.1　实战演练——创建简单表视图

表视图可以通过 storyboard 和代码两种方式创建，但无论采用哪种方式，都需要通过遵守数据源协议 UITableViewDataSource 和委托协议 UITableViewDelegate 的代理对象来设置数据，这两个协议对于表视图来说是非常重要的。接下来，通过一张图来描述这两个协议在创建表视图中的作用，如图 3-13 所示。

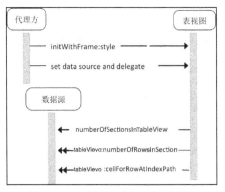

图 3-13 创建并为表视图配置数据

从图 3-13 中可以看出，创建并为表视图配置数据的过程大体可以分为 5 步，具体如下。

（1）通过调用 initWithFrame:style 方法初始化表视图，并且设置表视图的样式。

（2）为表视图设置数据源和代理，其中，数据源必须遵守 UITableViewDataSource 协议，代理方必须遵守 UITableViewDelegate 协议。

（3）表视图向数据源发送 numberOfSectionsInTableView:消息，数据源会返回分组的个数，如果表视图有多个分组，那么该方法必须被实现。

（4）表视图向数据源发送 tableView:numberOfRowsInSection:消息，数据源会返回每个分组的行数。

（5）数据源接收到 tableView:cellForRowAtIndexPath: 这个消息，来设置每个分组中每行要显示的数据，即为单元格填充数据。

掌握了表视图的创建方式后，接下来，通过一个展示汽车品牌的案例来演示如何创建一个简单视图，具体步骤如下。

1. **创建工程，设计界面**

（1）新建一个 Single View Application 应用，名称为 CarBrand，然后在 Main.storyboard 界面中添加一个 Table View 控件，并将 View Controller 的尺寸设置为 4-inch，如图 3-14 所示。

图 3-14 添加表视图控件

（2）为 Table View 设置数据源和代理对象。右键单击 storyboard 中的 Table View 控件，将数据源 dataSource 和代理 delegate 设置到控制 Table View 的 View Controller 上，设置完成后的界面如图 3－15 所示。

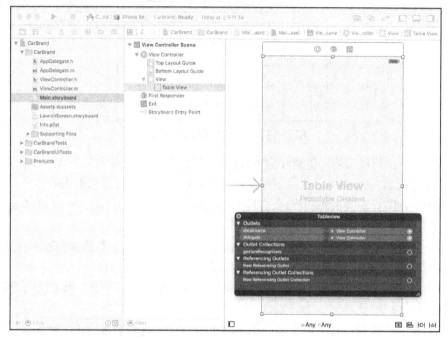

图 3-15　为表视图设置数据源和代理

2. 对应用程序资源进行配置

表视图需要展示大量的数据，在此，将汽车品牌的所有信息存储在 cars_total.plist 文件中，并将 plist 文件导入 Supporting 文件，导入后的 plist 文件结构如图 3－16 所示。

Key	Type	Value
▼Root	Array	(21 items)
▼Item 0	Dictionary	(2 items)
▼cars	Array	(4 items)
▼Item 0	Dictionary	(2 items)
icon	String	m_180_100.png
name	String	AC Schnitzer
▼Item 1	Dictionary	(2 items)
icon	String	m_92_100.png
name	String	Alfa Romeo阿尔法·罗密欧
▶Item 2	Dictionary	(2 items)
▶Item 3	Dictionary	(2 items)
title	String	A
▶Item 1	Dictionary	(2 items)
▶Item 2	Dictionary	(2 items)
▶Item 3	Dictionary	(2 items)
▶Item 4	Dictionary	(2 items)
▶Item 5	Dictionary	(2 items)
▶Item 6	Dictionary	(2 items)

图 3-16　cars_total.plist 文件

图 3-16 所示的是 cars_total.plist 文件中的一部分数据，其中，最外层的 Item 包含两部分，一部分是 Array 类型的 cars，一部分是 String 类型的 title。其中，cars 是一个包含多个 Dictionary 类型的集合，它里面的每个元素都包含一个 String 类型的 icon 和一个 String 类型的 name，分

别表示汽车的图标路径和名称。

由于展示汽车品牌时，需要加载汽车的图标，因此，我们将表示汽车图标的 png 格式图片添加到 Assets.xcassets 文件夹中，添加后的界面如图 3-17 所示。

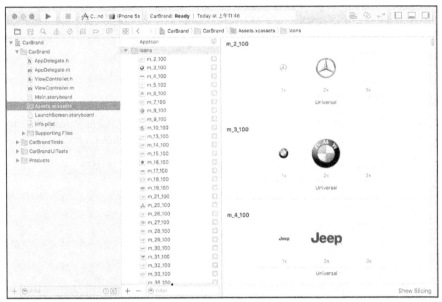

图 3-17　添加汽车图标

3. 创建单元格模型

在 plist 文件中，每个 cars 选项都是一个数组，该数组中的每个元素都是一个单元格，将单元格抽成一个模型,同样提供创建单元格的初始化方法。新建单元格的模型类 Car，在 Car.h 文件中声明属性和方法，代码如例 3-1 所示。

【例 3-1】Car.h

```
1    #import <Foundation/Foundation.h>
2    @interface Car : NSObject
3    // 用于表示汽车名称的属性
4    @property(nonatomic,copy)NSString *name;
5    // 用于表示汽车图标路径的属性
6    @property(nonatomic,copy)NSString *icon;
7    +(instancetype)carWithDict:(NSDictionary *)dict;
8    -(instancetype)initWithDict:(NSDictionary *)dict;
9    @end
```

在 Car.m 中对模型的属性进行初始化，代码如例 3-2 所示。

【例 3-2】Car.m

```
1    #import "Car.h"
2    @implementation Car
3    +(instancetype)carWithDict:(NSDictionary *)dict{
4        return [[self alloc]initWithDict:dict];
5    }
```

```
6      -(instancetype)initWithDict:(NSDictionary *)dict{
7          if (self=[super init]) {
8              [self setValuesForKeysWithDictionary:dict];
9          }
10         return self;
11     }
12     @end
```

4. 创建分区模型

根据 cars_total.plist 文件存储数据的特点，表视图的每个分区都有单元格数组和分区头，这时，我们需要将分区抽成一个模型，并提供一个创建分区的初始化方法。新建分区模型类 CarGroup，在 CarGroup.h 文件中声明属性和方法，代码如例 3-3 所示。

【例 3-3】CarGroup.h

```
1      #import <Foundation/Foundation.h>
2      @interface CarGroup : NSObject
3      // 用于表示标题的属性
4      @property(nonatomic,copy)NSString *title;
5      // 用于表示单元格数组的属性
6      @property(nonatomic,strong)NSArray *cars;
7      // 用于初始化模型
8      -(instancetype)initWithDict:(NSDictionary *)dict;
9      +(instancetype)groupWithDict:(NSDictionary *)dict;
10     @end
```

在 CarGroup.m 中对模型的属性进行初始化，代码如例 3-4 所示。

【例 3-4】CarGroup.m

```
1      #import "CarGroup.h"
2      #import "Car.h"
3      @implementation CarGroup
4      +(instancetype)groupWithDict:(NSDictionary *)dict{
5          return [[self alloc]initWithDict:dict];
6      }
7      -(instancetype)initWithDict:(NSDictionary *)dict{
8          if (self=[super init]) {
9              // 为标题赋值
10             self.title=dict[@"title"];
11             // 取出原来的字典数组
12             NSArray *arr=dict[@"cars"];
13             NSMutableArray *carsArray=[NSMutableArray array];
14             for (NSDictionary *dict in arr) {
15                 Car *car=[Car carWithDict:dict];
```

```
16              [carsArray addObject:car];
17          }
18          self.cars=carsArray;
19      }
20      return self;
21  }
22  @end
```

5. 为表视图填充数据

在 ViewController.m 文件中,加载 plist 文件中的数据,并通过实现 UITableViewDataSource 协议中的 numberOfSectionsInTableView:、tableView:numberOfRowsInSection: 和 tableView:cellForRowAtIndexPath:方法为表视图填充数据,代码如例 3-5 所示。

【例 3-5】ViewController.h

```
1   #import "ViewController.h"
2   #import "CarGroup.h"
3   #import "Car.h"
4   @interface ViewController ()<UITableViewDataSource>
5   @property (weak, nonatomic) IBOutlet UITableView *tableview;
6   @property(nonatomic,strong)NSArray *groups;
7   @end
8   @implementation ViewController
9   - (void)viewDidLoad {
10      [super viewDidLoad];
11      // 设置单元格的高度
12      self.tableview.rowHeight=60;
13  }
14  // 隐藏状态栏
15  -(BOOL)prefersStatusBarHidden{
16      return YES;
17  }
18  // 懒加载 plist 文件中的数据
19  -(NSArray *)groups{
20      if (_groups==nil) {
21          //1.获取 plist 文件的路径
22          NSString *path=[[NSBundle mainBundle] pathForResource:
23          @"cars_total.plist" ofType:nil];
24          //2.加载数组
25          NSArray *dictArray=[NSArray arrayWithContentsOfFile:path];
26          //3.将 dictArray 里面的所有字典转为模型对象,放在新的数组中
27          NSMutableArray *groupArray=[NSMutableArray array];
28          for (NSDictionary *dict in dictArray) {
```

```objc
29          CarGroup *group=[CarGroup groupWithDict:dict];
30          [groupArray addObject:group];
31        }
32        _groups=groupArray;
33     }
34     return _groups;
35  }
36  // 设置表视图的分组个数
37  -(NSInteger)numberOfSectionsInTableView:(UITableView *)tableView{
38     return self.groups.count;
39  }
40  // 设置表视图中每组的行数
41  -(NSInteger)tableView:(UITableView *)tableView numberOfRowsInSection:
42  (NSInteger)section{
43     CarGroup *group=self.groups[section];
44     return group.cars.count;
45  }
46  // 设置每行要展示的数据
47  -(UITableViewCell *)tableView:(UITableView *)tableView cellForRowAtIndexPath:
48  (NSIndexPath *)indexPath{
49     static NSString *ID=@"car";
50     // 从缓冲池中获取单元格对象
51     UITableViewCell *cell=[tableView dequeueReusableCellWithIdentifier:ID];
52     if (cell==nil) {
53     cell= [[UITableViewCell alloc]initWithStyle:UITableViewCellStyleDefault
54         reuseIdentifier:ID];
55     }
56     CarGroup *groups=self.groups[indexPath.section];
57     Car *car=groups.cars[indexPath.row];
58     cell.imageView.image=[UIImage imageNamed:car.icon];
59     cell.textLabel.text=car.name;
60     return cell;
61  }
62  // 设置表视图的头部,即
63  -(NSString *)tableView:(UITableView *)tableView titleForHeaderInSection:
64  (NSInteger)section{
65     CarGroup *group=self.groups[section];
66     return group.title;
67  }
68  @end
```

在例 3-5 中，第 18~35 行代码使用懒加载获取 plist 文件中的数据，并将 plist 文件中的数据封装到数组中；第 46~61 行代码用于设置每个单元格的数据，其中，第 51 行代码通过调用 tableView 的 dequeueReusableCellWithIdentifier 方法从缓冲池中获取单元格对象，如果缓冲池中没有可使用的单元格对象，则创建新的单元格对象，从而避免重复创建对象，造成内存浪费。

运行程序，结果如图 3-18 所示。

图 3-18 汽车品牌运行结果

多学一招：单元格的重用

在设置表视图的数据时，通常都会在 tableView:cellForRowAtIndexPath 方法中创建 UITableViewCell 对象，如果用 UITableView 显示成千上万条数据，就需要成千上万个 UITableViewCell 对象的话，就会耗尽 iOS 设备的内存，此时我们需要重用 UITableViewCell 对象。

重用 UITableViewCell 对象的原理比较简单，当滚动列表时，部分 UITableViewCell 会移出窗口，UITableView 会将窗口外的 UITableViewCell 放入一个对象池中，等待重用，当 UITableView 要求 dataSource 返回 UITableViewCell 时，dataSource 首先会查看这个对象池，如果池中有未使用的 UITableViewCell，dataSource 会使用新的数据配置这个 UITableViewCell，然后返回给 UITableView，重新显示到窗口中，从而避免创建新对象。TableView 提供了一个从对象池中获取 UITableViewCell 对象的方法，具体示例如下：

```
UITableViewCell *cell=[tableView dequeueReusableCellWithIdentifier: @"A"];
```

从上述代码可以看出，当使用 dequeueReusableCellWithIdentifier 方法获取 UITableViewCell 对象时，需要传递一个字符串类型的标识符，这是因为对象池中包含很多不同类型的 UITableViewCell，如果不为 UITableViewCell 设置标识符，那么在重用 UITableView 时，会得到错误类型的 UITableViewCell。

UITableViewCell 有个 NSString *reuseIdentifier 属性，可以在初始化 UITableViewCell 的时候传入一个特定的字符串标识来设置 reuseIdentifier(一般用 UITableViewCell 的类名)。当 UITableView 要求 dataSource 返回 UITableViewCell 时，先通过一个字符串标识到对象池中查找对应类型的 UITableViewCell 对象，如果有，就重用，如果没有，就传入这个字符串标识来初始化一个 UITableViewCell 对象，具体示例如下：

```
cell= [[UITableViewCell alloc]initWithStyle:UITableViewCellStyleDefault
reuseIdentifier:@"A"];
```

多学一招：NSBundle 类

在开发 iOS 的过程中，开发者一般会先用 Xcode 和 iOS 模拟器进行模拟开发，开发者此时把应用程序所要用到的本地资源（图像，声音，nib 文件，以及代码文件等）都放在 PC 端中。但是 iOS 应用程序本身是用于移动设备的，应用程序中并非所有的资源都是网络实时加载的，如果想要将这些资源加载到移动设备上，需要对这些资源进行整合打包，再通过一定的方式安装到用户的移动设备中。

iOS 就提供了 NSBundle 类来管理这些资源，NSBundle 类的实例对象可以获取一个程序的代码和资源在系统中的位置，它可以动态加载和卸载代码，开发者可以通过使用应用程序、框架、插件等项目类型来创建一个 NSBundle 对象。

应用程序本身就是一个 NSBundle 对象，在 Mac OS X 系统的 Finder 中，一个应用程序看上去和其他文件没有什么区别，但是实际上它是一个包含了 nib 文件，编译代码，以及其他资源的目录。我们把这个目录叫作程序的 main bundle。mainbundle 是应用程序文件包，它是一个以应用名字命名且以.app 为后缀名的文件夹。

3.2.2 实战演练——添加索引

当表视图中有大量的数据时，如果想缩小查找范围，可以通过为表视图添加索引来实现大量数据查询功能，iOS 系统中的通信录就是一个表视图，它可以通过索引来查询数据，如图 3-19 所示。

在图 3-19 中，右边一栏是索引，索引中的每一个字母代表的是一组数据，当单击索引列时，屏幕显示的内容会定位到对应字母开头的一组数据。例如，A 字母开头代表 A 字母开头的所有单词。

当为表视图添加索引时，若想正确使用索引，需要注意遵循以下原则。
- 索引标题最好不要与单元格的标题一样，否则索引就失去了它存在的意义。
- 索引标题要具有简洁代表性，能表示一个分区的共同特点。
- 如果采用了索引列表，最好就不要再使用附加视图，否则会出现莫名的冲突。单击索引标题时，很容易点到扩展视图。

在 iOS 中，为表视图添加索引的方式比较简单，直接实现 sectionIndexTitlesForTableView 方法即可，该方法用于在表格右边建立一列浮动的索引，接下来，在 3.2.1 小节的基础上，在 ViewController.m 文件中为表视图添加索引，具体实现代码如下所示：

```
- (NSArray<NSString *> *)sectionIndexTitlesForTableView:(UITableView *)tableView
{
    return [self.groups valueForKey:@"title"];
}
```

上述代码中，将 CarGroup 中的 title 属性作为索引要显示的数据，运行程序，结果如图 3-20 所示。

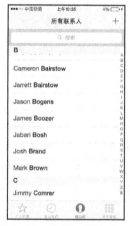

图 3-19 带有索引的通信录

图 3-20 添加索引后的汽车品牌展示

3.2.3 实战演练——添加搜索栏

当表视图中有大量数据的时候，即表视图中含有很多行的时候，用户很难找到指定范围内的数据。UIKit 提供了 UISearchBar 类，它用于创建搜索栏的实例对象。一般情况下，搜索栏位于表视图的上方，用户可以通过向搜索栏输入相关信息，从而缩小查询范围。搜索栏的样式有很多种，接下来，通过一张表来描述，见表 3-3。

表 3-3 搜索栏的样式

搜索栏样式	功能描述
请输入搜索内容	基本搜索栏，用于提示用户输入查询关键字，搜索框的 Placeholder 属性可以设置这个信息
请输入搜索内容	书签按钮搜索栏，一般用于显示用户收藏的书签列表
请输入搜索内容 Cancel	取消按钮搜索栏，用于用户可以通过单击该按钮激发特定的事件
请输入搜索内容	查询结果搜索栏，一般用于显示最近的搜索结果
请输入搜索内容 / 传智 黑马	附加 scope 搜索栏，用来创建搜索框下方的分段条，分段条可以创建多个选择按钮，通过单击不同的选择按钮来通知表视图来进一步明确选择范围

在表 3-3 列举的搜索栏样式中，除第一种基本样式外，其他样式都可以直接在属性检查器面板中设置。将对象库中的 Search Bar 控件拖曳到 storyboard 面板，查看搜索栏在属性检查器中的 Options 属性设置，如图 3-21 所示。

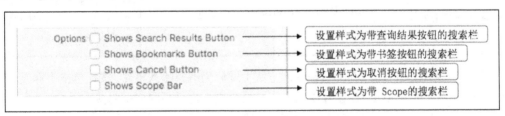

图 3-21 搜索栏的 Options 属性

相比其他控件来说，搜索栏是一个比较复杂的控件，它会涉及事件响应的处理。在 iOS 中，UISearchBarDelegate 是 UISearchBar 定义的委托协议，该协议定义了许多响应事件的方法，见表 3-4。

表 3-4　UISearchBarDelegate 提供的常用方法

事件类型	方法	功能描述
编辑输入事件	– searchBar:textDidChange:	搜索栏文本发生变化时响应
	– searchBar:shouldChangeTextInRange:replacementText:	当前文本即将被特定文本替换时响应
	– searchBarShouldBeginEditing:	搜索栏即将开始输入时响应
	– searchBarTextDidBeginEditing:	搜索栏输入后响应
	– searchBarShouldEndEditing:	搜索栏即将结束输入时响应
	– searchBarTextDidEndEditing:	搜索栏结束编辑时响应
按钮单击事件	– searchBarBookmarkButtonClicked:	书签按钮搜索栏的书签按钮被单击时响应
	– searchBarCancelButtonClicked:	取消按钮搜索栏的取消按钮被单击时响应
	– searchBarSearchButtonClicked:	软键盘 search 按钮被单击的时候响应
	– searchBarResultsListButtonClicked:	查询结果搜索栏的查询按钮被单击时响应
Scope 按钮单击事件	– searchBar:selectedScopeButtonIndexDidChange:	scope 搜索栏按钮单击发生变化时响应，按钮从左数，第一个按钮 Index 为 0

从表 3-4 中，UISearchBarDelegate 的方法主要分为编辑输入事件、按钮单击事件及 Scope 按钮单击事件，其中按钮单击事件中的 4 个方法分别作用于不同样式的搜索栏。

接下来，在 3.2.2 小节的案例上，为汽车品牌的案例添加一个搜索栏，当用户在搜索栏中输入信息后，相应的数据会自动过滤。为汽车品牌添加搜索栏的具体步骤如下所示。

（1）在 storyboard 中，添加一个 Search Bar 控件，并调整好 Table View 的位置，如图 3-22 所示。

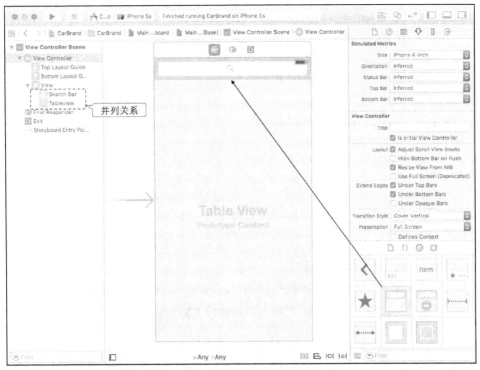

图 3-22 添加 Search Bar 控件

（2）为 Search Bar 控件设置代理，并且设置一个 Search Bar 控件对象，然后对 ViewController.m 文件进行修改，遵守 UISearchBarDelegate 协议，并且声明一个 carFilterArray 数组来存储搜索过滤之后的单元格数据，carFilterArray 是使用懒加载获取过滤后数据的，需要调用 UISearchBarDelegate 提供的一些方法执行搜索框触发的事件，修改后的 ViewController.m 文件如例 3-6 所示。

【例 3-6】ViewController.m

```
1    #import "ViewController.h"
2    #import "CarGroup.h"
3    #import "Car.h"
4    @interface ViewController ()<UITableViewDataSource,UISearchBarDelegate,
5    UITableViewDelegate>
6    @property (weak, nonatomic) IBOutlet UISearchBar *searchbar;
7    @property (weak, nonatomic) IBOutlet UITableView *tableview;
8    @property(nonatomic,strong)NSMutableArray *carFilterArray;
9    @property(nonatomic,strong)NSArray *groups;
10   // 根据关键字进行处理
11   -(void)handleSearchForTerm:(NSString *)searchTerm;
12   @end
13   @implementation ViewController
14   - (void)viewDidLoad
15   {
```

```objc
16      [super viewDidLoad];
17      // 设置单元格的高度
18      self.tableview.rowHeight=60;
19  }
20  // 隐藏状态栏
21  -(BOOL)prefersStatusBarHidden
22  {
23      return YES;
24  }
25  -(NSArray *)groups
26  {
27      if (_groups==nil) {
28          //1.获取 plist 文件的路径
29          NSString *path=[[NSBundle mainBundle] pathForResource:
30                  @"cars_total.plist" ofType:nil];
31          //2.加载数组
32          NSArray *dictArray=[NSArray arrayWithContentsOfFile:path];
33          //3.将 dictArray 里面的所有字典转为模型对象，放在新的数组中
34          NSMutableArray *groupArray=[NSMutableArray array];
35          for (NSDictionary *dict in dictArray) {
36              CarGroup *group=[CarGroup groupWithDict:dict];
37              [groupArray addObject:group];
38          }
39          _groups=groupArray;
40      }
41      return _groups;
42  }
43  -(NSInteger)numberOfSectionsInTableView:(UITableView *)tableView
44  {
45      if (self.searchbar.text.length==0) {
46          return self.groups.count;
47      } else {
48          return 1;
49      }
50  }
51  -(NSInteger)tableView:(UITableView *)tableView numberOfRowsInSection:
52  (NSInteger)section
53  {
54      // 判断搜索栏中是否有信息输入
55      if (self.searchbar.text.length==0) {
```

```objc
56         CarGroup *group = self.groups[section];
57         return group.cars.count;
58     } else {    //若无信息输入则显示返回 carArray 的数据
59         return self.carFilterArray.count;
60     }
61 }
62 // 过滤之后的汽车数据
63 - (NSMutableArray *)carFilterArray
64 {
65     if (!_carFilterArray) {
66         _carFilterArray = [NSMutableArray array];
67     }
68     return _carFilterArray;
69 }
70 -(UITableViewCell *)tableView:(UITableView *)tableView cellForRowAtIndexPath:
71  (NSIndexPath *)indexPath
72 {
73     static NSString *ID=@"car";
74     UITableViewCell *cell=[tableView dequeueReusableCellWithIdentifier:ID];
75     if (cell==nil) {
76     cell= [[UITableViewCell alloc]initWithStyle:UITableViewCellStyleDefault
77     reuseIdentifier:ID];
78     }
79     // 判断搜索栏中是否有信息输入
80     if (self.searchbar.text.length==0) {  //若无信息输入则显示 carArray 的数据
81         CarGroup *groups=self.groups[indexPath.section];
82         Car *car = groups.cars[indexPath.row];
83         cell.imageView.image = [UIImage imageNamed:car.icon];
84         cell.textLabel.text = car.name;
85     } else {
86         // 若有信息输入则显示 carFilterArray 的数据
87         Car *car1 = self.carFilterArray[indexPath.row];
88         cell.imageView.image = [UIImage imageNamed:car1.icon];
89         cell.textLabel.text = car1.name;
90     }
91     return cell;
92 }
93 -(NSArray <NSString *>*)sectionIndexTitlesForTableView:(UITableView *)tableView{
94     return [self.groups valueForKey:@"title"];
95 }
```

```objc
96  -(NSString *)tableView:(UITableView *)tableView titleForHeaderInSection:
97  (NSInteger)section
98  {
99      if (self.searchbar.text.length==0) {
100         CarGroup *group = self.groups[section];
101         return group.title;
102     } else {
103         return nil;
104     }
105 }
106 #pragma mark - UISearchBarDelegate
107 //搜索条输入文字发生变化时触发
108 - (void)searchBar:(UISearchBar *)searchBar textDidChange:
109  (NSString *)searchText
110 {
111     [self handleSearchForTerm:searchText];
112 }
113 //根据输入关键字进行处理
114 - (void)handleSearchForTerm:(NSString *)searchTerm
115 {
116     if (self.searchbar.text.length==0) { //若输入文本信息为空则刷新数据
117         [self.tableview reloadData];
118     } else {
119         // 否则先移除刷新数据
120         [self.carFilterArray removeAllObjects];
121         // 先遍历存放 CarGroup 模型数组
122         for (CarGroup *group in self.groups)
123         {
124             // 内部遍历存放 Car 模型数组
125             for (Car *car in group.cars)
126             {
127                 NSString *str1 = [car.name uppercaseString] ;
128                 NSString *str2 = [searchTerm uppercaseString] ;
129                 if ([str1 containsString:str2])
130                 {
131                     [self.carFilterArray addObject:car];
132                 }
133             }
134         }
135         [self.tableview reloadData];
```

```
136        }
137    }
138    // 触发单元格后调用代理的方法实现键盘的隐藏
139    -(void)tableView:(UITableView *)tableView didSelectRowAtIndexPath:
140    (NSIndexPath *)indexPath{
141        [self.searchbar resignFirstResponder];
142    }
143    @end
```

在例 3-6 中，第 107~112 行代码通过调用 searchBar:textDidChange:方法监听搜索框文本的改变，然后在第 114~137 行代码中对搜索框的输入信息进行判断，并根据查询结果重新加载单元格数据，实现单元格数据的动态更新。

运行程序，在搜索框中输入字母 As，结果如图 3-23 所示。

在图 3-23 中，单击搜索栏，软键盘会弹出，当用户在搜索栏中输入数据后，表视图中的单元格数据会随着输入的信息随之刷新，并且在搜索栏的最右边有个删除按钮，当此按钮被单击时，搜索栏的文本输入信息为空，表视图显示所有单元格数据。另外，由于例 3-6 中添加了隐藏键盘的方法，当单击单元格时，软键盘会消失。

图 3-23　添加搜索栏的汽车品牌展示

3.3　自定义单元格

随着应用业务需求的多样化，UIKit 框架为开发者提供的单元格样式显然不能满足需求，这时，我们可以自定义单元格。在 iOS 5 之前，自定义单元格可以通过代码和 XIB 技术实现。但在 iOS 5 之后，自定义单元格还可以通过 storyboard 实现，这种方式比 XIB 更简单一些。接下来，我们带领大家使用 storyboard 实现一个自定义的单元格，具体步骤如下。

1. 原型分析

使用 storyboard 实现自定义单元格时，首先需要对要实现的原型图进行分析，先来看一下我们要实现的结果图，如图 3-24 所示。

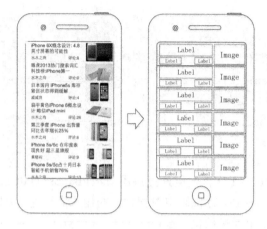

图 3-24 自定义单元格原型图

图 3-24 左边所示的是一个自定义的单元格，右边是自定义单元格的设计原型，每个单元格都是由 3 个 Label 和 1 个 Image 组成。

2. 创建项目工程，搭建界面

（1）新建一个 Single View Application 应用，名称为 CustomCells。通常情况下，如果整个页面都是 Table View，都会让控制器直接继承自 UITableViewController，这时，我们进入 viewController.h 文件，让控制器直接继承 UITableViewController，代码如下所示：

```
#import <UIKit/UIKit.h>
@interface ViewController : UITableViewController
@end
```

（2）进入 storyBoard 界面，删除默认的 View Controller，直接拖一个 Table View Controller，并将其设置为程序的初始 View Controller，如图 3-25 所示。

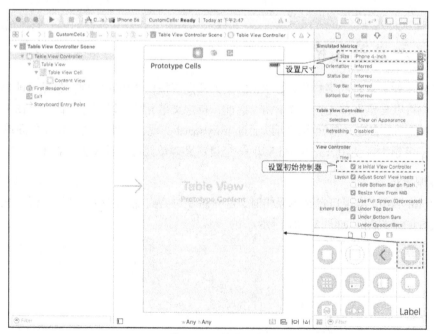

图 3-25 创建工程

（3）选中图 3-25 所示的 Table View Controller，在身份检查器中将 Class 所属的类设置为 ViewController，将 Table View Controller 和 ViewController 相关联，如图 3-26 所示。

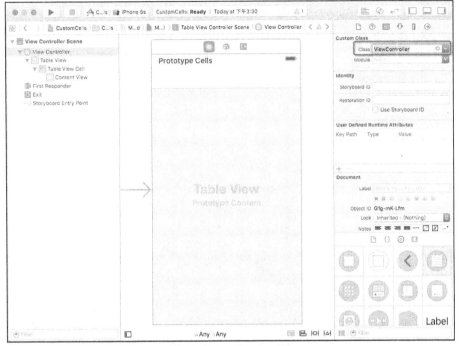

图 3-26　将控制器和类进行相关联

3. 自定义单元格

（1）在 storyboard 界面的 TableView 中，默认都会包含一个 Cell，但该 Cell 是 UIKit 提供的，它满足不了我们的需求，这时，我们需要自定义一个单元格。自定义单元格需要创建一个类，右击工程名，在弹出的菜单中选择【New】->【File...】后，在打开的对话框中选择 iOS 中的 Cocoa Touch Class 模板，单击"Next"按钮，在弹出对话框中的 Class 中填写 NewCell，在 Subclass of 中选择 UITableViewCell 作为父类，如图 3-27 所示。

图 3-27　创建自定义单元格类

（2）单击图 3-27 所示的 "Next" 按钮，完成 NewCell 类的创建后，回到 storyboard 界面，对单元格的布局进行设置并调整，并将 Table View Cell 的 Identifier 属性设置为 newCell，如图 3-28 所示。

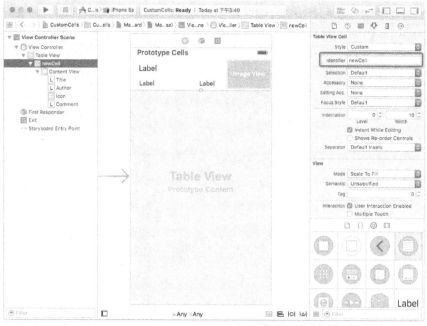

图 3-28　设计单元格界面

（3）选中图 3-28 所示的 Table View Cell，在身份检查器中将 Class 所属的类设置为 NewCell，如图 3-29 所示。

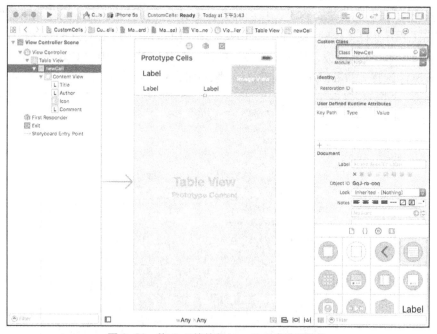

图 3-29　将 Cell 控件和 NewCell 类进行关联

（4）设置完成后，为了便于操作单元格中的每个子控件，需要在 NewCell 类将各个控件进行关联，关联后的界面如图 3-30 所示。

图 3-30　为控件添加属性

4. 对应用程序资源进行配置

（1）将要展示在自定义单元格中的数据存储在 news.plist 文件中，并将 plist 文件导入 SupportingFiles 文件夹，导入后的 plist 文件结构如图 3-31 所示。

Key	Type	Value
▼ Root	Array	(12 items)
▼ Item 0	Dictionary	(4 items)
author	String	水木之尚
comments	Number	8
icon	String	news_00.jpg
title	String	iPhone 6X概念设计：4.8英寸屏幕的可能性
▼ Item 1	Dictionary	(4 items)
author	String	水木之尚
comments	Number	0
icon	String	news_01.jpg
title	String	雅虎2013热门搜索词汇科技榜:iPhone第一
▶ Item 2	Dictionary	(4 items)
▶ Item 3	Dictionary	(4 items)
▶ Item 4	Dictionary	(4 items)
▶ Item 5	Dictionary	(4 items)
▶ Item 6	Dictionary	(4 items)
▶ Item 7	Dictionary	(4 items)
▶ Item 8	Dictionary	(4 items)
▶ Item 9	Dictionary	(4 items)
▶ Item 10	Dictionary	(4 items)
▶ Item 11	Dictionary	(4 items)

图 3-31　plist 文件结构

（2）将应用程序要展示的图片资源放到 Assets.xcassets 中，如图 3-32 所示。

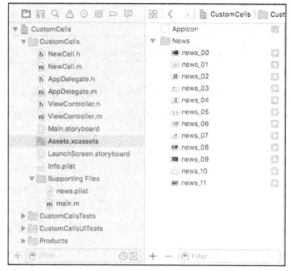

图 3-32 图片资源

5. 向自定义单元格中填充数据

进入 ViewController.m 文件，使用懒加载 plist 文件中的数据，并通过实现 UITableView-DataSource 协议中的 tableView:numberOfRowsInSection:和 tableView:cellForRowAtIndexPath:方法为表视图填充数据，代码如例 3-7 所示。

【例 3-7】ViewController.m

```
1   #import "ViewController.h"
2   #import"NewCell.h"
3   @interface ViewController ()<UITableViewDataSource,UITableViewDelegate>
4   @property(nonatomic,strong)NSArray *news;
5   @end
6   @implementation ViewController
7   -(NSArray *)news{
8       if (!_news) {
9           NSString *path=[[NSBundle mainBundle]pathForResource:@"news.plist"ofType:nil];
10          _news=[NSArray arrayWithContentsOfFile:path];
11      }
12      return _news;
13  }
14  - (void)viewDidLoad {
15      [super viewDidLoad];
16      self.tableView.rowHeight=70;
17  }
18  -(BOOL)prefersStatusBarHidden{
19      return YES;
20  }
21  #pragma mark dataSource
```

```
22   -(NSInteger)tableView:(UITableView *)tableView numberOfRowsInSection:
23   (NSInteger)section{
24       return self.news.count;
25   }
26   -(UITableViewCell *)tableView:(UITableView *)tableView cellForRowAtIndexPath:
27   (NSIndexPath *)indexPath{
28       NewCell *cell=[tableView dequeueReusableCellWithIdentifier:@"newCell"];
29       NSDictionary *dic=self.news[indexPath.row];
30       cell.title.text=dic[@"title"];
31       cell.author.text=dic[@"author"];
32       cell.comment.text=[NSString stringWithFormat:@"评论:%@",dic[@"comments"]];
33       cell.icon.image=[UIImage imageNamed:dic[@"icon"]];
34       return cell;
35   }
36   @end
```

在例 3-7 中，第 7~13 行代码用于懒加载 plist 文件中的数据；第 26~35 行代码用于设置每行单元格显示的内容，其中，第 28 行代码是使用标识符 newCell 来获取 NewCell 类型的对象，这也是为 Cell 设置 Identifier 属性的原因所在。

运行程序，结果如图 3-33 所示。

图 3-33　运行结果图

3.4　静态单元格

当表视图要展示大量数据时，通过加载 plist 文件中的数据填充单元格的做法显然是很方便的，但是，如果表视图中的数据有限，且结构和内容都不需要动态加载，则使用静态单元格比较简便，静态单元格在实际开发中的应用是非常广泛的。接下来，通过一组图片来描述静态单元格的使用场景，如图 3-34 所示。

图 3-34　静态单元格的界面

图 3-34 所示的界面都是静态单元格，它们的数据是静态的，不会改变的。默认情况下，我们都会在表视图的属性面板中将 content 属性设置为 static cell，从而完成静态单元格的设置。

接下来，以图 3-34 所示的第一个界面为例，分步骤讲解如何创建静态单元格，具体如下。

1. 创建应用程序，将控制器和相关类进行关联

（1）新建一个 Single View Application 应用，名称为 staticCells。通常情况下，如果整个页面都是 Table View，都会让控制器直接继承自 UITableViewController，这时，我们进入 viewController .h 文件，让控制器直接继承 UITableViewController，代码如下所示：

```
#import <UIKit/UIKit.h>
@interface ViewController : UITableViewController
@end
```

（2）进入 storyboard 界面，删除默认的 View Controller，直接拖一个 Table View Controller，默认情况下，Table View 下会有一个 cell，这个 cell 是动态的，也是看不见的，如图 3-35 所示。

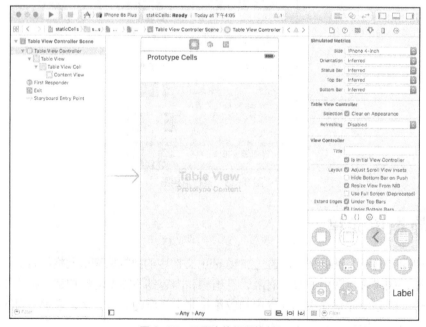

图 3-35　设置表格视图控制器

（3）选中图 3-35 所示的 Table View Controller，在身份检查器中将 Class 所属的类设置为 ViewController，将 Table View Controller 和 ViewController 相关联，如图 3-36 所示。

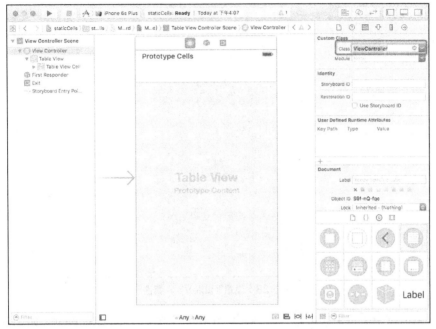

图 3-36　将控制器与类相关联

2. 对应用程序资源进行配置

静态表视图需要数据，在此，将相关的图标资源存储在 Assets.xcassets 下，如图 3-37 所示。

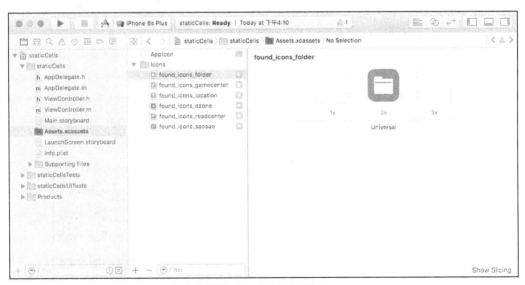

图 3-37　添加图片资源

3. 在 storyboard 中设置样式

（1）进入 storyboard 界面，选中 Table View，在右侧的属性检查器面板中，将 Content 属性设置为 Static Cells，Sections 属性暂且设置为 1，如图 3-38 所示。

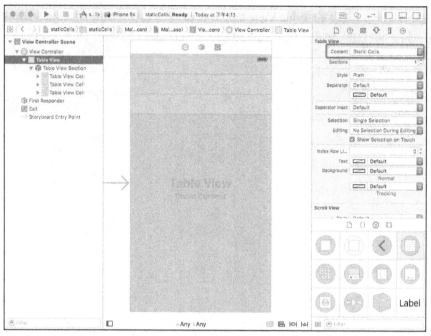

图 3-38 设置 TableView 属性

（2）设置分区中所含单元格的个数。单击 storyboard 的 Document Outline，选中 Table View Section，然后单击右侧的属性检查器，设置 Table View Section 的 Rows 为 1，这样可以使其余的单元格设置变得更加灵活方便，如图 3-39 所示。

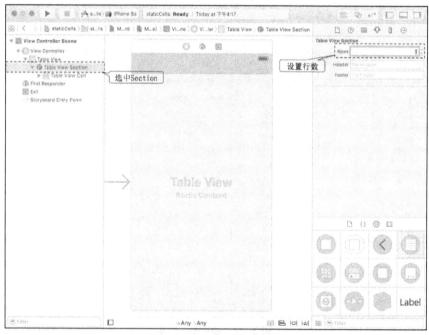

图 3-39 设置单元格的行数

（3）选中 Table View Cell，设置 cell 的 Style 为 Basic，同时选择对应的 Image，设置 cell 的 Accessory（附加视图类型）为 Disclosure Indicator，设置完成后的效果如图 3-40 所示。

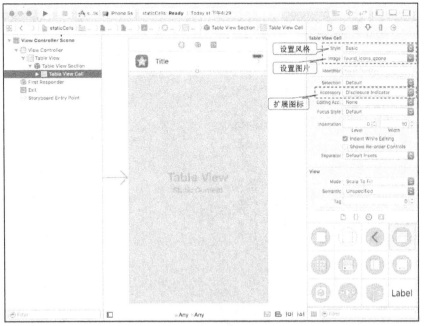

图 3-40　设置单元格属性

（4）修改图 3-40 所示的 TextLabel，我们可以通过双击控制器中的单元格中的 Title 输入，也可以展开 Table View Cell 的层级列表，将文字 Title 修改为好友动态，修改后的效果如图 3-41 所示。

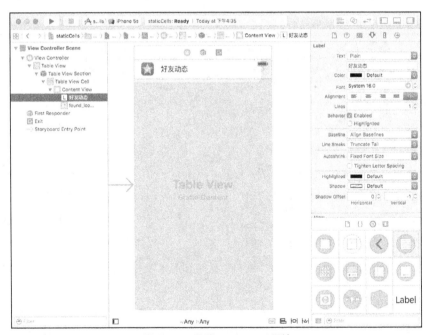

图 3-41　设置 TextLabel 属性

（5）选中图 3-41 所示的 Table View Section，通过快捷键"Command+C"和"Command+V"的方式快速粘贴复制分组，并根据每组 cell 的个数，快速复制 cell，复制完成后，将 TableView 的 Style 属性设置为 Grouped，效果如图 3-42 所示。

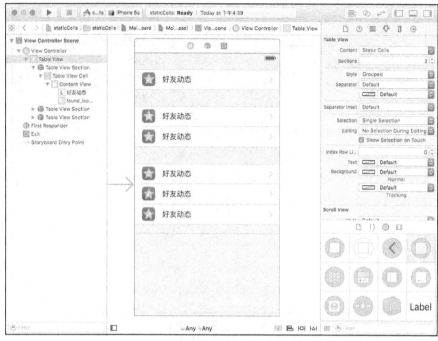

图 3-42 设置分区

（6）重复上述第（3）、（4）步，分别对其余的单元格进行图片和文字的设置，如图 3-43 所示。需要注意的是，要想运行程序，必须保证当前的 View Controller 为初始的控制器对象。

图 3-43 设置 ViewController 为入口

（7）运行程序，结果如图 3-44 所示。

图 3-44 运行结果图

3.5 实战演练——通信录

对于表视图，不仅可以浏览数据，有的应用中还需要修改单元格的数据，如动态删除，插入和移动单元格，接下来，本节将通过一个通信录的案例来讲解如何修改单元格。

3.5.1 实战演练——删除和插入单元格

当用户对表视图的单元格进行删除和插入操作时，首先得根据需求选择不同的编辑模式。当进入编辑模式的时候，单元格的左侧就会出现一个删除或插入模式下的显示图标，如图 3-45 所示。

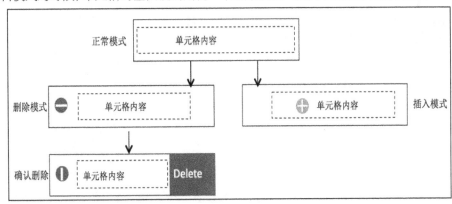

图 3-45 单元格编辑模式

从图 3-45 中可以看出，当单元格从正常模式进入删除模式后，左侧会出现一个➖图标，当单击该图标时，右侧会出现一个 Delete 按钮，用来确认是否删除单元格；当进入插入模式后，会弹出➕图标，单击该图标，可以执行相应的插入操作。

需要注意的是，如果想从正常模式进入删除或插入模式，首先需要通过调用 setEditing: animated: 方法设定表视图进入编辑状态，然后调用表视图的委托协议 tableView: editingStyleForRowAtIndexPath: 方法来设定单元格编辑图标的位置，当用户删除或者修改控件时，委托方法向数据源发出 tableView: commitEditingStyle: forRowAtIndexPath: 消息来实现删除或者插入的操作，流程如图3-46所示。

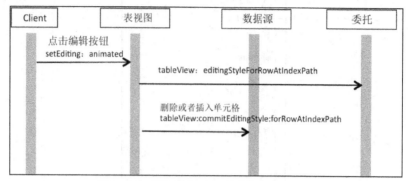

图3-46 删除或插入单元格方法的执行流程

接下来，通过一个通信录的案例来演示如何对表视图进行删除和插入操作，具体步骤如下。

（1）新建一个 Single View Application 应用，名称为 TableViewEditMode，然后在 Main.storyboard 界面中添加一个 Toolbar 控件，在 Toolbar 控件中添加3个 Bar Button Item 控件，效果如图3-47所示。

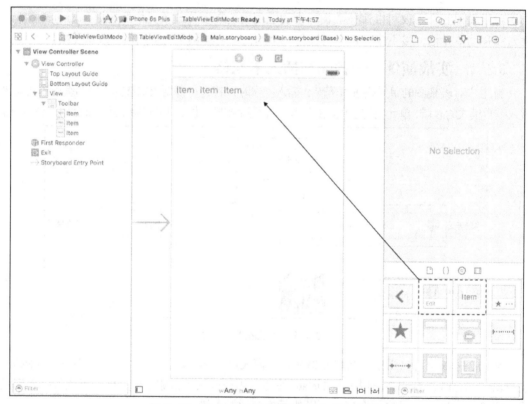

图3-47 向 storyboard 面板添加 Toolbar 控件

（2）由于 Toolbar 之上的3个 Bar Button Item 挤在一起不美观，因此，在3个 Bar Button Item 中插入两个 Flexible Space(可变间距)控件，让这3个 Bar Button Item 等间距分布在 Toolbar 中，下方添加一个 Table View，如图3-48所示。

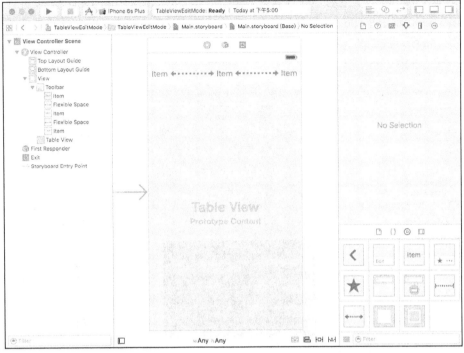

图 3-48　添加 Flexible Space 控件和 TableView 控件

（3）在 storyboard 的 Document Outline 中分别单击选中 3 个 Bar Button Item，并在属性检查器中依次将属性 System Item 为 Trash、Custom 和 Add，其中，中间的 Item 的 Title 属性设置为"联系人列表"，设置完成后的效果如图 3-49 所示。

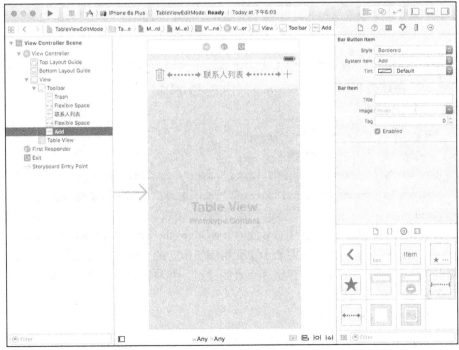

图 3-49　为 Item 设置属性

（4）为 Table View 设置数据源和代理对象。右击 storyboard 中的 Table View 控件，将数据源 dataSource 和代理 delegate 设置到控制 Table View 的 View Controller 上，设置完成后的界面如图 3-50 所示。

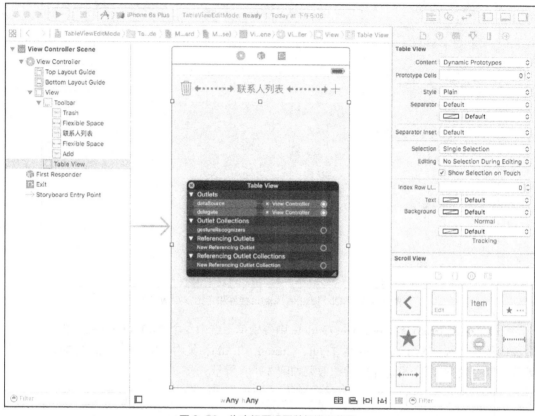

图 3-50　为表视图设置数据源和代理

（5）由于表视图中要展示的是联系人的姓名和手机号，因此，我们建立一个表示联系人的模型 Person。新建类 Person，在 Person.h 文件中声明属性，代码如例 3-8 所示。

【例 3-8】Person.h

```
1    #import <Foundation/Foundation.h>
2    @interface Person : NSObject
3    @property (nonatomic,copy)NSString *name;// 表示联系人的姓名
4    @property (nonatomic,copy)NSString *phoneNum;// 表示联系人的电话号码
5    @end
```

（6）在 ViewController.m 文件中，设置 ViewController 遵守 UITableViewDataSource 和 UITableViewDelegate 协议，并且声明表示单元格编辑模式的 editingStyle 属性。为了演示单元格中数据的插入和删除，创建一个存储联系人的数组，并将数组中的数据加载到表视图的单元格中，代码如例 3-9 所示。

【例 3-9】ViewController.m

```
1    #import "ViewController.h"
2    #import "Person.h"
```

```objc
@interface ViewController ()<UITableViewDataSource,UITableViewDelegate>
@property (weak, nonatomic) IBOutlet UITableView *tableview;
@property (nonatomic,strong)NSMutableArray *persons;
@property (nonatomic,readwrite)UITableViewCellEditingStyle editingStyle;
- (IBAction)remove:(id)sender;
- (IBAction)add:(id)sender;
@end
@implementation ViewController
    // 添加单元格数据的方法
- (IBAction)add:(id)sender {
    _editingStyle = UITableViewCellEditingStyleInsert;
    BOOL result = !self.tableview.isEditing;
    [self.tableview setEditing:result animated:YES];
}
    // 删除单元格数据的方法
- (IBAction)remove:(id)sender {
    _editingStyle = UITableViewCellEditingStyleDelete;
    BOOL result = !self.tableview.isEditing;
    [self.tableview setEditing:result animated:YES];
}
- (NSMutableArray *)persons
{
    if (_persons == nil) {
        _persons = [NSMutableArray array];
        for (int i = 0; i < 30; i++) {
            Person *p = [[Person alloc]init];
            p.name = [NSString stringWithFormat:@"Person--%d",i];
            p.phoneNum = [NSString stringWithFormat:@"%d",10000 +
            arc4random_uniform(1000000)];
            [_persons addObject:p];
        }
    }
    return _persons;
}
- (void)viewDidLoad {
    [super viewDidLoad];
    _persons = self.persons;
}
-(BOOL)prefersStatusBarHidden{
```

```objc
42      return YES;
43  }
44  #pragma mark - dataSource
45  //表视图分区的行数
46  -(NSInteger)tableView:(UITableView *)tableView numberOfRowsInSection:
47   (NSInteger)section{
48      return _persons.count;
49  }
50  // 每一行具体的显示
51  - (UITableViewCell *)tableView:(UITableView *)tableView cellForRowAtIndexPath:
52   (NSIndexPath *)indexPath{
53      //1.定义一个标识
54      static NSString *ID = @"cell";
55      //2.去缓存池中取出可循环利用的cell
56      UITableViewCell *cell = [tableView dequeueReusableCellWithIdentifier:ID];
57      //3.如果缓存池中没有可循环利用的cell
58      if (cell == nil){
59          cell = [[UITableViewCell alloc]initWithStyle:
60          UITableViewCellStyleValue1 reuseIdentifier:ID];
61      }
62      //4.设置数据
63      Person *p = _persons[indexPath.row];
64      cell.textLabel.text = p.name;
65      cell.detailTextLabel.text = p.phoneNum;
66      return cell;
67  }
68  // 设置单元格编辑模式的方法
69  - (UITableViewCellEditingStyle)tableView:(UITableView *)tableView
70  editingStyleForRowAtIndexPath:(NSIndexPath *)indexPath{
71      return _editingStyle;
72  }
73  // 进入编辑模式
74  -(void)tableView:(UITableView *)tableView
75  commitEditingStyle:(UITableViewCellEditingStyle)editingStyle
76  forRowAtIndexPath: (NSIndexPath *)indexPath{
77      //判断单元格的编辑模式
78      if(editingStyle == UITableViewCellEditingStyleDelete) {
79          [self.persons removeObjectAtIndex:indexPath.row];
```

```
80                  // 刷新表格
81                  [tableView deleteRowsAtIndexPaths:@[indexPath]
82                       withRowAnimation:UITableViewRowAnimationTop];
83              } else {
84                  Person *p = [[Person alloc]init];
85                  p.name = @"personAdd";
86                  p.phoneNum = @"1383876599";
87                  [_persons insertObject:p atIndex:indexPath.row+1];
88                  // 保持插入的数据与界面的显示相一致
89                  NSIndexPath *path =
90                      [NSIndexPath indexPathForRow:indexPath.row + 1 inSection:0];
91                  [tableView insertRowsAtIndexPaths:@[path]withRowAnimation:
92                       UITableViewRowAnimationMiddle];
93              }
94          }
95      @end
```

在例 3-9 中，第 12~22 行代码是单击插入和删除按钮所调用的方法；第 23~36 行代码使用懒加载，创建了 30 个 Person 对象，并且设置了对象的属性；第 69~94 行代码用于设置单元格的编辑模式，并且进入编辑模式，执行不同模式下的操作，其中第 78~83 行代码用于实现单元格的删除操作，第 84~93 行代码用于实现单元格的插入操作。

（7）单击 Xcode 工具的运行按钮，在模拟器上运行程序。程序运行成功后，单击删除按钮，删除第 1 个单元格数据，效果如图 3-51 所示。

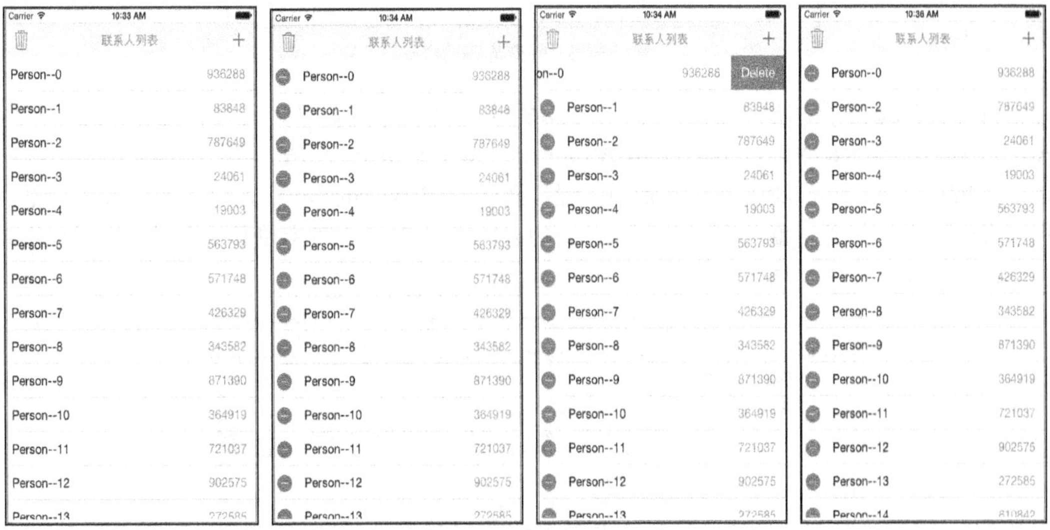

图 3-51　删除单元格操作

同理，单击插入单元格的按钮，会弹出绿色圆形添加按钮；单击圆形添加按钮之后，对应索引的单元格下面就会插入新的单元格，效果如图 3-52 所示。

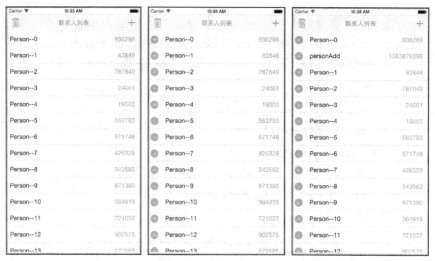

图 3-52 插入单元格操作

3.5.2 实战演练——移动单元格

用户在使用的时候会对单元格进行重新排列，将这种改变称之为移动单元格，移动单元格与插入删除单元格类似，都需要单元格先进入编辑模式。移动单元格首先需要进入移动编辑模式，随后单元格内容之后会出现移动按钮，单击移动按钮，可以对单元格进行拖动，移动单元格的模式如图 3-53 所示。

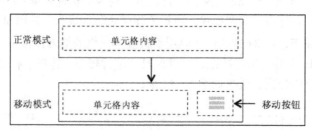

图 3-53 转变为移动模式

同删除或插入单元格类似，当移动单元格时需要实现数据源 tableView: canMove Row AtIndexPath: 和 tableView: moveRowAtIndexPath:toIndexPath:方法，其中 tableView: moveRowAtIndexPath:toIndexPath: 方法必须实现，而 tableView:canMoveRowAtIndexPath: 方法可以选择性实现，另外，默认情况下，该方法的返回值为 YES，表示单元格可以移动，移动单元格的方法执行流程如图 3-54 所示。

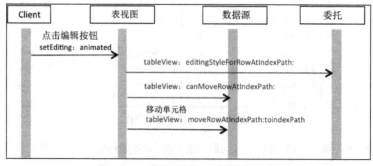

图 3-54 移动单元格方法的执行流程

接下来，对 3.5.1 小节的案例进行修改，在 ViewController.m 文件中，添加移动单元格的代码，具体代码如下所示。

```
- (BOOL)tableView:(UITableView *)tableView canMoveRowAtIndexPath:
  (NSIndexPath *)indexPath
{
    return YES;
}
- (void)tableView:(UITableView *)tableView moveRowAtIndexPath:
  (NSIndexPath *)sourceIndexPath toIndexPath:(NSIndexPath*)destinationIndexPath
{
    // 1.取出要拖动的模型数据
    Person *p = _persons[sourceIndexPath.row];
    // 2.删除之前行的数据
    [_persons removeObject:p];
    // 3.插入数据到新的位置
    [_persons insertObject:p atIndex:destinationIndexPath.row];
}
```

单击 Xcode 工具的运行按钮，在模拟器上运行程序，程序运行后，单击 Trash 按钮进入编辑模式，然后对单元格进行拖动，效果如图 3-55 所示。

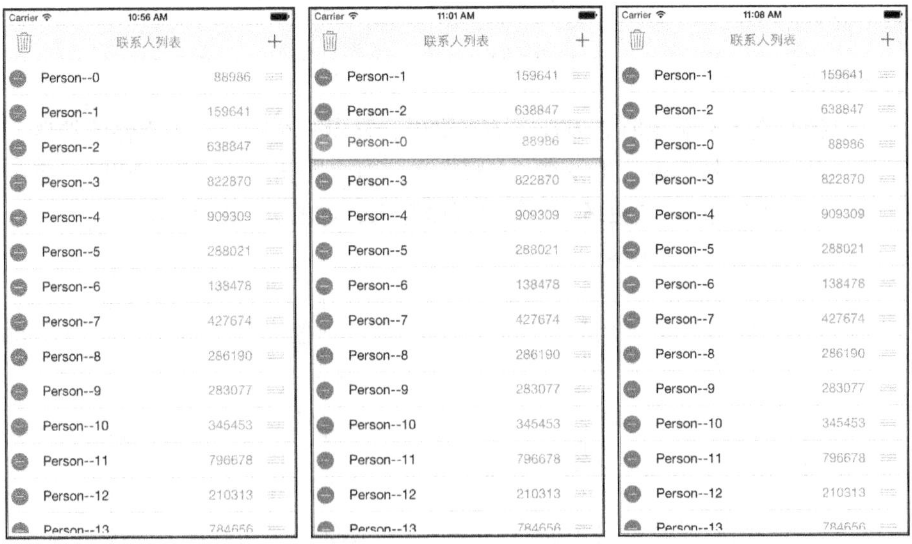

图 3-55 移动单元格操作

3.6 表视图 UI 设计模式

开发 iOS 应用时，经常会用到设计模式，例如，代理模式，同理，在表视图的 UI 设计上，也有两种对应的设计模式，分别是分页模式和下拉刷新模式，这两种模式广泛应用于移动平台，并且已经成为移动平台开发的标准，接下来，本节将针对这两种模式进行详细讲解。

3.6.1 分页模式

在 iOS 开发中,一次性加载大量数据,不仅影响应用的性能,且易造成网络的堵塞。针对这种问题,表视图提供了分页模式,它通过限定请求数据的数量,将所有数据采用分段请求的方式展示到表视图内。例如,新浪微博页面一次请求 20 条数据,当翻动屏幕到已显示的 20 条数据后,应用程序会再次请求 20 条数据,从而实现分页效果。接下来,看一个使用分页模式的应用,如图 3-56 所示。

图 3-56 所示的是一个使用分页模式的应用,该应用在展示列表时,先是请求少量的数据,然后翻动屏幕到显示的最后一条数据后,会再次请求固定数量的数据,实现分页的效果。

根据触发方式的不同,请求可分为主动请求和被动请求两种,关于这两种请求的具体讲解如下所示。

1. 主动请求

主动请求指的是满足条件时,再次请求的 20 条数据是自动发出的,并且一般在表视图的表脚会出现活动指示器,请求结束后,活动指示器会自动隐藏起来,如图 3-57 所示。

图 3-56 分页模式的使用场景

图 3-57 所示的是主动请求数据的方式,该方式的请求数据是自动发出的,同时带有一个活动指示器。

2. 被动请求

被动请求指的是条件满足时,表视图的表脚中会显示一个响应单击事件的控件,这个控件通常会是一个按钮,按钮标签上设有"更多"的字样。单击"更多"按钮时,应用会向服务器发送请求,请求结束后,"更多"按钮会隐藏起来,如图 3-58 所示。

图 3-57 主动请求数据

图 3-58 被动请求数据

图 3-58 所示的是被动请求数据的方式,当单击更多按钮时,应用程序会向服务器请求更多的数据,并且隐藏"更多"按钮。

3.6.2 下拉刷新模式

下拉刷新（Pull-to-Refresh）即为重新刷新表视图或者列表，以此重新加载数据，这种模式广泛应用于移动平台，它与分页的操作刚好相反，当翻动到屏幕顶部后，如果继续向下拉动屏幕，程序会重新请求数据，同时表视图表头部分会出现等待指示器，当请求结束表视图表头消失。例如，网易新闻中使用了下拉刷新模式，如图3-59所示。

图 3-59 网易新闻中的下拉刷新

图 3-59 所示的是网易新闻的下拉刷新的整个过程，为了大家更好地掌握下拉刷新的整个过程，接下来，以微博的下拉刷新为例，对微博的下拉刷新过程进行拆解，这里假设下拉刷新显示的顶部视图名称为 refresh panel，下拉刷新的过程如下所示。

（1）随着用户下拉逐渐显示 UITableView 的顶部视图 refresh panel，如图3-60所示。

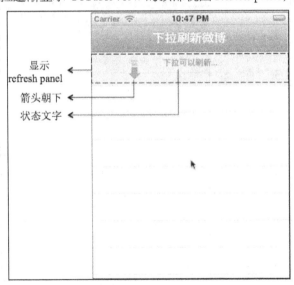

图 3-60 下拉显示顶部 refresh panel

（2）继续下拉 UITableView，会出现两种情况，具体如下。

① 若下拉到预设位置，状态文字变为"松开即可刷新"，如图3-61所示。

图 3-61 状态文字改为"松开即可刷新"

② 若下拉未达到预设位置,用户手指离开屏幕,UITableView 弹回,refresh panel 重新隐藏起来,代表操作结束。

(3)下拉到预设位置后,用户手指离开屏幕,refresh panel 继续保持显示,状态文字变为"加载中",后台执行更新数据的操作,如图 3-62 所示。

图 3-62 状态文字改为"加载中"

(4)数据更新完成后,重新隐藏 refresh panel,刷新操作完成,如图 3-63 所示。

图 3-63 下拉刷新完成后的效果图

随着下拉刷新的广泛应用,很多开源社区中都有下拉刷新的实现代码,可以供大家参考,例如,Github 上的 git:https://github.com/leah/PullToRefresh.git。

3.6.3 iOS 7 的新特性——下拉刷新控件

随着下拉刷新模式的影响力越来越大,苹果不得不将其列入到自己的规范当中,并在 iOS 6 API 中推出了下拉刷新控件,如图 3-64 所示。

图 3-64　iOS 6 中的下拉刷新

图 3-64 所示的是 iOS 6 中的下拉刷新,由图可知,iOS 6 中的下拉刷新特别像"胶皮糖",当"胶皮糖"拉断的时候,就会出现活动指示器。

与 iOS 6 相比,iOS 7 的下拉刷新更提倡扁平化设计,活动指示器替换了"胶皮糖"部分,实现了下拉动画的效果,如图 3-65 所示。

图 3-65　iOS 7 中的下拉刷新

图 3-65 所示的是 iOS 7 中的下拉刷新，由图可知，下拉到预设位置后，活动指示器出现。

iOS 中的下拉刷新是使用 UIRefreshControl 类实现的，它继承于 UIControl:UIView，是一个可以和用户交互，仅适用于表视图的活动控件。UIRefreshControl 类定义了一系列下拉刷新的属性，接下来，通过一张表来列举 UIRefreshControl 的常见属性，见表 3-5。

表 3-5　UIRefreshControl 的常见属性

属性声明	功能描述
@property (nonatomic, readonly, getter=isRefreshing) BOOL refreshing;	判断下拉刷新控件是否正在刷新
@property (null_resettable, nonatomic, strong) UIColor *tintColor;	设置下拉刷新控件的颜色
@property (nullable, nonatomic, strong) NSAttributedString *attributedTitle;	设置下拉刷新控件的状态文字

表 3-5 是 UIRefreshControl 一些常见的属性，其中 attributedTitle 属性是 NSAttributedString 类型，该类型的字符串可以分为好几段，分别可将每段字符串编辑成不同的字体类型，如字体颜色。

除此之外，UIRefreshControl 类也提供了两个方法，控制下拉刷新的状态，具体的定义方式如下所示：

```
// 开始刷新
- (void)beginRefreshing;
// 结束刷新
- (void)endRefreshing;
```

从上述代码可以看出，这两个方法可以改变下拉刷新控件的状态。例如，数据加载完成之后，调用 endRefreshing 方法可以结束刷新，隐藏下拉刷新控件。

3.6.4　项目实战——下拉刷新时间数据

为了大家更好地掌握下拉刷新控件的使用，接下来，通过一个下拉刷新数据的案例来学习如何使用 UIRefreshController 实现数据的刷新，具体步骤如下。

1. 创建应用程序，设计界面

（1）新建一个 Single View Application 应用，名称为 UIRefreshControl。通常情况下，如

果整个页面都是 Table View，都会让控制器直接继承自 UITableViewController，这时，我们进入 viewController .h 文件，让控制器直接继承 UITableViewController，代码如下所示：

```
#import <UIKit/UIKit.h>
@interface ViewController : UITableViewController
@end
```

（2）进入 storyboard 界面，删除默认的 View Controller，直接拖一个 Table View Controller，并将其设置为程序的初始 View Controller，如图 3-66 所示。

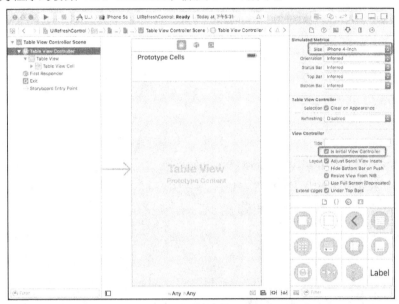

图 3-66　新建 UITableViewController 界面

（3）选中图 3-66 所示的 Table View Controller，在身份检查器中将 Class 所属的类设置为 ViewController，将 Table View Controller 和 ViewController 相关联，如图 3-67 所示。

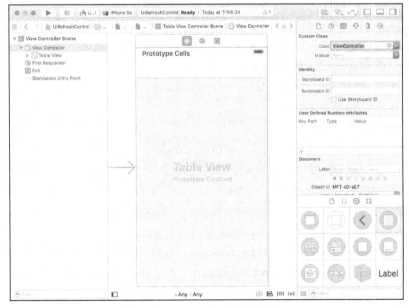

图 3-67　将控制器与类相关联

2. 在 ViewController.m 文件中实现下拉刷新的功能

（1）界面设置完成后，首先我们在 ViewController.m 文件中定义一个数组，用于保存表视图中需要显示的数据，并在 ViewController.m 的实现部分懒加载数组中的内容，代码如下所示。

```
#import "ViewController.h"
@interface ViewController ()
// 定义一个数组用于保存时间
@property (nonatomic, strong) NSMutableArray *Times;
@end
@implementation ViewController
// 懒加载数组
- (NSMutableArray *)Times
{
  if (_Times == nil) {
      _Times = [[NSMutableArray alloc] init];
      NSDate *nowDate = [[NSDate alloc] init];
      [_Times addObject:nowDate];
  }
  return _Times;
}
@end
```

（2）在 viewDidLoad 方法中，创建一个 UIRefreshControl，设置 UIRefreshControl 的标题及添加事件处理方法，代码如下所示。

```
- (void)viewDidLoad {
  [super viewDidLoad];
  // 初始化 UIRefreshControl
  UIRefreshControl *rc = [[UIRefreshControl alloc] init];
  // 设置下拉刷新控件的状态文字"下拉刷新"
  rc.attributedTitle = [[NSAttributedString alloc]
  initWithString:@"下拉刷新"];
  // 监听下拉刷新控件
  [rc addTarget:self action:@selector(refreshTableView)
  forControlEvents:UIControlEventValueChanged];
  // 设置视图控制器的 refreshControl 属性值为 rc
  self.refreshControl = rc;
}
```

在上述代码中，首先初始化 UIRefreshControl，然后设置下拉刷新控件的标题内容为"下拉刷新"，并使用 addTarget: action: forControlEvents 方法为 UIControlEventValueChanged 事件添加处理方法，即 refreshTableView 方法，最后将创建好的 UIRefreshControl 放置于表视图中。

（3）创建 refreshTableView 方法，实现改变下拉刷新控件标题，添加新的数据的功能，代码如下所示：

```
1       // 下拉刷新状态改变调用的方法
2       - (void)refreshTableView
3       {
4           if (self.refreshControl.refreshing) { // 正在刷新
5               // 设置下拉刷新控件的状态文字为"加载中"
6               self.refreshControl.attributedTitle =
7               [[NSAttributedString alloc]initWithString:@"加载中…"];
8               // 添加新的数据
9               NSDate *date = [[NSDate alloc] init];
10              // 模拟请求完成2秒后，回调callBackMethod方法
11              [self performSelector:@selector(callBackMethod:)
12              withObject:date afterDelay:2];
13          }
14      }
```

上述代码用于刷新状态下执行的操作，其中第 7 行代码将下拉刷新控件的标题内容改为"加载中…"，第 11 行代码使用 performSelector:withObject:afterDelay 语句延时调用 callBackMethod 方法，模拟实现网络请求或者数据库查询的操作。

（4）创建 callBackMethod 方法，用于结束刷新，回到初始状态。这时，新插入的数据将先显示在列表的首行，代码如下所示。

```
// 请求完数据后回调的方法
- (void)callBackMethod:(id)object
{
    // 结束刷新
    [self.refreshControl endRefreshing];
    // 恢复下拉刷新控件的状态文字
    self.refreshControl.attributedTitle = [[NSAttributedString
    alloc]initWithString:@"下拉刷新"];
    // 将新数据插入到表格首行
    [self.Times insertObject:(NSDate*)object atIndex:0];
    // 刷新表格
    [self.tableView reloadData];
}
```

（5）实现 UITableView 中 UITableViewDataSource 加载数据的方法，分别为列表设置分组的个数、每组的行数及每行显示的数据，代码如下所示。

```
#pragma mark - UITableViewDataSource
// 总共有多少组
- (NSInteger)numberOfSectionsInTableView:(UITableView *)tableView
{
    return 1;
```

```objc
}
// 每一组有多少行
- (NSInteger)tableView:(UITableView *)tableView
numberOfRowsInSection:(NSInteger)section
{
    return self.Times.count;
}
// 每一行对应的数据内容
- (UITableViewCell *)tableView:(UITableView *)tableView
cellForRowAtIndexPath:(NSIndexPath *)indexPath
{
    static NSString *CellIdentifier = @"Cell";
    UITableViewCell *cell = [tableView
    dequeueReusableCellWithIdentifier:CellIdentifier];
    if (cell == nil) {
        cell = [[UITableViewCell alloc]
        initWithStyle:UITableViewCellStyleDefault
        reuseIdentifier:CellIdentifier];
    }
    // 设置日期格式
    NSDateFormatter *dateFormat = [[NSDateFormatter alloc] init];
    [dateFormat setDateFormat: @"yyyy-MM-dd HH:mm:ss"];
    // 设置单元格文本内容
    cell.textLabel.text = [dateFormat stringFromDate:
    [self.Times objectAtIndex:[indexPath row]]];
    // 设置单元格图片内容
    cell.imageView.image = [UIImage imageNamed:@"sheep.jpg"];
    return cell;
}
```

（6）为了美观，我们使用 preferredStatusBarStyle 方法隐藏屏幕顶部的状态栏，代码如下所示。

```objc
// 隐藏状态栏
- (BOOL)prefersStatusBarHidden
{
  return YES;
}
```

3. 在模拟器上运行程序

单击 Xcode 工具的运行按钮，在模拟器上运行程序。程序运行成功后，下拉刷新页面，程序的运行结果如图 3-68 所示。

图 3-68　下拉刷新时间结果

多学一招：UITableViewController 类和 UIRefreshControl 类

UITableViewController 是表视图的控制器类，iOS 6 之后，它添加了一个 refreshControl 属性，这个属性保持了 UIRefreshControl 的一个对象指针。UIRefreshControl 类的 refreshControl 属性与 UITableViewController 配合使用，可以不必考虑下拉刷新布局等问题，UITableViewController 会将其自动放置于表视图中。

3.7　本章小结

本章首先针对表视图的基础知识进行了讲解，包含表视图的组成、样式设置及相关的协议，然后通过实战演练的方式，使用展示汽车品牌的案例讲解了如何创建表视图、为表视图添加搜索栏和添加索引，使用通信录的案例讲解了如何删除、插入和移动单元格，最后针对表视图中 UI 设计模式进行了讲解，希望大家通过本章内容的学习，可以熟练掌握表视图的应用，为步入本书后面的知识打下基础。

【思考题】
1. 简述 UITableViewCell 的复用原理。
2. 实现表视图显示需要设置 UITableView 的什么属性、实现什么协议？

扫描右方二维码，查看思考题答案！

第 4 章 多视图控制器管理

学习目标

- 掌握程序启动的原理。
- 掌握导航控制器和标签控制器的工作原理及使用。

在前面章节中，多次使用到了 UIViewController，它其实是一个视图控制器，专门用于管理一个界面中的 View。但实际开发中，每个应用都由 N 个界面组成，每个界面都需要一个视图控制器来管理，这么多的视图控制器只有按照一定的规范协调合作，才能更好地管理程序。本章将针对多视图控制器的管理进行详细讲解。

4.1 视图控制器概述

4.1.1 程序启动原理

当单击图标启动 iOS 应用时，系统都会显示一个过渡页面，然后调用 main() 函数来加载程序。main() 函数是程序的入口。但在 iOS 程序中，很少使用 main() 函数，绝大多数的工作都是交给 UIApplicationMain() 函数执行的。该函数是初始化程序的核心，其定义方式如下所示：

```
int UIApplicationMain(int argc, char *argv[], NSString *principalClassName, NSString *delegateClassName);
```

在上述代码中，函数 UIApplicationMain() 接受 4 个参数，其中前两个参数来自于 main() 函数接受的两个参数，后两个参数与 iOS 应用程序相关，这两个参数的相关讲解具体如下。

- principalClassName:指定应用程序的类名，该类必须是 UIApplication 或者其子类，若设置为 nil，则会用 UIApplication 类作为默认值。
- delegateClassName:表示应用程序的代理类，该代理类必须实现 UIApplicationDelegate 协议，该协议明确了作为代理应该做哪些事情。

为了帮助大家更好地理解 iOS 程序的启动过程，下面通过一张图来描述，如图 4-1 所示。

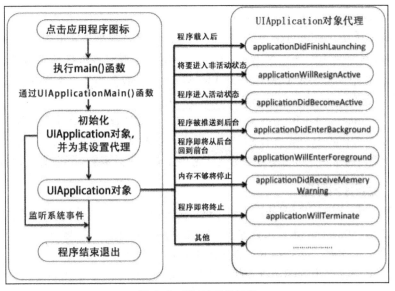

图 4-1 程序启动的过程

从图 4-1 中可以看出，iOS 程序启动时，会调用 UIApplicationMain()函数初始化 UIApplication 对象。该对象需要设置代理类。而作为 UIApplication 的代理类，首先必须实现 UIApplicationDelegate 协议。该协议明确了作为代理应该做的事情。UIApplication 对象负责监听系统事件，并将相关事件交给 UIApplication 代理对象处理。

多学一招：深入理解程序启动原理

iOS 程序启动后，UIApplicationMain 函数做的事情不止创建 UIApplication 对象和设置代理，其实，它还为应用程序创建一个 UIWindow 对象。UIWindow 继承自 UIView，是程序创建的第一个视图控件，换句话说，如果没有 UIWindow，程序就没有任何 UI 界面。接下来，通过一张图来描述 UIWindow 如何将程序界面显示在屏幕上，如图 4-2 所示。

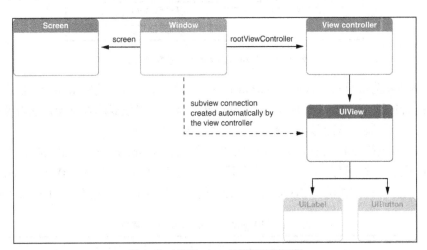

图 4-2 UIWindow 显示界面到屏幕

从图 4-2 中可以看出，应用程序的 UIView 是附加在 Window 上显示的。但是，要想将 UIView 添加到 UIWindow 上，可以通过两种方式实现，具体如下。

（1）调用 addSubView 方法直接添加

直接将 view 通过 addSubview 方式添加到 Window 中，程序负责维护 view 的生命周期及刷新，但是并不会去理会 view 对应的 ViewController，因此采用这种方法将 view 添加到 Window 以后，我们还要保持 view 对应的 ViewController 的有效性，不能过早释放。

（2）设置 UIWindow 的 rootViewController 属性

rootViewController 是 UIWindow 的一个遍历方法，通过设置该属性为要添加 view 对应的 ViewController，UIWindow 将会自动将其 view 添加到当前 Window 中，同时负责 ViewController 和 view 的生命周期的维护，防止其过早释放。需要注意的是，苹果公司推荐使用第二种方式。

4.1.2 视图控制器

在 iOS 开发中，视图控制器使用 UIViewController 类表示，它提供了一个显示用的 View 界面，同时负责 View 界面上元素及其内容的控制和调度。需要注意的是，在自定义 UIViewController 子类时，必须在 Interface Builder 中手动关联 view 属性。

UIViewController 作为视图控制器的父类，它可以延伸出许多子控制器。下面通过一张图来描述 UIViewController 的继承体系，如图 4-3 所示。

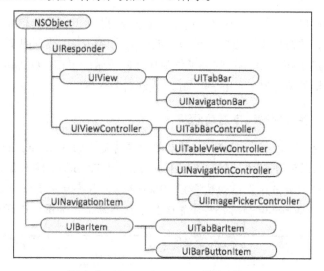

图 4-3 UIViewController 的继承体系

图 4-3 所示为继承自 UIViewController 的一些控制器组件，这些组件能够使应用程序的界面切换更加合理。例如，UINavigationController 是一种导航式的控制器，它能够从一个界面切换到另一个屏幕，从而显示更多细节，例如，Safari 书签。

同 UIView 控件类似，UIViewController 也可以通过在 storyboard 界面中拖曳的方式创建。这里，我们不再针对如何在 storyboard 中创建控制器进行详解，只针对 UIViewController 的常见属性和方法进行详细讲解。UIViewController 的常见属性和方法见表 4-1 和表 4-2。

表 4-1 UIViewController 的常见属性

属性声明	功能描述
@property(null_resettable, nonatomic,strong) UIView *view;	设置控制器管理的根视图
@property(nullable, nonatomic,copy) NSString *title;	设置控制器导航栏的标题

(续表)

属性声明	功能描述
@property(nonatomic,readonly) NSArray<__kindof UIViewController *> *childViewControllers;	获取子控制器集
@property(nonatomic,readonly,strong) UINavigationItem *navigationItem;	获取导航栏子项
@property(null_resettable, nonatomic, strong) UITabBarItem *tabBarItem;	设置/获取标签栏子项
@property(nullable, nonatomic, readonly, strong) UINavigationController *navigationController;	用于获取导航控制器
@property(nullable, nonatomic, readonly, strong) UITabBarController *tabBarController;	用于获取标签控制器

表 4-2 UIViewController 的常见方法

方法声明	功能描述
- (void)loadView;	加载控制器的视图
- (void)viewDidLoad;	控制器的视图已经装载完成
- (void)viewWillAppear:(BOOL)animated;	控制器的视图即将显示
- (void)viewDidAppear:(BOOL)animated;	控制器的视图已经显示
- (void)viewWillDisappear:(BOOL)animated;	控制器的视图即将消失
- (void)viewDidDisappear:(BOOL)animated;	控制器的视图已经消失
- (void)didReceiveMemoryWarning;	接收到内存警告

表 4-1 中列举的属性都比较简单。表 4-2 中列举的方法都是开发程序时经常用到的，这些方法都很重要。下面针对表 4-2 中列举的方法进行详细讲解，具体如下。

1. loadView

当该控制器管理的视图为 nil 时，系统会自动调用该方法。此方法是手码创建界面提供的方法，只要重写了该方法，系统会忽略 storyboard。该方法无需通过[super loadView]调用 UIViewController 基类的 loadView 方法。

2. viewDidLoad

当该控制器管理的视图被装载完成后，系统自动调用该方法。如果要在视图装载完成后执行某些代码，可以通过重写该方法来实现。重写该方法时，一定要通过[super viewDidLoad]代码调用 UIViewController 基类的 viewDidLoad 方法。

3. viewWillAppear

当该控制器管理的视图将要显示出来时，系统自动调用该方法。如果要在视图将要显示出来时执行某些代码，可以通过重写该方法来完成。重写该方法时，一定要通过[super viewWillAppear:YES]代码调用 UIViewController 基类的 viewWillAppear 方法。

4. viewDidAppear

当该控制器管理的视图显示出来后，系统自动调用该方法。如果要在视图将要显示出来后执行某些代码，可以通过重写该方法来完成。重写该方法时一定要通过[super viewDidAppear:YES]代码调用 UIViewController 基类的 viewDidAppear 方法。

5. viewWillDisappear

当该控制器管理的视图将要被隐藏或者将要被移出窗口时，系统自动调用该方法。如果要在视图将要被隐藏或者将要被移出窗口时执行某些代码，可以通过重写该方法来完成。重写该方法时一定要通过[super viewWillDisappear:YES]代码调用 UIViewController 基类的 viewWillDisappear 方法。

6. viewDidDisappear

当该控制器管理的视图被隐藏或者被移出窗口时，系统自动调用该方法。如果要在视图被隐藏或者被移出窗口时执行某些代码，可以通过重写该方法来完成。重写该方法时一定要通过[super viewDidDisappear:YES]代码调用 UIViewController 基类的 viewDidDisappear 方法。

7. didReceiveMemoryWarning

当系统检测到可用内存紧张时，会调用该方法。若要在系统内存紧张时释放部分内存，可以重写该方法来完成。重写该方法时一定要通过[super didReceiveMemoryWarning]代码调用 UIViewController 基类的 didReceiveMemoryWarning 方法。

上述列举的 UIViewController 方法都与控制器视图的生命周期息息相关。下面，通过一张图来描述这些方法在视图从加载到销毁过程中的作用，如图 4-4 所示。

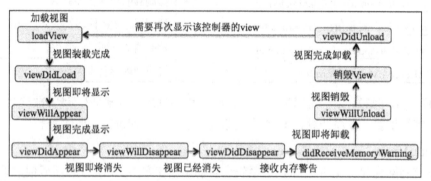

图 4-4　控制器视图的生命周期

图 4-4 所示描述的是一个控制器视图的生命周期，但在实际开发中，几乎所有的 iOS 应用都是基于多视图的。目前，最流行的两种多视图控制器分别是导航控制器和标签页视图控制器，针对不同的需求，这两种控制器可以使应用程序界面的交互更加合理，在接下来的小节中，将针对这两种多视图控制器进行详细讲解。

注意：
　　由于视图控制器需要加载的视图很多，因此，视图控制器加载视图时，采用的是懒加载模式。

4.2　导航控制器

基于 iPhone 屏幕有限，开发 iOS 应用时，需提供一种搭建多视图架构的模式，导航控制器是其中的一种。导航视图控制器使用 UINavigationController 类表示，它作为 UIViewController 一个很重要的子类，用于构建程序的架构，实现多个控制器间的切换。接下来，本节将针对导航控制器进行详细讲解。

4.2.1 导航控制器的组成

在 iOS 应用中，导航控制器可以管理一系列具有层次结构的场景。也就是说，第一个场景用于显示特定的主题，第二个场景用于进一步描述，第三个场景继续进一步描述，以此类推。例如，iPhone 应用的设置选项，它就是由导航控制器实现的，如图 4-5 所示。

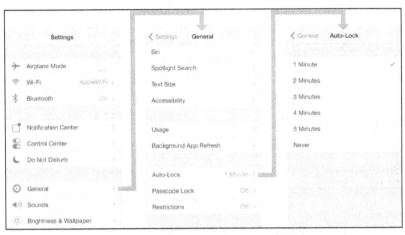

图 4-5 单击 iPhone 的 Settings 选项

图 4-5 所示的是依次单击"Settings→General→Auto–Lock"选项的界面，这些界面都包含一个导航条，并且导航条上有标题和一个带箭头的按钮。单击带箭头的按钮，应用程序会依次返回上一级界面，这个过程类似于栈的操作。

在 iOS 中，导航控制器主要由导航条（Navigation bar）、工具条（Navigation toolbar）、显示视图（Navigation view）和内容视图（Custom content）组成，结构如图 4-6 所示。

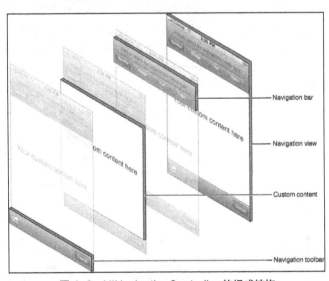

图 4-6 UINavigationController 的组成结构

从图 4-6 中可以看出，导航控制器的导航条位于屏幕顶端，工具条位于屏幕底部，显示视图指的是屏幕可以看到的所有内容，而内容视图包含导航控制器中要展示的所有视图。

需要注意的是，Navigation bar 是一个栈结构的容器，它可容纳多个 UINavigationItem。一个 UINavigationItem 是由标题，左边 N 个按钮，右边 N 个按钮组成的，并且每个按钮都是一个 UIBarButtonItem 控件。下面通过一张图来剖析 UINavigationBar 的结构，如图 4-7 所示。

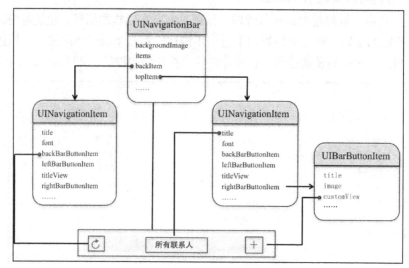

图 4-7 UINavigationBar 结构类型

图 4-7 所示针对通信录的导航条进行剖析，从图中可以看出，导航条是使用 UINavigationItem 对象来填充的，默认情况下，该对象包含一个标题和一个 Back 按钮，且其内部的按钮均是 UIBarButtonItem 类型的。

4.2.2 导航控制器的工作原理

导航控制器之所以可以自由切换多个视图，是因为它的内部是以栈的形式保存子控制器。当用户切换场景时，导航控制器会将子控制器依次压入栈中，并且呈现的永远是栈顶子控制器中的视图。反之，当返回上一级时，导航控制器会依次弹出栈中的控制器。

为了帮助大家更好地理解，接下来，同样以 iPhone 设备的 Settings 选项为例，当进入 "Settings" 选项后，每次切换一个页面，其实切换的只是导航控制器中的子控制器，如图 4-8 所示。

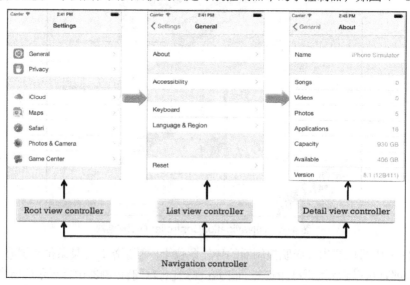

图 4-8 导航控制器的子控制器

从图 4-8 中可以看出，进入 Settings 选项的第一个界面所在的控制器是 Root 控制器，即根控制器，当单击"General"时，导航条不变，但进入的页面是下一个控制器的页面，同理，单击"About"时，导航条依然不变，只是切换到下一个控制器的页面。

在 iOS 文档中，导航控制器的切换使用压入（push）和弹出（pop）来描述，例如，上述"Settings"→"General"→"About"的过程是一个栈的压入过程，如图 4-9 所示。

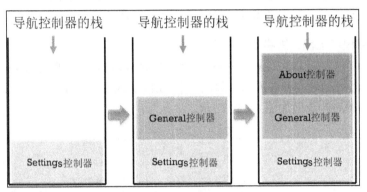

图 4-9　控制器的压入操作

相反，如果连续单击返回按钮，则导航控制器的切换是一个弹出操作，如图 4-10 所示。

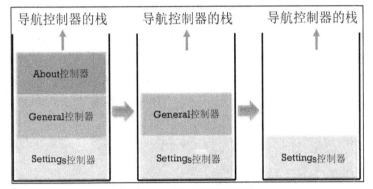

图 4-10　控制器的弹出操作

需要注意的是，当使用导航控制器切换页面时，导航控制器的栈至少有一个控制器，也就是说，除了导航控制器本身外，还有一个子控制器是添加到导航控制器中的。接下来，以 Settings 页面为例，当单击 Settings 进入后，界面的加载过程如图 4-11 所示。

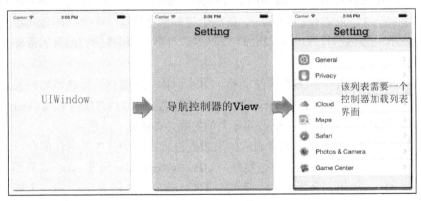

图 4-11　Settings 界面的加载过程

4.2.3 实战演练——图书列表跳转到图书详情

在众多 App 中，由于很多信息无法在一个界面展示，通常都会使用一个列表来罗列基本信息，当用户单击列表中的某一行时，程序会进入查看详情的界面。例如，淘宝网、当当网的大量商品都是用列表展示的，单击列表就可以查看到商品详情。

接下来，我们通过使用导航控制器实现一个由图书列表跳转到图书详情的案例，带领大家熟悉如何使用导航控制器管理多视图控制器，具体步骤如下。

1. 创建应用程序工程，搭建 UI 界面

（1）新建一个 Single View Application 应用，名称为 BookList，删除 Main.storyboard 自动创建的 UIViewController，并在界面中添加一个 UINavigationController 控件，并将其设置为程序的入口，添加后的界面如图 4-12 所示。

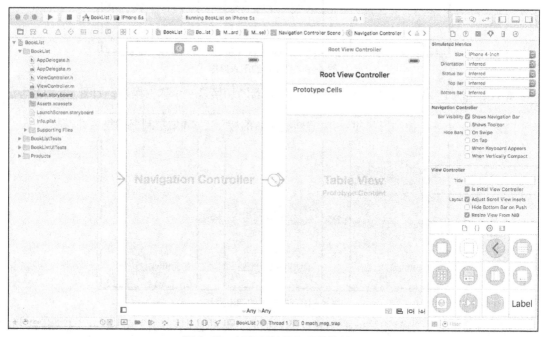

图 4-12 创建工程并添加导航控制器

从图 4-12 中可以看出，当向 storyboard 界面添加导航控制器后，会为导航控制器自动添加一个根控制器 UITableViewController，这两个控制器直接有一个带◎图标的箭头连接，它表示导航控制器的根视图是 UITableViewController。同时，根视图控制器的顶部自动添加了一个导航条。

（2）由于根控制器是一个表视图控制器，因此，我们需要将该控制器与相关的类进行关联，进入 ViewControll.h 文件，将 ViewController 的父类修改为 UITableViewController，并在身份检查器中将根控制器和 ViewController 类相关联，如图 4-13 所示。

（3）根控制器用于显示图书的列表，如果想通过单击列表进入图书详情介绍，还得创建一个视图控制器。这时，从对象库中拖曳一个 UIViewController 到 storyboard 界面，并选中根控制器，按住 Control 键，会弹出一个操作的菜单，这时，选择 show，将一个新的视图控制器添加到导航控制器中，添加完成后的界面如图 4-14 所示。

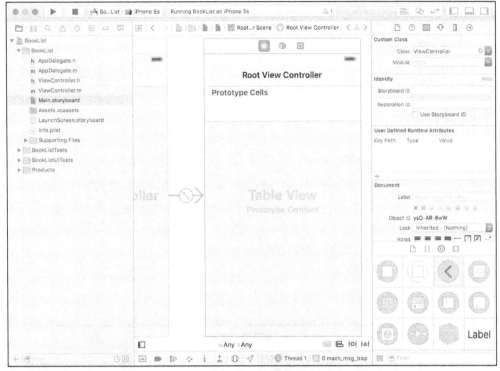

图 4-13 将根控制器与类进行关联

图 4-14 向导航控制器添加新的视图控制器

（4）在新添加的视图控制器中，添加显示图书详情的控件。由于我们的图书详情界面只显示图书的名称和图书的相关介绍，因此，在新添加的视图控制器中，添加 3 个 Label 控件和 1 个 TextView 控件，其中，一个 Label 控件用于显示教材名称，TextView 控件用于显示教材介绍，效果如图 4-15 所示。

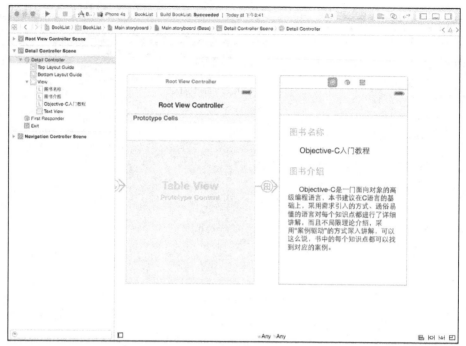

图4-15 展示图书详情的页面

（5）在 storyboard 中完成控制器的创建后，需要新建一个类 DetailController。该类继承自 UIViewController，在身份检查器中将 storyboard 中新添加的 UIViewController 与 DetailController 关联，如图 4-16 所示。

图4-16 为新添加的视图控制器关联类

（6）为展示图书详情所在的控制器关联好类之后，单击 图标，进入控件与代码的关联界面，为显示图书名称和图书介绍的控件添加属性，添加完成后的 DetailController.h 文件中的代码如图 4-17 所示。

图 4-17　为控件添加关联属性

2. 对应用程序资源进行配置

由于表视图控制器中的列表需要展示数据，因此，将图书的所有信息存储在 book.plist 文件中，并将 plist 文件导入 Supporting Files 文件，导入后的 plist 文件结构如图 4-18 所示。

Key	Type	Value
▼ Root	Array	(6 items)
▼ Item 0	Dictionary	(3 items)
name	String	PHP程序设计基础教程
icon	String	icon_00.jpg
detail	String	PHP是一种运行于服务器端并完全跨平台的嵌入式
▼ Item 1	Dictionary	(3 items)
icon	String	icon_01.jpg
name	String	C#程序设计基础入门教程
detail	String	C#作为微软的旗舰编程语言，深受程序员喜爱，
▼ Item 2	Dictionary	(3 items)
icon	String	icon_02.jpg
name	String	Java基础入门
detail	String	本书为Java基础入门教材，让初学者能达到熟悉
▶ Item 3	Dictionary	(3 items)
▶ Item 4	Dictionary	(3 items)
▶ Item 5	Dictionary	(3 items)

图 4-18　book.plist 文件结构

图 4-18 展示的是 book.plist 文件中的一部分数据，其中，最外层的 Item 是一个 Dictionary 类型，它包含 3 部分，分别是表示图书名称的 name、表示图书封面的 icon 和表示图书详情的 detail。

由于展示图书列表时，需要加载图书的封面，因此，我们将图书封面的 png 格式图片添加到 Assets.xcassets 文件夹中，添加后的界面如图 4-19 所示。

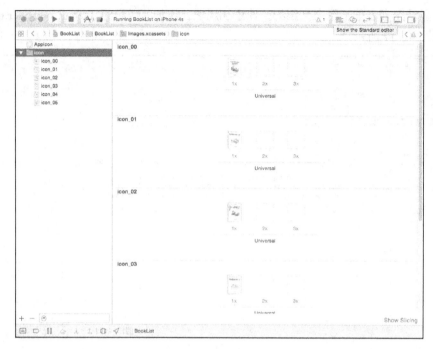

图 4-19　添加图片资源

3. 创建单元格模型

在 plist 文件中，每个 Item 都表示一本图书的信息，我们需要将这些图书信息抽成一个模型，同时提供创建对象的初始化方法。新建类 Book，在 Book.h 类中声明属性和初始化方法，代码如例 4-1 所示。

【例 4-1】Book.h

```
1    #import <Foundation/Foundation.h>
2    @interface Book : NSObject
3    @property(nonatomic,copy)NSString *name; // 声明图书名称的属性
4    @property(nonatomic,copy)NSString *icon; // 声明图书封面的属性
5    @property(nonatomic,copy)NSString *detail; // 声明图书介绍的属性
6    +(instancetype)bookWithDict:(NSDictionary *)dict; // 声明创建图书对象的类方法
7    -(instancetype)initWithDict:(NSDictionary *)dict; // 声明创建图书对象的对象方法
8    + (NSArray *)books; // 声明返回所有图书的方法
9    @end
```

完成 Book 类声明后，就需要在 Book.m 文件中实现初始化对象的方法，代码如例 4-2 所示。

【例 4-2】Book.m

```
1    #import "Book.h"
2    @interface Book()
3    @property (nonatomic,copy)NSArray *bookArray;
4    @end
5    @implementation Book
```

```
6     + (instancetype)bookWithDict:(NSDictionary *)dict{
7         return [[self alloc]initWithDict:dict];
8     }
9     - (instancetype)initWithDict:(NSDictionary *)dict{
10        if (self=[super init]) {
11            [self setValuesForKeysWithDictionary:dict];
12        }
13        return self;
14    }
15    + (NSArray *)books
16    {
17        NSString *path = [[NSBundle mainBundle]pathForResource:
18        @"book.plist" ofType:nil];
19        // 获取数组中的元素
20        NSArray *arr = [NSArray arrayWithContentsOfFile:path];
21        NSMutableArray *mutableArray=[NSMutableArray array];
22        for (NSDictionary *dic in arr) {
23            [mutableArray addObject:[Book bookWithDict:dic]];
24        }
25        return mutableArray;
26    }
27    @end
```

在例 4-2 中，第 15~26 行代码在 books 方法通过加载 book.plist 文件，将获取到的数据依次封装为对象，存放在一个可变数组中，这样，当其他类需要图书信息时，只需要调用 books 方法获取即可。

4. 在 ViewController 类中加载数据列表

在 ViewController.m 文件中，加载 plist 文件中的数据。由于数据列表是以列表的形式展示的，因此，我们需要在 ViewController.m 文件中实现 UITableViewDataSource 协议中的 tableView:numberOfRowsInSection 和 tableView:cellForRowAtIndexPath 方法为表视图填充数据，代码如例 4-3 所示。

【例 4-3】ViewController.m

```
1  #import "ViewController.h"
2  #import "DetailController.h"
3  #import "Book.h"
4  @interface ViewController ()
5  @property(nonatomic,strong)NSArray *books;
6  @end
7  @implementation ViewController
8  - (void)viewDidLoad {
```

```objc
9       [super viewDidLoad];
10      self.tableView.rowHeight = 90;
11      self.navigationItem.title = @"图书列表";
12  }
13  - (NSArray *)books{
14      if (!_books) {
15          _books = [Book books];
16      }
17      return _books;
18  }
19  - (void)prepareForSegue:(UIStoryboardSegue *)segue sender:(id)sender
20  {
21      // 获取跳转的目的控制器
22      UIViewController *vc = segue.destinationViewController;
23      // 判断是否是目的控制器
24      if ([vc isKindOfClass:[DetailController class]]) {
25          DetailController *detailVc = (DetailController *)vc;
26          // 获取单击行所在的索引
27          NSIndexPath *Path = [self.tableView indexPathForSelectedRow];
28          // 选中行的模型
29          Book *book = self.books[Path.row];
30          detailVc.book = book;
31      }
32  }
33  #pragma mark - UITableViewDelegate
34  - (void)tableView:(UITableView *)tableView
35  didSelectRowAtIndexPath:(NSIndexPath *)indexPath
36  {
37      [self performSegueWithIdentifier:@"two" sender:self];
38  }
39  #pragma mark - UITableViewDataSource
40  - (NSInteger)tableView:(UITableView *)tableView
41  numberOfRowsInSection:(NSInteger)section{
42      return self.books.count;
43  }
44  - (UITableViewCell *)tableView:(UITableView *)tableView
45  cellForRowAtIndexPath:(NSIndexPath *)indexPath
46  {
47      NSString *ID=@"book";
48      UITableViewCell *cell = [tableView dequeueReusableCellWithIdentifier:ID];
```

```
49      if (cell == nil) {
50          cell = [[UITableViewCell alloc]initWithStyle:UITableViewCellStyleDefault
51          reuseIdentifier:ID];
52      }
53      // 设置 cell
54      Book *book = self.books[indexPath.row];
55      cell.textLabel.text = book.name;
56      cell.imageView.image = [UIImage imageNamed:book.icon];
57      cell.accessoryType = UITableViewCellAccessoryDisclosureIndicator;
58      return cell;
59  }
60  @end
```

在例 4-3 中，第 13~18 行代码使用懒加载获取到所有的图书信息，第 34~38 行代码是 UITableViewDelegate 中定义的方法，该方法会在选中列表中的某一行时被调用，这里当我们选中某一行时，程序应该是跳转到下一个界面，因此，在第 19~32 行重写 prepareForSegue 方法需要对目标控制器的所属类判断，并且将选中行的信息封装为 Book 对象。

需要注意的是，在 Main.storyboard 中必须指定 segue 的 Identifier 属性。UITableViewController 作为 UITableView 的数据源或者代理对象，默认已经遵守了代理和数据源协议，同时包含 1 个 tableView 属性。

5. 在 DetailController 类中设置数据

当从图书列表页跳转到图书详情页时，同样需要一个控制器来管理，前面我们已经创建好了管理图书详情界面的控制器及其相关类，但展示图书详情的功能还没有实现。在 DetailController.h 文件中声明一个 Book 类型的属性，用于表示从列表页传递过来的 Book 对象，代码如例 4-4 所示。

【例 4-4】DetailController.h

```
1   #import <UIKit/UIKit.h>
2   #import "Book.h"
3   @interface DetailController : UIViewController
4   @property (weak, nonatomic) IBOutlet UITextView *introduce;
5   @property (weak, nonatomic) IBOutlet UILabel *bookname;
6   @property (nonatomic,strong)Book *book;
7   @end
```

在 DetailController.h 文件中完成属性的声明后，需要在 DetailController.m 文件中实现图书信息的展示，DetailController.m 文件中的代码如例 4-5 所示。

【例 4-5】DetailController.m

```
1   #import "DetailController.h"
2   #import "Book.h"
3   @implementation DetailController
4   -(void)viewDidLoad{
5       self.bookname.text = self.book.name;
```

```
6          self.introduce.text=self.book.detail;
7          self.navigationItem.title=@"详情介绍";
8      }
9  @end
```

6. 运行程序

启动模拟器，运行程序，程序运行成功后，会显示图书列表界面，当单击列表中的某一行时，会调整到对应图书的详情界面。例如，当单击列表第二行时，程序的运行结果如图 4-20 所示。

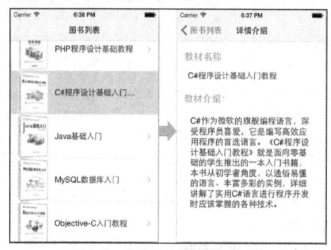

图 4-20　图书列表跳转到图书详情界面

多学一招：segue 的使用

storyboard 上每一根用来界面跳转的线，都是一个 UIStoryboardSegue 类的对象，简称为 segue。为了大家更好地理解，接下来，通过一张图来描述，如图 4-21 所示。

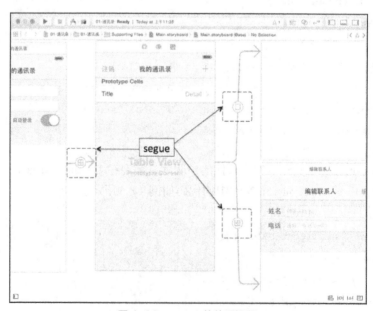

图 4-21　segue 的使用场景

从图 4—21 可以看出，每一条 segue 都是带有图标的箭头，根据图标的不同，segue 的意义也不同。segue 大体分为 3 种类型，具体如下。

- push：只有使用导航控制器过渡时才支持这种类型的 segue，图标箭头是 ⟶。
- modal：普通视图控制器过渡时可选择这种类型的 segue，图标箭头是 ⟶。
- custom：只有当开发者打算使用自定义 segue 时才选择这种类型，图标箭头是 ⟶。

只要在 Interface Builder 中拖动这些箭头，就能够控制视图控制器的跳转关系，能以图形化方式查看各视图控制器之间的协作关系。

每个 segue 都是 UIStoryboardSegue 类的对象，UIStoryboardSegue 类提供了一些属性，用于设置 segue，具体定义格式如下：

```
// 唯一标识
@property (nonatomic, readonly) NSString *identifier;
// 来源控制器
@property (nonatomic, readonly) id sourceViewController;
// 目标控制器
@property (nonatomic, readonly) id destinationViewController;
```

要想在 storyboard 中使用 segue，首先要拖曳两个控制器对象到程序界面，分别作为 segue 的来源控制器和目标控制器，根据 segue 跳转时刻的不同，segue 可以分为两大类型，具体如下。

- 自动型：单击某个控件后，如按钮，自动执行 segue，完成界面跳转。

拖曳一个 Button 到程序界面，选中该按钮，按住 control 键，拖线到目标控制器，松开手后，弹出一个黑色列表框，如图 4—22 所示。

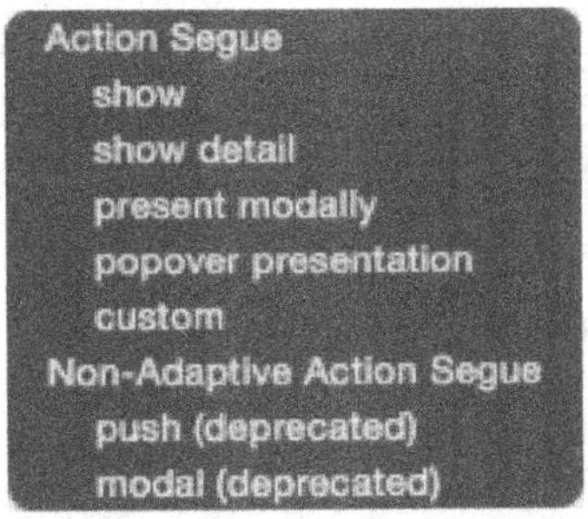

图 4-22　Action Segue

根据需求选择箭头类型，这样就创建了一个 Action Segue。只要单击按钮，就会触发该 segue，直接跳转到目标控制器对应的界面。

- 手动型：需要通过代码的方式执行 segue，完成界面的跳转。

单击来源控制器顶部的 图标，按住 control 键，拖线到目标控制器，松开手后，弹出一个黑色列表框，如图 4—23 所示。

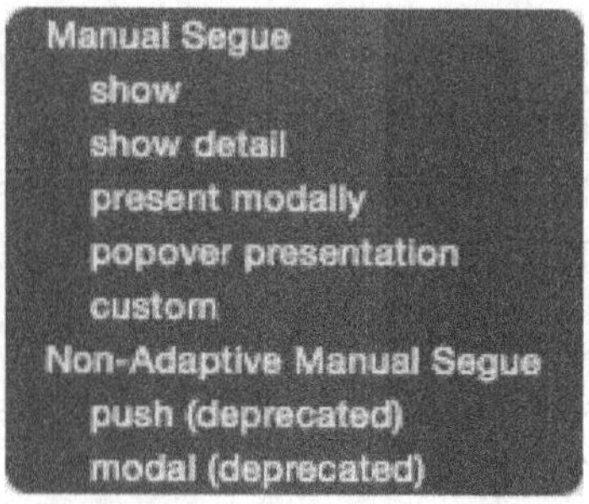

```
Manual Segue
    show
    show detail
    present modally
    popover presentation
    custom
Non-Adaptive Manual Segue
    push (deprecated)
    modal (deprecated)
```

图 4-23　Manual Segue

根据需求选择箭头类型，这样就创建了一个 Manual Segue。选中该 segue，在右侧的属性检查器中设置 Identifier 属性，这样 segue 就有了唯一的标识。在需要的时刻，由来源控制器执行 performSegueWithIdentifier 方法调用对应的 segue 即可，该方法的定义方式如下：

- (void)performSegueWithIdentifier:(NSString *)identifier sender:(id)sender;

从上述代码可知，根据 segue 的标识符，可以触发指定的 segue。当 segue 被触发，且将要从一个视图控制器跳转到下一个视图控制器时，会自动调用 prepareForSegue 方法，该方法的定义方式如下：

- (void)prepareForSegue:(UIStoryboardSegue *)segue sender:(id)sender;

以上两个方法均是 UIViewController 类型提供的方法。从上述代码可以看出，该方法需要传入一个 sender 参数，该参数就是上一个方法中传入的对象。若程序需要实现两个视图控制器之间的数据交换，只要重写该方法即可。

注意：

① Xcode 6 之后，push 和 modal 被废弃了，在黑色列表框的下方可以看到。它采用了别的方式来替代，其中 show 就等价用于 push，present modally 就相当于 modal。

② modal 是切换控制器的另外一种方式，它适用于任何类型的控制器。与 push 不同的是，它默认的效果是新控制器从屏幕的最底部动画地钻出来，直到盖住之前控制器的界面为止，相当于一个临时窗口。

同时，UIViewController 类也提供了相应的方法，用于手动显示和关闭新视图控制器，具体的定义格式如下：

// 以 modal 的形式展示新视图控制器
- (void)presentViewController:(UIViewController *)viewControllerToPresent animated:(BOOL)flag completion:(void (^)(void))completion;
// 关闭之前以 modal 形式展示的新视图控制器
- (void)dismissViewControllerAnimated:(BOOL)flag completion: (void (^)(void))completion NS_AVAILABLE_IOS(5_0);

一般情况下，关闭视图控制器的行为是通过代理的形式实现的，让原视图控制器作为代理，实现目标控制器的消失，避免发生未知的错误。

4.3　标签页控制器

在多视图控制器管理中，还有一种控制器被广泛运用于各种 iOS 应用程序，即标签页控制器，它与导航控制器类似，都可以控制多个视图控制器的切换，但它是借助屏幕底部的标签页来控制的，每选中一个标签，就会切换到一个新的控制器，并将该控制器对应的视图显示出来。接下来，本节将针对标签页控制器进行详细讲解。

4.3.1 标签页控制器的组成

在 iOS 开发中，标签页控制器使用 UITabBarController 表示，它不像导航控制器那样以栈的形式压入和弹出控制器，而是组建一系列控制器，并将这些控制器添加到标签中，使得每个标签对应一个视图控制器。例如，苹果手机自带时钟的应用就是使用标签页控制器实现的，如图 4-24 所示。

图 4-24　苹果手机的时钟应用界面

图 4-24 所示的 4 个界面分别是时钟底部 4 个标签对应的界面，当单击屏幕底部 4 个标签时，这些页面会自由切换。

同导航控制器类似，标签页控制器是由标签栏（Tab bar）、标签页控制器的视图（Tab bar controller view）和内容视图（Custom content）组成的，结构如图 4-25 所示。

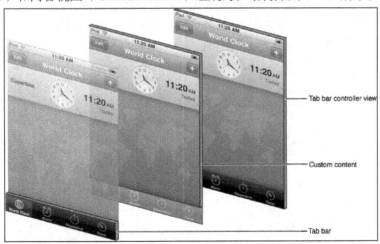

图 4-25　Tab Bar Controller 的组成部分及层级关系

从图 4-25 中可以看出，标签页控制器的标签栏位于屏幕的底部，它包含了 4 个标签项，通过单击不同的标签项，就可以实现不同页面的自由切换。

在 iOS 开发中，标签栏使用 UITabBar 类表示，它的尺寸是不可以被修改的，并且默认高度为 49。一个标签栏可以包含多个标签项，标签项使用 UITabBarItem 类表示，它提供了许多可以设置样式的属性，常见属性见表 4-3。

表 4-3 UITabBarItem 类常见属性

属性名称	功能描述
@property(nullable, nonatomic,copy) NSString *title;	标签项显示的标题
@property(nullable, nonatomic,strong) UIImage *image;	标签项未被选中显示的图片
@property(nullable, nonatomic,strong) UIImage *selectedImage;	标签项被选中显示的图片
@property(nullable, nonatomic, copy) NSString *badgeValue;	设置或获取标签项的提醒文字
@property(nonatomic) NSInteger tag;	表示标识

表 4-3 中列举的是 UITabBarItem 的常用属性，其中 tag 属性用于标识标签项，其他属性分别用于设置标签项的不同位置，以 QQ 应用为例，这些属性可作用于标签项的位置如图 4-26 所示。

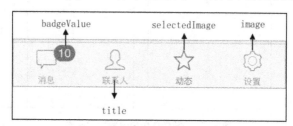

图 4-26 UITabBarItem 属性的作用

从图 4-26 中可以看出，badgeValue 属性用于设置提示的消息数，title 属性用于设置标签项的标题，image 属性用于设置标签项的图片，selectedImage 属性用于设置选中标签项的图片，默认情况下，选中图片的颜色为蓝色。

需要注意的是，一个标签栏中最多可显示 5 个标签项，如果超过 5 个标签项，则会在最右边出现一个 More 标签项，点开 More 标签项后，会出现一个表视图，用于列举那些不能在标签栏中直接显示的内容，如图 4-27 所示。

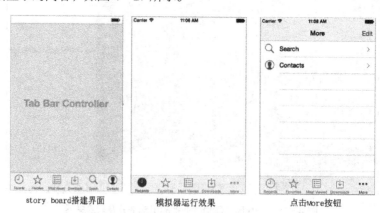

图 4-27 多于 5 个标签项显示方式

在图 4-27 中，当单击标题为 More 的标签项时，将会弹出一个标准的 NavigationController，NavigationController 里面嵌套了一个 TableViewController，其他未显示的 TabBarItem 在

TableViewController以单元格的形式存储,单击单元格则会跳转至相应的控制器的视图。

4.3.2 实战演练——搭建QQ的UI框架

当应用程序需要分为几个相对独立的部分时,可以考虑使用UITabBarController组合多个视图控制器,而UITabBarController将会在底部提供一个UITabBar,随着用户单击不同的标签项,整个应用程序可以呈现完全不同的部分。

在实际开发中,当下的App主流UI框架通常都是将导航控制器与标签页控制器结合,让UINavigationController作为UITabBarController的子控制器,接下来,通过一张图来描述它们之间的层次关系,如图4-28所示。

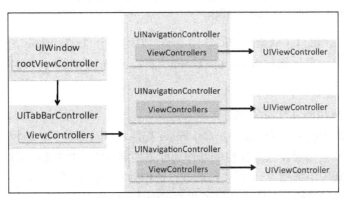

图4-28 标签页控制器和导航控制器配合使用的层次关系

从图4-28中可以看出,标签页控制器与导航控制器配合使用时,大体可以分为3步。

(1)创建一个UITabBarController,该控制器作为UIWindow对象的根控制器。

(2)创建多个导航控制器作为标签页的子控制器,并且在导航控制器中设置其他子视图控制器。

(3)将标签控制器的所有子视图控制器添加到一个数组对象中,并且将这个对象设置为标签控制器的viewcontrollers属性。

掌握了标签页控制器与导航控制器配合使用的规则后,接下来,带领大家使用storyboard搭建一个QQ应用的UI框架。由于QQ应用的UI框架涉及的界面比较多,因此,我们把这些界面分为3部分,如图4-29、图4-30和图4-31所示。

图4-29 QQ框架中的4个标签项页面

图 4-30　单击添加图标后跳转的页面

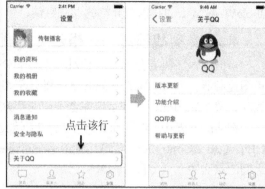

图 4-31　单击关于 QQ 后跳转的页面

了解了 QQ 应用的 UI 框架结构后，接下来，创建一个 Single View Application 应用，名称为 QQframework，然后删除 Main.storyboard 中自动创建的控制器，依次搭建 QQ 框架中的每一个界面，具体步骤如下。

1. 设置 QQ 应用的 4 个标签项

（1）从对象库中拖曳一个 Tab Bar Controller 控件，默认情况下，该控件会包含两个视图控制器，这里，我们需要设置导航控制器作为标签控制器的子控制器，因此，删除多余的视图控制器，从对象库中拖曳 4 个导航控制器，选中并右击标签页控制器，将 viewControllers 属性与 4 个导航控制器相关联，关联后的界面如图 4-32 所示。

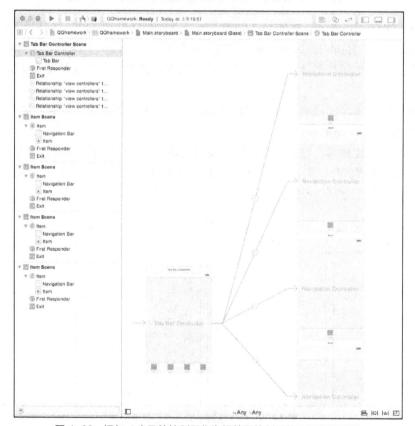

图 4-32　添加 4 个导航控制器作为标签页控制器的子视图控制器

（2）在 4 个导航控制器中，依次设置标签项的文字和图标，以第一个导航控制器为例，选中底部的 Item，在属性检查器面板中的 Tab Bar Item 中设置 Title 和 Image 属性，设置后的界面如图 4-33 所示。

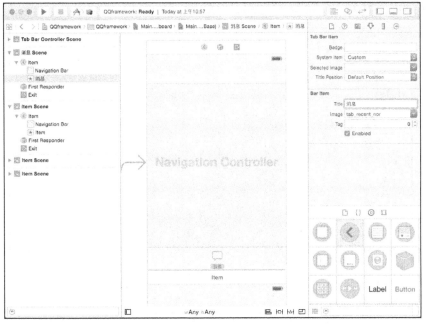

图 4-33　设置标签项的图标和文字

（3）以同样的方式，设置其他标签项的文字和图标，设计完成后，标签页控制器的界面如图 4-34 所示。

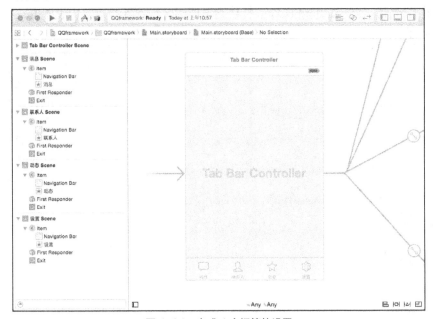

图 4-34　完成 4 个标签的设置

（4）至此，QQ 应用的 4 个标签项设计完成。运行程序，发现 QQ 应用的 4 个标签项可以自由切换。

2. 设置标签项消息对应的页面

（1）在 QQ 应用中，标签项为消息的页面是一个列表，因此，我们从对象库中拖曳一个 Table View Controller，并将其设置为对应导航控制器的根视图控制器，设置完成后的界面如图 4−35 所示。

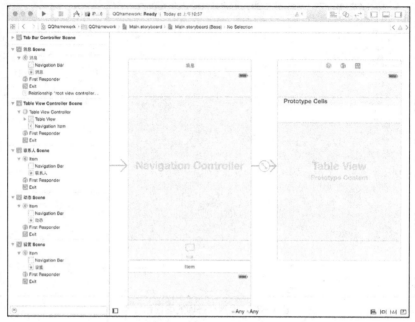

图 4−35　设置标签项为消息的根视图控制器

（2）设置消息页面导航栏中的文字和图标，双击导航栏，填写导航栏的标题为消息，然后从对象库中拖曳一个 Bar Button Item 控件到导航栏，在属性检查器中设置 Image 属性，如图 4−36 所示。

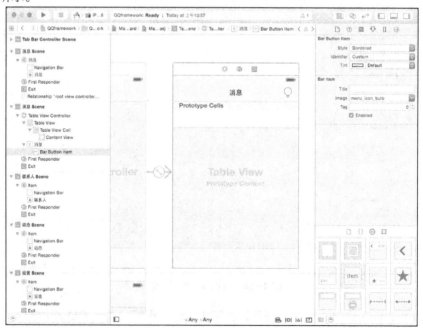

图 4−36　设置导航栏的标题和图标

(3)至此,标签项为消息的页面设计完成,运行程序,结果如图4-37所示。

图4-37 标签项为消息对应的页面

3. 设置标签项联系人对应的页面

(1)设置标签项为联系人的页面与标签项为消息的页面类似,从对象库中拖曳一个Table View Controller,并将其设置为对应导航控制器的根视图控制器,设置完成后的界面如图4-38所示。

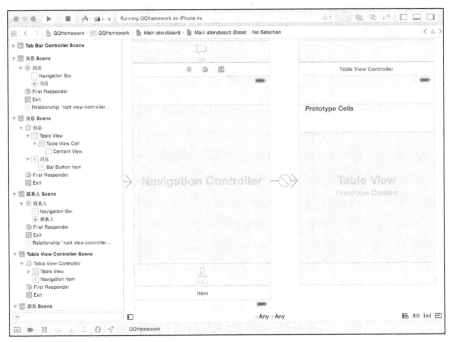

图4-38 设置标签项为联系人的根视图控制器

(2)从对象库中拖曳一个Segment Control控件到导航栏,该控件被分为两段,分别是分组和全部,然后在导航栏中拖曳一个Bar Button Item控件,在属性检查器中设置Image属性,设置完成后的界面如图4-39所示。

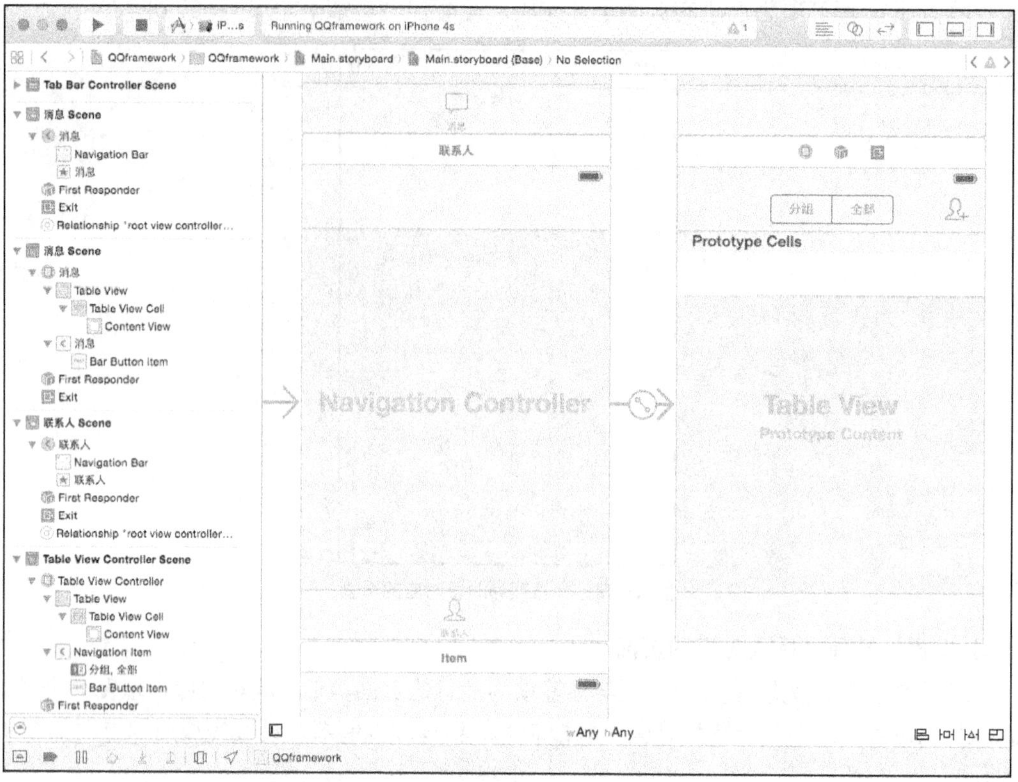

图 4-39 设置标签项为联系人的导航栏

（3）至此，标签项为联系人的页面设计完成，运行程序，结果如图 4-40 所示。

图 4-40 标签项为联系人对应的页面

4.设置标签项动态对应的页面

（1）标签项为动态的页面是一个静态单元格，从对象库中拖曳一个 Table View Controller，并将其设置为对应导航控制器的根视图控制器，设置完成后，双击导航栏，设置导航栏的标题，如图 4-41 所示。

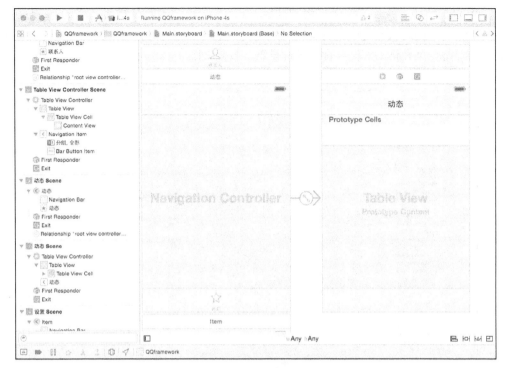

图 4-41 设置标签项为动态的根视图控制器

（2）选中展示动态页面的 Table View，在属性检查器面板中，将 Table View 的 Content 属性设置为 Static Cells，Style 属性设置为 Grouped，由于第一组只有一行单元格，因此，删除多余的单元格，选中唯一的 Table View Cell，在属性检查器面板中将 Table View Cell 的 Style 属性改为 Basic，Accessory 属性设置为 Disclosure Indicator，并为 Image 属性设置图标，Title 设置标题，设置完成后的界面如图 4-42 所示。

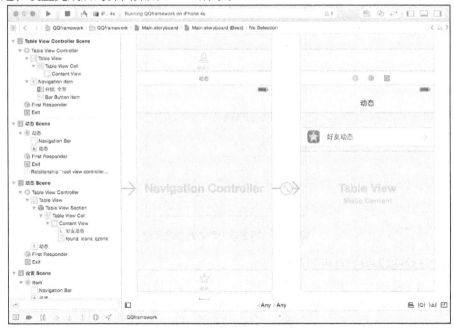

图 4-42 设置选项页面的第一组单元格

（3）为了便捷，我们选中第一组 Table View Section，通过快捷键"Command+C"和"Command+V"的方式快速粘贴复制分组，并根据每组 cell 的个数，快速复制 cell，复制完成后，同样对每个单元格的图标和标题进行设置，效果如图 4-43 所示。

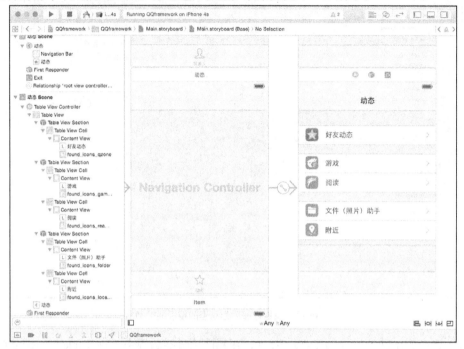

图 4-43　设置动态页面的静态单元格页面

（4）至此，标签项为动态的页面设计完成，运行程序，结果如图 4-44 所示。

图 4-44　标签项为动态对应的页面

5. 设置标签项为设置对应的页面

（1）设置标签项为设置的页面与动态页面类似，同样设置一个 Table View Controller 作为对应导航控制器的根视图控制器。由于标签项为设置的页面也是一个静态单元格，因此，这里不再对具体的设置方法进行详细阐述，设置好的界面如图 4-45 所示。

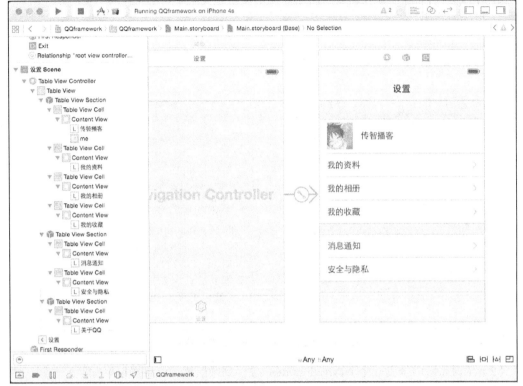

图 4-45 设置标签项为设置对应的页面

（2）至此，标签项为设置的页面设计完成，运行程序，结果如图 4-46 所示。

图 4-46 标签项为设置对应的页面

6.设置单击添加按钮跳转的页面

（1）在标签项为联系人的页面中，有一个添加的按钮，单击该按钮，需要跳转到一个列表页面，因此，从对象库中拖曳一个 Table View Controller，并选中按钮，按住 control 键，拖曳到新添加的控制器，松开手后，在弹出的黑色列表框选择 show，如图 4-47 所示。

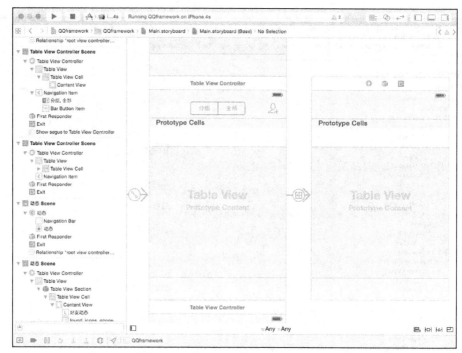

图 4-47 设置单击添加按钮跳转的控制器

（2）从对象库中拖曳一个 Navigation Item 控件到导航栏，完成导航栏标题的设置。由于添加页面也是一个静态单元格页面，因此，同样按照上述添加静态单元格的方式对每个单元格进行设置，设置完成后的界面如图 4-48 所示。

图 4-48 设置添加页面的静态单元格样式

需要注意的是，在图 4-48 所示的属性检查器中，勾选了属性"Hide Bottom Bar on Push"，该属性用于隐藏标签栏。

（3）运行程序，进入标签项为联系人的页面，单击添加按钮，程序会跳转到添加页面，如图 4-49 所示。

图 4-49　单击添加按钮后跳转的页面

7. 设置关于 QQ 的页面

（1）在标签项为设置的页面中，单击最后一行，会跳转到关于 QQ 的页面，该页面同样用于展示列表。从对象库中拖曳一个 Table View Controller 控制器，并选中"关于 QQ"所在的 cell 对象，按住 control 键，拖曳到新添加的控制器，松开手后，在弹出的黑色列表框选择 show，如图 4-50 所示。

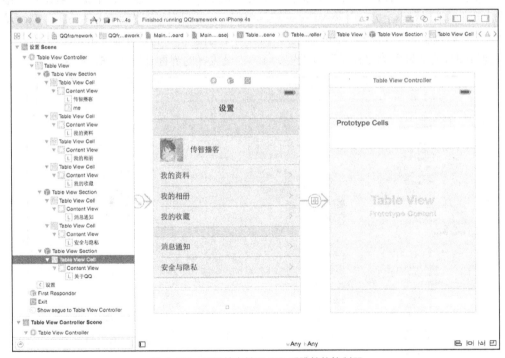

图 4-50　设置单击关于 QQ 后跳转的控制器

（2）从对象库中拖曳 Navigation Item 控件到导航栏，设置导航栏标题。由于关于 QQ 页面中的列表是静态单元格样式，因此，按照上述添加静态单元格的方式对每个单元格进行设置，并隐藏屏幕底部的标签栏，设置完成后的界面如图 4-51 所示。

图 4-51 设置关于 QQ 中的列表展示

（3）在关于 QQ 的列表页上方，还有一个 QQ 的 Logo 图片，这时，需要从对象库中拖曳一个 View 对象到列表上方，并将 View 对象的 Background 属性设置为 Clear Color，高度设置为 130，然后拖曳一个 Image View 对象到 View 中，由于图片的尺寸是 110×108，因此，我们需要将图片的宽设置为 110，高度设置为 108，设置好的界面如图 4-52 所示。

图 4-52 设置关于 QQ 的 Logo 图片

（4）至此，关于 QQ 的界面也设置完成了，运行程序，进入标签项为设置的页面，单击关于 QQ 这一行，程序会跳转到关于 QQ 的页面，如图 4-53 所示。

图 4-53　关于 QQ 的页面

注意：

UITabBarController 默认只支持竖屏，当移动设备方向发生变化时，如果当前视图内容支持旋转，UITabBarController 才会发生旋转，否则保持默认的竖直方向。当 UITabBarController 支持旋转，而且发生旋转的时候，只有当前显示的 UIViewController 会接收到旋转的消息。

4.4　本章小结

本章首先介绍了视图控制器的基本知识，包括程序启动的原理、视图控制器的执行过程，然后针对 iOS 开发中最流行的导航控制器和标签页控制器进行了详细讲解，这两种控制器常用于开发包含多个功能屏幕的应用程序，大家应该熟练掌握它们的基本使用，为后面的学习打下坚实的基础。

【思考题】
1. 简述视图控制器的生命周期。
2. 简述导航控制器的组成部分。
扫描右方二维码，查看思考题答案！

PART 5 第 5 章 iOS 常用设计模式

学习目标

- 掌握 Cocoa Touch 中的 MVC 模式的使用。
- 掌握 Cocoa Touch 框架和自定义委托模式。
- 掌握观察者模式，学会 KVC、KVO 和通知机制的使用。
- 掌握单例模式，会实现一个单例类。

设计模式是在特定场景下对特定问题的解决方案，这些方案是经过反复论证和测试总结出来，并被广泛应用于各个领域。而关于 iOS 开发，我们结合多年开发经验，将在本章重点分析 Cocoa 框架下的几个设计模式，例如，MVC、委托模式，观察者模式、单例模式。

5.1 MVC 模式

MVC 模式是相当古老的设计模式之一，如今已经在应用程序中被广泛使用，通过这种模式，可以帮助我们创建出简洁、高效的应用程序。接下来，本节将针对 MVC 模式进行详细讲解。

5.1.1 MVC 概述

创建一个与用户交互的应用程序，至少必须考虑如下 3 点：
- 提供能让用户交互的东西，例如，按钮；
- 对用户的操作进行处理，并做出响应；
- 存储必要的信息，以便正确地响应用户。

结合这几个方面，若合并在一个类，不同的功能之间会没有明确的分界线，而且代码的重用性会很差，针对这种情况，提供的解决方案就是 MVC 设计模式。

MVC 是 Model、View 和 Controller 的缩写，分别代表着模型、视图和控制器，它们被强制分开，各自处理自己的任务，接下来，通过一张图来描述，如图 5-1 所示。

从图 5-1 可以看出，MVC 模式主要由 3 部分组成，关于这 3 部分的具体讲解如下。
- 模型：保存应用数据的状态，回应视图对状态的查询，处理应用的业务逻辑，完成应用的功能，将状态的变化通知视图。

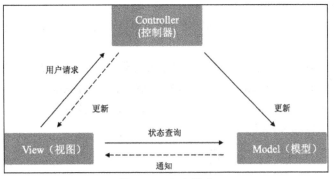

图 5-1 MVC 模式

- 视图：为用户展示信息，并提供接口，用户通过视图向控制器发出动作请求，然后向模型发出查询状态的申请，而模型状态的变化会通知给视图。
- 控制器：接收用户请求，根据请求更新模型。另外，控制器还会更新所选择的视图作为对用户请求的回应。控制器是视图和模型的媒介，可降低视图与模型的耦合度，使视图和模型的权责更加清晰，从而提高开发效率。

5.1.2 Cocoa Touch 中的 MVC 模式

Cocoa Touch 库也采用 MVC 泛型作为指导原则，与传统的 MVC 模式略有不同，Cocoa Touch 中的模型和视图之间是不能进行任何通信的，所有的通信都是通过控制器完成，如图 5－2 所示。

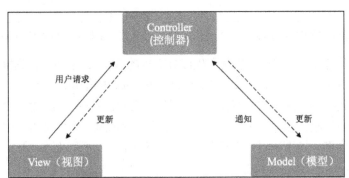

图 5-2 Cocoa Touch 的 MVC 模式

图 5－2 所示是 Cocoa Touch 的 MVC 模式，控制器对象会分析用户在视图对象上的操作，将新数据或者更改过的数据传递给模型对象，模型对象更改完成后，控制器对象会将新的模型传达给视图对象，从而将模型对象的数据显示在视图对象上。Cocoa Touch 中的 MVC 模式也分为 3 部分，具体如下。

- 模型：它一般继承于 NSObject，用于保存少量的应用程序状态数据。
- 视图：窗口、控件和其他用户可以看到并能与之交互的元素。UIView 是视图和控件的根类，一般会使用 Interface Builder 来创建视图组件，特殊情况下，会使用代码实现，更多情况是使用代码扩展已有的视图控件。
- 控制器：控制器的功能主要通过委托、事件和通知来实现。通常情况下，控制器组件由开发者开发的 Objective-C 类充当，该控制器组件可以是完全自定义的类。大部分情况下，控制器组件会继承于 UIViewController 基类，免费获取大量的功能。

为了帮助大家更好地理解 Cocoa Touch 中的 MVC 模式，接下来，开发一个案例帮助大家分析 MVC 模式的运作过程。在 Xcode 中新建工程，命名为 01_MVC 模式，然后设计一个简单的界面，如图 5-3 所示。

对于案例界面的编写过程，这里就不做详细地介绍了，我们直接打开工程，Xcode 左侧会看到该工程包含的文件，包括 ViewController.h 和 ViewController.m，这就是视图控制器文件。

打开 Main.storyboard 文件，单击程序界面的左下方的图标，打开文档大纲区，可以看到 View 的层次图，如图 5-4 所示。

图 5-3　MVC 案例界面

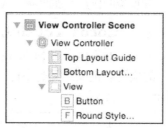

图 5-4　View Controller Scene

从图 5-4 看出，该工程直接使用了程序界面中的 View，未使用代码描述。除此之外，属于视图的还有 Button 和 Text Field，它们全部都是 View 的子视图。

模型对象比较特殊，其本质是视图的"数据"，例如，Text Field 输入的内容，Button 上显示的标题，都可以说是模型。有时候，未必需要单独创建一个模型类，因此，主要的是编写视图控制器的内容，接下来看一下控制器关联控件的代码，代码如下所示。

```
#import "ViewController.h"
@interface ViewController ()<UITextFieldDelegate>
@property (weak, nonatomic) IBOutlet UIButton *clickBtn;
@property (weak, nonatomic) IBOutlet UITextField *contentField;
-(IBAction)click;
@end
```

上述代码中，ViewController 定义了两个 IBOutlet 类型的属性，为了通过该 ViewController 更新视图，因此，我们需要把这些视图定义成输出口类型的属性。同时，ViewController 定义了一个方法来响应按钮的单击事件，该方法的返回值为 IBAction，表明该方法可以响应控件事件。另外，ViewController 实现了 UITextFieldDelegate 协议，这样 ViewController 就变成了 UITextField 的代理对象，它们之间的运作关系如图 5-5 所示。

关于图 5-5 所示的运作关系，具体说明如下。

① 用户单击按钮，会触发 ViewController 的 click 方法。

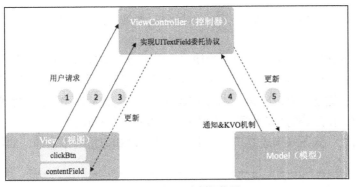

图 5-5　MVC 案例运作图

② ViewController 会实现 UITextFieldDelegate 协议，在该协议中定义一些响应 UITextField 事件的方法。

③ ViewController 可以通过属性 clickBtn 和 contentField 来改变控件的状态。

④ Model 可以通过通知和 KVO 机制来通知数据的变化。

⑤ ViewController 可以保存一个模型成员变量或者属性，并通过它们来改变模型的状态。

综上所述，我们可以归纳 Cocoa Touch 中的 MVC 模式具备如下几个特点。

（1）Model 和 View 永远不能相互通信，只能通过 Controller 来传递信息。

（2）Controller 可以直接与 Model 对话，Model 通过通知和 KVO 机制与 Controller 通信，关于这两种机制，后面会有详细介绍。

（3）Controller 也可以直接与 View 对话，通过 outlet 可直接操作 View，outlet 直接对应到 View 中的控件。View 通过 action 向 Controller 报告事件的发生，例如，用户单击按钮。Controller 是 View 的代理，以同步 View 与 Controller。

5.2　委托模式

在前面的章节中，我们已经多次使用过委托模式，例如，UITableViewDataSource 和 UITableViewDelegate 等，接下来，本节将针对委托模式进行详细讲解。

5.2.1　委托模式概述

委托模式，又称为代理模式，是 iOS 开发中最常用的模式之一，它通常用于一个对象"代表"另外一个对象和程序中的其他对象进行交互。接下来，通过一张图来描述委托模式，如图 5-6 所示。

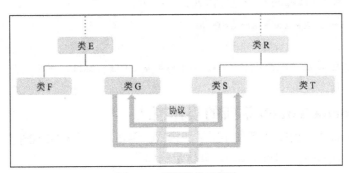

图 5-6　委托模式示意图

从图 5-6 可以看出，借助协议，我们可以很方便地实现委托模式，从而使两个毫无关系的类建立关系。

委托模式主要包含 3 个部分，分别为协议、代理方、委托方，具体说明如下。
- 协议：由委托方制定的规则，即方法的声明，任何一个对象都可以实现。
- 委托方：通过一个 delegate 属性引用代理方，在特定的环境下，通知代理方做事情。
- 代理方：作为委托方的代理，实现协议中声明的代理方法。

接下来，通过一张图来描述委托模式中各个部分是如何协同工作的，如图 5-7 所示。

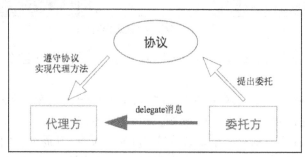

图 5-7 委托模式的原理图

在图 5-7 中，委托方制定了协议，其内部存在一个 delegate 引用，在合适的时机向代理发送消息，这时，delegate 引用指向已遵守协议的代理方，代理方会代替委托方处理某一个事件，并以一定的方式响应，例如，界面数据的更新。

针对委托模式的特点，我们可以归纳一下委托模式的使用场景，假设有两个对象 A 和 B，如果希望 B 成为 A 的代理对象，则可能的场景如下所示。

（1）A 内发生了某个事件想通知 B。
（2）B 想监听 A 的某一事件。
（3）A 想在自己的方法内部调用 B 的某个方法，并且 A 不可以依赖于 B。
（4）A 想传数据给 B。

与协议不同的是，委托模式中的协议限定了格式，具体限定的规范如下所示。
（1）协议的名称格式为"委托方的类名 + Delegate"。
（2）一般情况下，方法使用@optional 修饰。
（3）通常，方法名包括 3 种动词，分别为 should、will、did。

例如，UIScrollViewDelegate 是一个委托模式中的协议，它包含了很多方法，其中，用于判断滚动条是否滚动到顶部的方法定义格式如下所示：

```
@protocol UIScrollViewDelegate<NSObject>
@optional
-(BOOL)scrollViewShouldScrollToTop:(UIScrollView *)scrollView;
@end
```

5.2.2 Cocoa Touch 框架的委托模式

在 Cocoa Touch 框架中，大量使用了委托模式。例如，大部分 UI 控件类里面都声明了一个类型为 id 的 delegate 或者 dataSource，具体示例如下：

```
@property (nonatomic, weak, nullable) id <UITableViewDelegate> delegate;
```

上述代码为 UITableView 类声明的一个代理属性，其中，id 后面跟着一对尖括号包裹的协议，限定 delegate 要遵守 UITableViewDelegate 协议，才具备成为代理对象的资格。

除此之外，在 UITableViewDelegate 中还定义了许多方法，这些方法可以监听 UITableView 对象的一些行为，例如，选中某个单元格的时候，会调用 tableView: didSelectRowAtIndexPath: 方法。

Cocoa Touch 框架中的委托模式，它的实现流程比较简单，接下来，通过一张图来描述 Cocoa Touch 框架中委托模式的实现流程，如图 5-8 所示。

图 5-8 是 Cocoa Touch 框架的委托模式，由图可知，框架类已经声明了协议，代理对象只需要遵守协议，就能够实现对相关类的监听。

在 Cocoa Touch 框架中，委托模式的委托方往往是框架中的对象，如视图控件，而代理方是视图控制器对象。为了大家更好地理解，接下来，开发一个单列选择的案例，选中单列选择器的任意一行，会弹出提醒框提示用户选择的书籍名称，具体开发步骤如下。

1. 创建工程，设计界面

（1）新建一个 Single View Application 应用，名称为 02_Cocoa Touch 的委托模式。

（2）进入 Main.storyboard，设置 View Controller 的 Size 为 iPhone 4-inch。从对象库添加一个 Picker View 到程序界面，并且放置到中心的位置，设计好的界面如图 5-9 所示。

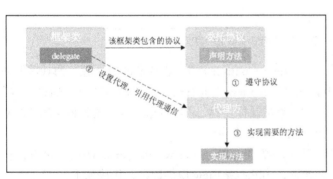

图 5-8　Cocoa Touch 框架的委托模式

图 5-9　搭建好的界面

2. 创建控件对象的关联

单击 Xcode 界面右上角的 ⓞ 图标，进入控件与代码的关联界面。采用拖线的方式，给 Picker View 控件添加对应的关联对象，如图 5-10 所示。

3. 给选择器设置数据源

（1）在 ViewController.m 文件中，定义一个数组对象的属性，用来保存选择器对象展示的信息，具体代码如下。

```
#import "ViewController.h"
@interface ViewController ()
// 选择器
@property (weak, nonatomic) IBOutlet UIPickerView *picker;
// 保存书籍名称
@property (nonatomic, strong) NSArray *books;
@end
```

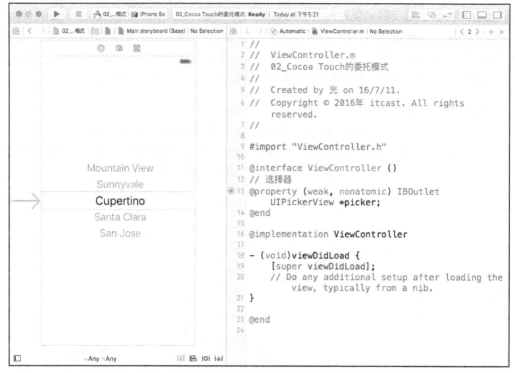

图 5-10 控件与代码关联后的界面

（2）要想让选择器显示信息，需要让 View Controller 成为选择器的数据源，为其提供书籍的信息。在 Main.storyboard 文件中，在 Picker View 上面右击，把鼠标移动到"dataSource"后面的空心圆圈，该圆圈中间出现了加号。单击鼠标左键，从加号拖线至左侧列表中的"View Controller"，这样就成功设置了数据源，如图 5-11 所示。

（3）在 ViewController 类的扩展部分，遵守 UIPickerViewDataSource 协议。接着，在 viewDidLoad 方法中，给数组对象添加元素，为 Picker View 提供数据，代码如下。

```
@implementation ViewController
- (void)viewDidLoad {
    [super viewDidLoad];
    // 初始化数组
    self.books = @[ @"PHP 程序设计高级教程", @"C 语言程序设计教程",
        @"Java Web 程序开发入门", @"Android 移动应用基础教程",
        @"C++程序设计教程", @"SSH 框架整合实战教程",
```

```
        @"Objective-C 入门教程", @"网页设计与制作"];
}
```

在上述代码中，使用快速包装数组的技巧，给 books 数组添加了 8 个元素。

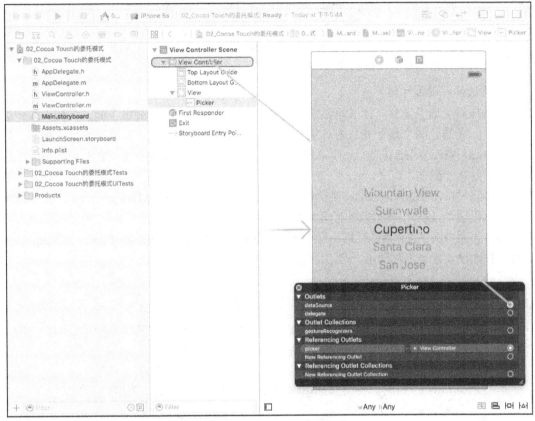

图 5-11 设置 Picker View 的数据源

（4）接下来，需要实现数据源协议的 3 个方法，分别返回选择器的列数、每列对应的行数以及每行对应的标题，具体代码如下。

```
1   #pragma mark - UIPickerViewDataSource
2   // 返回有多少列
3   - (NSInteger)numberOfComponentsInPickerView:(UIPickerView *)pickerView
4   {
5       return 1; // 只包含1列
6   }
7   // 返回每列有多少行
8   - (NSInteger)pickerView:(UIPickerView *)pickerView
9   numberOfRowsInComponent:(NSInteger)component
10  {
11      return self.books.count;
12  }
13  // 返回每行的标题
```

```
14   - (NSString *)pickerView:(UIPickerView *)pickerView titleForRow:(NSInteger)row
15   forComponent:(NSInteger)component
16   {
17       return [self.books objectAtIndex:row];
18   }
```

在上述代码中,第3~6行代码首先设置了选择器只包含1列,然后第8~12行代码返回了选择器每列包括的行数,最后第14~18行代码返回了每行对应的标题。

4．给选择器设置代理

在选择器上选中任意一行书籍名称,会将书籍的名称显示到提醒框上面,向用户提示选中的信息。要想让两个毫无关系的对象通信,需要借助于委托模式。选择器作为委托方,提出了UIPickerViewDelegate协议,要求把选中行的信息传递个提醒框,控制器对象能够完成这件事情,具体步骤如下。

(1)同样,在ViewController类的扩展部分,遵守UIPickerViewDelegate协议。采用拖线的方式,设置Picker View对象的代理为View Controller。

(2)当用户选中选择器的任意一行的时候,会激发pickerView: didSelectRow: inComponent:方法,控制器实现该方法即可,代码如下。

```
1    #pragma mark - UIPickerViewDelegate
2    // 当用户选中选择器的某一行时会激发该方法
3    - (void)pickerView:(UIPickerView *)pickerView didSelectRow:(NSInteger)row
4    inComponent:(NSInteger)component
5    {
6        NSString *message = [NSString stringWithFormat:@"选择书籍为: %@",
7            self.books[row]];
8        // 使用提示框提示用户
9        UIAlertController *alertC = [UIAlertController
10           alertControllerWithTitle:@"提示" message:message
11           preferredStyle:UIAlertControllerStyleAlert];
12       UIAlertAction *certain = [UIAlertAction actionWithTitle:@"确定"
13           style:UIAlertActionStyleDefault handler:nil];
14       [alertC addAction:certain];
15       [self presentViewController:alertC animated:YES completion:nil];
16   }
```

在上述代码中,第6行代码获取了每行对应的书籍名称,通过stringWithFormat:方法拼接了一个固定格式的字符串,第9~15行代码创建了UIAlertController对象,设定了标题、详细信息、显示风格和提醒动作,最后动画地显示到屏幕中央。

5．在模拟器上运行程序

单击Xcode工具的运行按钮,在模拟器上运行程序。程序运行成功后,屏幕中央位置出现了选择器,滚动选择器到任意位置,会弹出对应的提示信息,如图5-12所示。

图 5-12　程序运行效果图

多学一招：UIAlertController 类

UIAlertView 和 UIActionSheet 都是 iOS 系统自带的弹出式对话框，两者最大的区别在于，UIAlertView 表现为显示在屏幕中央的弹出式警告框，而 UIActionSheet 表现为显示在屏幕底部的按钮列表。为了大家更好地理解，下面通过一张图来描述，如图 5-13 所示。

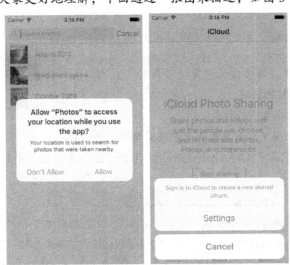

图 5-13　UIAlertView 和 UIActionSheet

图 5-13 的左侧为警告框，右侧是按钮列表。由图可知，它们均由提醒信息和操作按钮组成。当它们显示出来的时候，用户无法与应用界面中的其它控件交互，只有触发任意一个按钮执行操作，才能够让它们消失。

iOS 8 以后引进了 UIAlertController 类，它以一种模块化替换的方法代替了 UIAlertView 和 UIActionSheet 类的功能。iOS 9 以后，这两个类已经被弃用了，苹果推荐使用 UIAlertController 类开发。针对 UIAlertController 类，下面进行详细地介绍。

1．创建 UIAlertController 对象

要想使用警告框或者按钮列表，需要创建一个 UIAlertController 对象，并且设置其首选样

式。为此，iOS 提供了 1 个类方法创建对象，定义格式如下。

```
+ (instancetype)alertControllerWithTitle:(nullable NSString *)title
    message:(nullable NSString *)message
    preferredStyle:(UIAlertControllerStyle)preferredStyle;
```

在上述格式中，该方法共包含 3 个参数，这些参数所表示的含义如下。
- title：表示设定警告框或者按钮列表的标题；
- message：设定警告框或者按钮列表附加的描述性文本；
- preferredStyle：呈现控制器的样式，包括警告框和按钮列表两种。

其中，preferredStyle 决定了控制器显示的样式，它是 UIAlertControllerStyle 类型的，该枚举类的定义格式如下所示。

```
typedef NS_ENUM(NSInteger, UIAlertControllerStyle) {
    UIAlertControllerStyleActionSheet = 0, // 按钮列表风格
    UIAlertControllerStyleAlert // 警告框风格
};
```

2．添加按钮事件

为了让 UIAlertController 对象消失，需要添加按钮及响应的事件。为此，iOS 提供了 UIAlertAction 类给 UIAlertController 对象添加按钮，更好地控制了按钮的数量、类型和顺序。要想拥有一个 UIAlertAction 对象，需要使用该类提供的类方法，格式如下。

```
+ (instancetype)actionWithTitle:(nullable NSString *)title
    style:(UIAlertActionStyle)style
    handler:(void (^ __nullable)(UIAlertAction *action))handler;
```

在上述定义格式中，该方法同样是 3 个参数，它们所表示的含义如下。
- title：表示按钮的标题；
- style：指定按钮显示的样式；
- handler：这个块用于放置按钮点击后需要执行的操作。

其中，style 参数隶属于 UIAlertActionStyle 类型，这个类型是一个枚举类型，它的定义格式如下所示。

```
typedef NS_ENUM(NSInteger, UIAlertActionStyle) {
    UIAlertActionStyleDefault = 0,    // 显示常规的按钮样式
    UIAlertActionStyleCancel,         // 显示取消按钮的样式，是加粗的
    UIAlertActionStyleDestructive     // 显示红色的文字，一般表示点击后可能会改变或者删除数据
};
```

如果要 UIAlertController 对象拥有按钮，并且能够响应按钮的点击事件，需要使用 addAction:方法添加，定义格式如下。

```
- (void)addAction:(UIAlertAction *)action;
```

除了取消按钮外，添加的顺序决定了按钮在 UIAlertController 上显示的顺序。

3．显示 UIAlertController

UIAlertController 继承自 UIViewController 基类，可以以 Modal 或者 Popover 的形式呈现出警告框或者按钮列表。下面是采用 Modal 形式呈现的控制器，示例代码如下。

```
[self presentViewController:alert animated:YES completion:nil];
```

5.2.3 自定义委托模式

自定义类经常需要用到委托模式，但委托模式的逻辑功能需要全部手动添加，这时，我们可以模仿系统自带类来完成。接下来，通过一张图来描述它的实现流程，如图 5-14 所示。

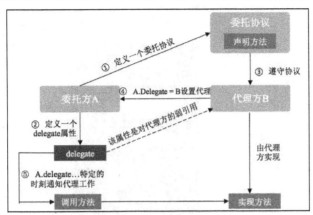

图 5-14 自定义的委托模式

图 5-14 所示描述了自定义委托模式的流程，大致分为 5 个步骤，具体如下。
① 委托方根据需求，定义一个委托协议，该协议中定义了供代理实现的方法。
② 委托方定义一个 delegate 属性，该属性对代理方持有一个弱引用。
③ 代理方遵守委托协议，具备成为代理的资格。
④ 设置委托方的委托对象为代理方，即给 delegate 属性赋值。
⑤ 特定的时刻调用代理方法，通知代理做事情。

为了帮助大家更好地理解自定义委托模式的流程，接下来，开发一个案例，用于将目标控制器对应界面中的文本框内容显示到源控制器对应的界面中，具体步骤如下。

1. 新建工程，搭建程序界面

（1）新建一个 Single View Application 应用，名称为 03_自定义委托模式，然后在 Main.storyboard 界面中添加一个 Button 和两个 Label，搭建好的界面如图 5-15 所示。

（2）从对象库拖曳一个 View Controller 控件，添加到程序界面，然后按住 control 键拖曳到 View Controller 的界面上，松手后，弹出的黑色框中选择 "present modally"，最后在该界面上添加一个 Label、一个 Text Field 和一个 Button，搭建好的界面如图 5-16 所示。

图 5-15 搭建好的第一个控制器界面

图 5-16 搭建好的第二个控制器界面

（3）新建一个 CZModalController 类，该类继承于 UIViewController 基类，然后在 Main.storyboard 界面中选中新建的控制器，同时单击右侧顶部的图标，打开身份检查器面板，设置该控制器的关联类为 CZModalController 类，如图 5-17 所示。

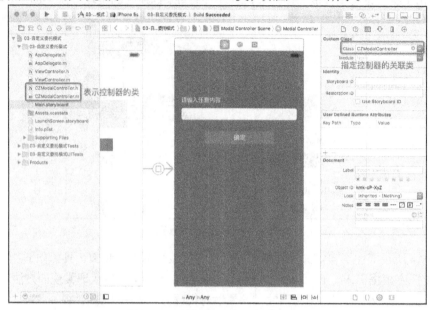

图 5-17　设置第二个控制器的关联类

2. 创建控件对象的关联

单击 Xcode 界面右上角的 图标，进入控件与代码的关联界面，在 ViewController.m 中添加两个属性，分别表示进入按钮、提示标签，在 CZModalController.m 文件中添加两个属性，分别表示内容文本框、确定按钮，添加一个按钮单击事件，命名为 back，添加完成后的界面如图 5-18 所示。

图 5-18　关联完成的界面

3. 通过代码设计界面外观

（1）在 ViewController.m 的 viewDidLoad 方法中，将其界面上的按钮设置为圆角，代码如下。

```
1    -(void)viewDidLoad {
2        [super viewDidLoad];
3        // 按钮设置为圆角
4        self.enterButton.layer.cornerRadius = 5;
5        self.enterButton.clipsToBounds = YES;
6    }
```

（2）在 CZModalController.m 的 viewDidLoad 方法中，将其界面上的按钮也设置为圆角，并让文本框成为第一响应者，用于弹出键盘，代码如下。

```
1    -(void)viewDidLoad {
2        [super viewDidLoad];
3        // 按钮设置为圆角
4        self.certainButton.layer.cornerRadius = 5;
5        self.certainButton.clipsToBounds = YES;
6        // 让contentField成为第一响应者
7        [self.contentField becomeFirstResponder];
8    }
```

上述代码是 CZModalController.m 文件中的 viewDidLoad 方法，其中，第 7 行代码通过调用 becomeFirstResponder 方法获取焦点。

4. 通过代码实现委托模式

单击"确定"按钮时，需要将文本框的内容传递给 ViewController，让 ViewController 将内容显示到灰色标签上。这时，如果使用委托的方式，需要将 CZModalController 设置为委托方，ViewController 设为代理方，按照自定义委托模式的实现流程大致如下。

（1）在 CZModalController.h 中，定义一个委托协议，该协议内定义一个供代理实现的方法，代码如下。

```
@class CZModalController;
// 委托协议
@protocol CZModalControllerDelegate <NSObject>
@optional
// 代理方法，表示已经返回到上一级，并且获取了文本框内容
-(void)modalController:(CZModalController *)viewController
    didBackWithContent:(NSString *)content;
@end
```

上述代码定义了一个 CZModalControllerDelegate 协议，该协议内定义的代理方法包含两个参数，其中第一个参数为控制器本身，第二个参数表示传递的文本框内容。

（2）在 CZModalController.h 文件中添加一个代理属性，该代理属性遵循 CZModalControllerDelegate 协议，代码如下。

```
@interface CZModalController : UIViewController
// 定义一个属性，表示代理
@property (nonatomic, assign) id<CZModalControllerDelegate> delegate;
@end
```

（3）ViewController 要成为代理对象，前提必须遵守委托协议，即 CZModalControllerDelegate 协议，接下来，在 ViewController.m 文件的类扩展部分遵守 CZModalControllerDelegate 协议，代码如下。

```
@interface ViewController () <CZModalControllerDelegate>
// 定义了两个属性分别表示提示标签和进入按钮
@property (weak, nonatomic) IBOutlet UILabel *promptLabel;
@property (weak, nonatomic) IBOutlet UIButton *enterButton;
@end
```

（4）拥有了成为代理的资格后，设置 CZModalController 的代理为 ViewController。具体做法是在 ViewController.m 文件中，获取目标控制器 CZModalController，并设置 CZModalController 的代理对象为 ViewController，代码如下所示。

```
// 控制器准备跳转到下一控制器时调用的方法
-(void)prepareForSegue:(UIStoryboardSegue *)segue sender:(id)sender
{
    // 获取目标控制器，并设置其代理对象为该控制器
    CZModalController *modalController = segue.destinationViewController;
    modalController.delegate = self;
}
```

（5）当单击确认按钮时，需要将页面输入的内容返回给第一个页面。在 CZModalController.m 文件中，定义一个 certain 方法用于响应确定按钮的单击，代码如下所示。

```
1   // 单击确定按钮后执行的行为
2   -(IBAction)certain {
3       // 退出键盘
4       [self.view endEditing:YES];
5       // 获取 contentField 的内容
6       NSString *text = self.contentField.text;
7       // 若代理对象响应了代理方法，通知代理做事情
8       if ([self.delegate respondsToSelector:
9           @selector(modalController: didBackWithContent:)]) {
10          [self.delegate modalController:self didBackWithContent:text];
11      }
12  }
```

上述代码中，第 4 行代码调用 endEditing 方法退出键盘；第 6 行代码获取 contentField 的内容；第 8～11 行使用 if 语句判断，若代理对象响应了代理方法，将 contentField 的内容传递。

（6）由于调用了 modalController:didBackWithContent:代理方法，该方法应该由代理对象来实现，因此，ViewController 作为代理方，它需要实现代理方法 modalController:didBackWithC ontent:，代码如下。

```
1    // 实现协议中定义的方法
2    -(void)modalController:(CZModalController *)viewController
3     didBackWithContent:(NSString *)title
4    {
5      // 关闭modal展示的控制器
6      [viewController dismissViewControllerAnimated:YES completion:nil];
7      // 将文本框的内容显示到promptLabel上
8      self.promptLabel.text = title;
9    }
```

上述代码中，第2～9行代码是协议中定义的代理方法的实现，其中，第6行代码调用 dismissViewControllerAnimated:completion:方法，关闭modal形式展示出来的第二个控制器；第8行代码将传递的文本框内容显示到promptLabel上。

5．在模拟器上运行程序

单击Xcode工具的运行按钮，在模拟器上运行程序。程序运行成功后，单击"进入"按钮，在文本框内输入文字，单击"确定"按钮，输入的文字显示到了提示标签上，如图5-19所示。

图5-19　程序运行效果图

注意：

（1）委托过程中需要定义协议，此协议既可以是单独的协议文件，也可以放到委托对象的头文件中，一般习惯于后者。

（2）协议中定义委托对象需要委托给其他对象处理的方法，用于传值或者传事件。

（3）委托类中，需要定义一个遵守协议的实例对象，一般情况下，属性修饰词为assign，属性名称为delegate，通过该对象就能够调用协议方法。

（4）一般情况下，被委托对象就是控制器本身。

5.3 观察者模式

前面提到的委托模式是一对一的关系,若要实现一对多的关系,可以使用观察者模式。iOS 中观察者模式的具体应用包含两个,分别为 KVO 和通知机制,而 KVO 机制的基础是 KVC,接下来,本节将针对观察者模式,及该模式的具体应用进行详细讲解。

5.3.1 观察者模式概述

现实生活中,若要到银行办理业务,需要取号等候,假设没有广播通知,那么我们就必须间隔地观察,以免错过。但是,如果使用广播通知,则可以减少间隔观察的烦琐,这是生活中的观察者模式。iOS 开发中,观察者模式指的是一个对象的状态发生了改变,通知正在对其观察的其他对象,这些对象根据各自的要求会做出相应的改变。接下来,通过一张图来描述,如图 5-20 所示。

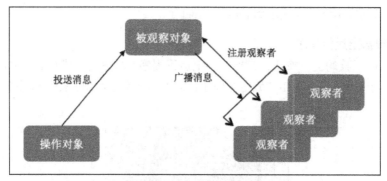

图 5-20 观察者模式

从图 5-20 可以看出,操作对象向被观察对象投送信息,迫使被观察者的状态得以改变。在此之前,有观察者向被观察对象注册、订阅它的广播,被观察对象将自己状态改变的消息广播出来,从而使观察者可以根据接受到的消息做出改变。由此可见,当某个对象发生了改变,若要将其改变通知其他多个对象时,且这些对象的具体类型并不明确,此时就可以采用观察者模式解决。

在 Cocoa Touch 框架中,观察者模式的具体应用有两个,如下所述。

- 通知机制:由一个通知中心对象为所有的观察者提供变更通知,主要从广义上关注程序事件,例如,键盘弹起和落下。
- KVO 机制:被观察的对象直接向观察者发送通知,绑定于特定对象属性的值。

关于这两种机制的具体内容,将在下面的小节中进行详细讲解。

5.3.2 KVC 机制

在 iOS 开发中,我们可以通过 set 和 get 方法来访问对象的属性,若一个对象的属性没有提供 set 和 get 方法,外界就会失去对这个属性的访问渠道。针对这种情况,iOS 提供了一个 KVC 机制,它可以间接访问对象的属性,从而达到期望实现的功能。

KVC 是 Key-Value Coding 的缩写,表示键值编码,它经常用于字典转模型,或者模型转字典,并且适用于任何继承于 NSObject 的类。为了大家更好地理解,接下来通过一张图来描述,如图 5-21 所示。

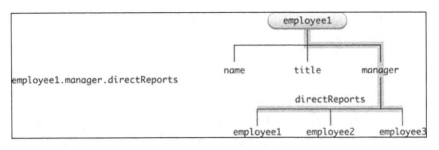

图 5-21　KVC 机制

图 5-21 所示形象地描述了 KVC 机制访问属性的方式，由图可知，employee1 对象包含 3 个属性，分别为 name、title 和 manager，其中，manager 包含一个属性 directReports，而 directReports 内部也包含多个属性，这时，若要获取 directReports 的内容，KVC 机制会把左侧的字符串作为一个路径指示，按照右侧粗线部分从上到下的访问路线，间接获取到 directReports 的内容。

KVC 是由 NSKeyValueCoding 协议提供支持，该协议内提供了一些修改和获取属性的方法。接下来，创建一个 Command Line Tool 程序，命名为 03_KVC 机制，然后针对 KVC 的使用情况进行讲解，具体如下。

1. 使用 KVC 操作属性

KVC 最简单的使用就是操作属性，它需要用到两个方法，具体如下：

```
- (void)setValue:(nullable id)value forKey:(NSString *)key;
- (nullable id)valueForKey:(NSString *)key;
```

上述两个方法分别用于设置和获取对象的属性。接下来，我们创建一个 Person 类，然后使用 KVC 设置并获取 Person 类的属性，代码如例 5-1 和例 5-2 所示。

【例 5-1】Person.h

1	`#import <Foundation/Foundation.h>`
2	`@interface Person : NSObject`
3	`// 定义两个属性，分别表示姓名和年龄`
4	`@property (nonatomic, copy) NSString *name;`
5	`@property (nonatomic, assign) int age;`
6	`@end`

【例 5-2】main.m

1	`#import <Foundation/Foundation.h>`
2	`#import "Person.h"`
3	`int main(int argc, const char * argv[]) {`
4	`    @autoreleasepool {`
5	`        Person *p = [[Person alloc] init];`
6	`        // 使用 KVC 方式给 name 和 age 属性赋值`
7	`        [p setValue:@"Jay" forKey:@"name"];`
8	`        [p setValue:@28 forKey:@"age"];`
9	`        // 使用 KVC 方式获取对象 p 的属性`

```
10        NSLog(@"name = %@",[p valueForKey:@"name"]);
11        NSLog(@"age = %d",[[p valueForKey:@"age"] intValue]);
12    }
13    return 0;
14 }
```

在例 5-2 中，首先创建了一个 Person 类型的对象 p，然后使用 setValue:forKey 方法给对象 p 的属性赋值，最后使用 valueForKey 方法获取对象 p 的属性。运行程序，结果如图 5-22 所示。

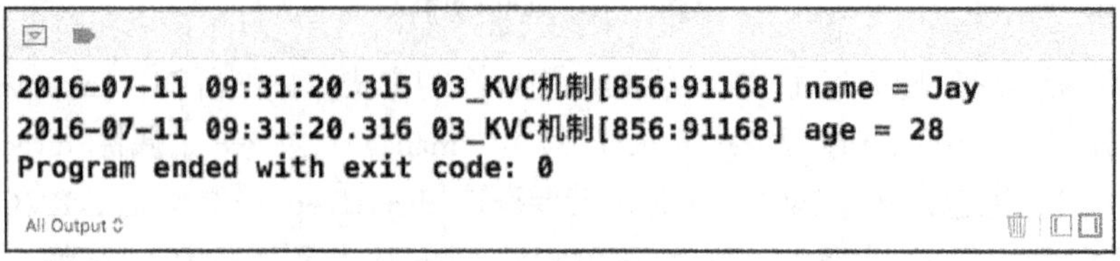

```
2016-07-11 09:31:20.315 03_KVC机制[856:91168] name = Jay
2016-07-11 09:31:20.316 03_KVC机制[856:91168] age = 28
Program ended with exit code: 0
```

图 5-22　程序运行结果图

2. 使用 KVC 获取 Key 路径

KVC 除了可以操作对象属性外，还可以操作对象的"复合属性"。在 KVC 中，对象的"复合属性"又称为 Key 路径，例如，Person 类包含一个 Dog 类型的 dog 属性，而 Dog 类又包含了 color 属性，那么 KVC 可以通过 dog.color 这种 Key 路径来获取 Person 类中 dog 属性的 color 属性。NSKeyValueCoding 协议提供了两个获取 Key 路径的方法，具体格式如下所示：

- (void)setValue:(nullable id)value forKeyPath:(NSString *)keyPath;
- (nullable id)valueForKeyPath:(NSString *)keyPath;

新建一个 Dog 类，在 Dog.h 中定义一个枚举类型的 color 属性，在 Person.h 中，添加一个 Dog 类的属性，代码如例 5-3 和例 5-4 所示。

【例 5-3】Dog.h

```
1  #import <Foundation/Foundation.h>
2  typedef enum {
3      DogFurColorWhite = 0,   // 白色
4      DogFurColorBrown,       // 棕色
5      DogFurColorBlack        // 黑色
6  }DogFurColor; //枚举名称
7  @interface Dog : NSObject
8  // 表示狗的皮毛颜色
9  @property (nonatomic, assign) DogFurColor color;
10 @end
```

【例 5-4】Person.h

```
1  #import <Foundation/Foundation.h>
2  #import "Dog.h"
3  @interface Person : NSObject
4  // 定义 3 个属性，分别表示姓名、年龄、狗
5  @property (nonatomic, copy) NSString *name;
6  @property (nonatomic, assign) int age;
```

```
7      @property (nonatomic, retain) Dog *dog;
8      @end
```

在main.m中,使用KVC设置和访问Person类dog属性的color属性,代码如例5-5所示。

【例5-5】main.m

```
1   #import <Foundation/Foundation.h>
2   #import "Person.h"
3   int main(int argc, const char * argv[]) {
4       @autoreleasepool {
5           Person *p = [[Person alloc] init];
6           // 使用KVC方式给dog属性赋值
7           [p setValue:[[Dog alloc] init] forKey:@"dog"];
8           // 使用setValue:forKeyPath方法给dog属性的color属性赋值
9           [p setValue:@1 forKeyPath:@"dog.color"];
10          // 使用valueForKeyPath方法获取复合属性的值
11          int color = [[p valueForKeyPath:@"dog.color"] intValue];
12          switch (color) {
13              case 0:
14                  NSLog(@"白色");
15                  break;
16              case 1:
17                  NSLog(@"棕色");
18                  break;
19              case 2:
20                  NSLog(@"黑色");
21                  break;
22              default:
23                  NSLog(@"无");
24                  break;
25          }
26      }
27      return 0;
28  }
```

在例5-5中,第5行代码创建了一个Person类的对象;第7~11行代码使用操作Key路径的方法设置和获取复合属性的值;第12~25行代码使用switch语句,根据获取的值输出相应的结果。运行程序,运行结果如图5-23所示。

图5-23 程序运行结果图

3. 处理不存在的 key

操作属性时，若属性不存在，KVC 会自动调用 setValue:forUndefinedKey 和 valueForUndefinedKey:方法，系统默认实现的这两个方法仅仅只是引发异常，并未进行任何特别处理。为了帮助大家更好地理解，接下来，新建一个 Student 类，该类无需定义任何属性，代码如例 5-6 所示。

【例 5-6】Student.h

```
1    #import<Foundation/Foundation.h>
2    @interface Student : NSObject
3    @end
```

接下来，在 main.m 中，通过 KVC 方式来操作对象的属性，代码如例 5-7 所示。

【例 5-7】main.m

```
1    #import <Foundation/Foundation.h>
2    #import "Student.h"
3    int main(int argc, const char * argv[]) {
4        @autoreleasepool {
5            Student *stu = [[Student alloc] init];
6            [stu setValue:@23 forKey:@"number"];
7            NSLog(@"%@",[stu valueForKey:@"number"]);
8        }
9        return 0;
10   }
```

编译、运行程序，程序会输出异常信息，如图 5-24 所示。

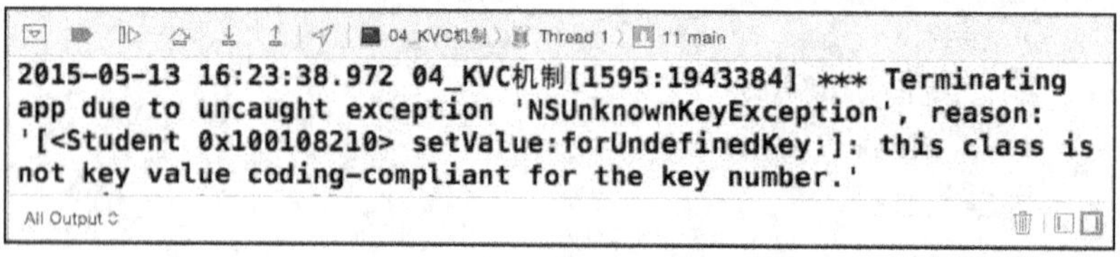

```
2015-05-13 16:23:38.972 04_KVC机制[1595:1943384] *** Terminating
app due to uncaught exception 'NSUnknownKeyException', reason:
'[<Student 0x100108210> setValue:forUndefinedKey:]: this class is
not key value coding-compliant for the key number.'
```

图 5-24 程序异常信息

从图 5-24 所示的提示信息可以看出，setValue:forUndefinedKey:方法默认实现引发了一个 NSUnknownKeyException 异常，并结束程序。说明这种默认实现不适合实际业务，这时，若希望程序不结束，则通过重写 setValue:forUndefinedKey:和 valueForUndefinedKey:方法，接下来，在 Student.m 文件中重写这两个方法，代码如例 5-8 所示。

【例 5-8】Student.m

```
1    #import "Student.h"
2    @implementation Student
3    // 重写以下两个方法，处理不存在 Key 的异常
4    - (void)setValue:(nullable id)value forUndefinedKey:(NSString *)key
5    {
6        NSLog(@"您尝试设置的Key--%@不存在",key);
7    }
```

```
8      - (nullable id)valueForUndefinedKey:(NSString *)key
9      {
10         return [NSString stringWithFormat:@"您尝试获取的Key--%@不存在",key];
11     }
12     @end
```

运行程序，程序的运行结果如图 5-25 所示。

图 5-25　程序的运行结果

从图 5-25 可以看出，当 KVC 操作不存在的 key 时，该机制总是会调用重写过的方法来处理，通过这种处理机制，可以方便地定制自己的处理行为。

4．字典转模型

在 KVC 机制中，有时需要实现模型和字典的转换，为此，它遵守的 NSKeyValueCoding 协议提供了两个方法，具体格式如下：

```
- (void)setValuesForKeysWithDictionary:
    (NSDictionary<NSString *, id> *)keyedValues;
- (NSDictionary<NSString *, id> *)dictionaryWithValuesForKeys:
    (NSArray<NSString *> *)keys;
```

上述第一个方法用于字典转模型，第二个方法用于模型转字典。在表视图那块，字典转模型已经多次使用了，本节就不再举例了。

注意：

（1）若 key 值拼写错误，会出现 NSUnknownKeyException 异常。

（2）类经常会嵌套，因此有了 keyPath 的概念，它主要是把一个个 key 链接起来，这样就可以一直根据这个路径访问下去。

（3）NSArray 或者 NSSet 都支持 KVC。

👉 多学一招：KVC 的底层执行机制

我们都知道，KVC 是一种通过对象的属性名称，将其作为 key，间接地访问该属性的机制，那么，它的底层是如何执行呢？

假设有一个 Person 类，该类有一个 name 属性，对于 setValue:属性值 forKey:@"name"这句代码，底层的执行机制具体如下。

（1）程序会优先考虑调用 setName 方法，代码会通过 setter 方法完成设置。

（2）若 Person 类没有 name 属性的 setter 方法，KVC 机制会搜索该类中名称为 _name 的成员变量，无论该成员变量是在类的接口部分定义，还是在类的实现部分定义，甚至用任意的访问修饰符修饰，底层实际上就是对名称为 _name 的成员变量赋值。

（3）若 Person 类中既没有 setName 方法，也没有定义名称为 _name 的成员变量，那么，KVC 机制会搜索该类名字为 name 的成员变量，无论该成员变量是在类的接口部分定义，还是在类的实现部分定义，甚至是用任意的访问修饰符修饰，这条KVC代码底层就是对name成员变量赋值。

（4）如果以上3条都没有找到，系统会执行该对象的setValue: forUndefinedKey方法。

同理，valueForKey:@"name"这句代码也会遵循相同的方式，一步一步地搜索。

5.3.3 KVO 机制

KVO是Key – Value Observing的缩写，表示键值观察者，它提供了一种机制，当指定的被观察对象的属性被修改后，则会自动地通知相应的观察者。为了帮助大家更好地理解KVO，接下来，通过一张图来描述，如图5-26所示。

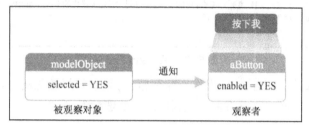

图 5-26 KVO 机制

在图5-26中，当被观察对象的selected属性更改为YES后，它会自动地通知给与之对应的观察者，即aButton，aButton会根据改变做出响应，将enabled属性改变为YES。

KVO机制由NSKeyValueObserving协议提供支持，当然，NSObject遵守了该协议，因此，NSObject的子类都可以使用该协议中的方法，该协议包含了如下常用方法，可用于注册监听器。

```
- (void)addObserver:(NSObject *)observer forKeyPath:(NSString *)keyPath
options:(NSKeyValueObservingOptions)options context:(nullable void *)context;
- (void)removeObserver:(NSObject *)observer forKeyPath:(NSString *)keyPath;
- (void)removeObserver:(NSObject *)observer forKeyPath:(NSString *)keyPath
context:(nullable void *)context;
```

关于这些方法的作用，具体如下。

- addObserver:forKeyPath:options:context::注册一个监听器，用于监听指定的key路径。
- removeObserver:forKeyPath::为key路径删除一个指定的监听器。
- removeObserver:forKeyPath:context::为key路径删除一个指定的监听器，只是多了一个context参数。

需要注意的是，参数options表示观察属性值变化的选择，它是一个枚举类型的值，其定义格式如下：

```
typedef NS_OPTIONS(NSUInteger, NSKeyValueObservingOptions) {
    NSKeyValueObservingOptionNew = 0x01, // 表示新值
    NSKeyValueObservingOptionOld = 0x02, // 表示旧值
    // 把初始化的值提供给处理方法，一旦注册，立马会调用一次。通常它会带有新值，而不会带有旧值。
    NSKeyValueObservingOptionInitial = 0x04,
    // 分两次调用，分别为值改变之前和值改变之后
    NSKeyValueObservingOptionPrior = 0x08
};
```

接下来，我们假设存在一个Bank实例，该实例包括一个int类型的accountBalance属性，

这时，若想使用 KVO 机制，建立一个属性的观察员，大致经历两个步骤，具体如下。

（1）Bank 实例必须注册一个监听器，当 accountBalance 属性值发生改变时，会通知监听者 Person 实例，如图 5-27 所示。

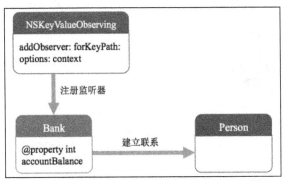

图 5-27　Back 实例注册监听器

从图 5-27 中可以看出，Bank 实例和 Person 实例之间建立了一个连接，并且 Bank 实例注册了一个监听器。

（2）为了能够响应消息，Person 实例必须实现 observeValueForKeyPath: ofObject: change: context 方法，该方法的定义格式如下所示：

```
- (void)observeValueForKeyPath:(nullable NSString *)keyPath
ofObject:(nullable id)object change:(nullable NSDictionary<NSString*, id> *)change
context:(nullable void *)context;
```

从上述代码看出，该方法总共有 4 个参数，这些参数的作用不同，具体介绍如下。

- keyPath：代表监听的属性。
- object：表示监听的对象。
- change：属于 NSDictionary 类型，表示被监听属性修改之前和修改之后的值。
- context：表示注册监听时传递过来的值。

当属性的值发生变化的时候，该方法会被自动调用，用于实现如何响应变化的消息。

为了帮助大家更好地理解 KVO 机制，接下来，我们开发一个改变票价的案例，帮助大家熟悉 KVO 机制，具体步骤如下。

1．新建工程，搭建程序界面

（1）新建一个 Single View Application 应用，名称为 05_KVO 机制，然后在 Main.storyboard 界面中添加 1 个 View、1 个 Image View、1 个 Button 和 9 个 Label，其中，设置 View 用作一个视图容器，用于容纳其他控件。

（2）在 Supporting Files 文件夹下添加图片资源，并将 Image View 的 image 属性设置为 movie.jpg，搭建好的界面如图 5-28 所示。

图 5-28　搭建好的界面

2．创建控件对象的关联

单击 Xcode 界面右上角的 ⓔ 图标，进入控件与代码的关联界面，为表示价格的标签控件和按钮控件添加关联属性,分别表示价格标签和更新按钮,同时,为按钮添加一个单击事件,命名为 update,如图 5-29 所示。

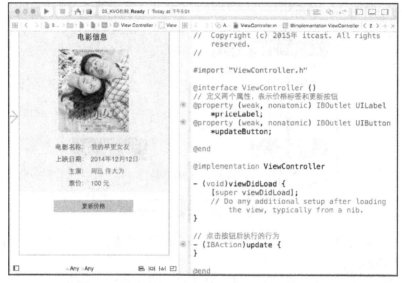

图 5-29　添加两个属性和一个方法

3．通过代码实现更新功能

(1)在 viewDidLoad 方法中,设置按钮为圆角,代码如下所示。

```
// 将按钮设置为圆角
self.updateButton.layer.cornerRadius = 5;
self.updateButton.clipsToBounds = YES;
```

(2)新建一个表示电影的类 Movie,在 Movie.h 中,定义一个 NSString 类型的 price 属性,代码如例 5-9 所示。

【例 5-9】Movie.h

```
1    #import <Foundation/Foundation.h>
2    @interface Movie : NSObject
3    // 定义一个属性,表示电影票价格
4    @property (nonatomic, copy) NSString *price;
5    @end
```

(3)在 ViewController.m 中,定义一个 Movie 类型的 movie 属性,并给该属性注册一个监听器,代码如下所示。

```
1    #import "ViewController.h"
2    #import "Movie.h"
3    @interface ViewController ()
4    // 定义两个属性,表示价格标签和更新按钮
5    @property (weak, nonatomic) IBOutlet UIButton *updateButton;
6    @property (weak, nonatomic) IBOutlet UILabel *priceLabel;
7    // 定义一个模型属性
8    @property (nonatomic, strong) Movie *movie;
```

```
9      @end
10     @implementation ViewController
11     - (void)viewDidLoad {
12         [super viewDidLoad];
13         // 给 movie 属性注册一个监听器
14         self.movie = [[Movie alloc] init];
15         [self.movie addObserver:self forKeyPath:@"price"
16             options:NSKeyValueObservingOptionNew context:nil];
17     }
18     @end
```

从上述代码可以看出，第 11~17 行代码是 viewDidLoad 方法，其中，第 14 行代码创建一个 Movie 类的实例，并赋值给控制器的 movie 属性；第 15 行代码通过调用 addObserver:forKeyPath:options:context 方法，注册了一个监听器。

（4）单击"更新价格"按钮，修改 price 属性的值，代码如下所示。

```
// 单击按钮后执行的行为
- (IBAction)update {
    // 修改 price 属性的值
    [self.movie setValue:@"90 元" forKeyPath:@"price"];
}
```

上述 update 方法表示单击按钮后所执行的行为，其中，第 4 行代码使用 KVC 方式修改 price 的值。

（5）当属性 price 的值发生改变后，作为监听器的控制器会被激发，激发时会回调监听器自身的监听方法，根据需求，将更改后的值显示到相应的标签上，代码如下所示。

```
1   // 当 price 属性值改变时，回调监听器自身的监听方法
2   -(void)observeValueForKeyPath:(NSString *)keyPath ofObject:(id)object
3   change:(NSDictionary *)change context:(void *)context
4   {
5       // 若 Key 路径为 price，将更新的数值显示到 priceLabel 上
6       if ([keyPath isEqualToString:@"price"]) {
7           self.priceLabel.text = [self.movie valueForKeyPath:@"price"];
8       }
9   }
```

在上述代码中，第 2~9 行代码是 observeValueForKeyPath: ofObject: change: context 方法，其中，第 6 行代码使用 if 语句进行判断，若 keyPath 参数为 price，则调用 valueForKeyPath 方法获取该属性的值，并将获取到的结果显示到 priceLabel 上。

（6）在 dealloc 方法中，移除指定的监听器，代码如下所示。

```
- (void)dealloc
{
    // 移除指定的监听器
    [self removeObserver:self forKeyPath:@"price"];
}
```

4. 在模拟器上运行程序

单击 Xcode 工具的运行按钮，在模拟器上运行程序。程序运行成功后，单击"更新价格"按钮，更改后的数据显示到了价格标签上，如图 5-30 所示。

图 5-30　单击按钮更新数据

注意：

KVO 机制只能监听到通过 set 方法修改的属性。

多学一招：KVO 的底层实现原理

实际上，KVO 机制是由 Objective-C 强大的 runtime 所支持的。程序在运行的过程中，系统会自动地通过 runtime 给被监听的对象创建一个子类，其名称为 "NSKVONotifying_类名称"，并重写该子类的 set 方法，在 set 方法中调用监听者的 observeValueForKeyPath: ofObject: change: context: 方法。为了大家更好地理解，接下来通过一个案例来演示，具体内容如下。

创建一个 Single View Application 工程，并添加两个类，类名分别为 CZPerson 和 CZBank。其中，在 CZBank.h 中定义一个 int 类型的 accountBalance 属性，代码如例 5-10 所示。

【例 5-10】CZBank.h

```
1   #import <Foundation/Foundation.h>
2   @interface CZBank : NSObject
3   // 定义一个属性，表示账户余额
4   @property (nonatomic, assign) int accountBalance;
5   @end
```

在 ViewController.m 中，定义两个属性，分别表示 CZPerson 和 CZBank 类型的对象，代码如下所示。

```
1   #import "ViewController.h"
2   #import "CZPerson.h"
3   #import "CZBank.h"
4   @interface ViewController ()
5   // 定义两个属性，分别表示 CZPerson 和 CZBank 类型的对象
6   @property (nonatomic, strong) CZPerson *person;
```

```
7      @property (nonatomic, strong) CZBank *bank;
8      @end
```

在 viewDidLoad 方法中，使用点语法给 bank 属性的 accountBalance 属性赋值，注册一个监听器，单击屏幕任意位置，该属性的值发生改变，通知 person 属性，代码如下所示。

```
1    @implementation ViewController
2    - (void)viewDidLoad {
3        [super viewDidLoad];
4        self.person = [[CZPerson alloc] init];
5        self.bank = [[CZBank alloc] init];
6        self.bank.accountBalance = 200;
7        // 注册监听器，当 accountBalance 属性值被修改的时候，系统会通知 self.person
8        [self.bank addObserver:self.person forKeyPath:@"accountBalance"
9            options:NSKeyValueObservingOptionNew | NSKeyValueObservingOptionOld
10           context:nil];
11   }
12   // 开始单击屏幕的方法
13   - (void)touchesBegan:(NSSet<UITouch *> *)touches withEvent:(UIEvent *)event {
14       // 修改 accountBalance 的属性值
15       self.bank.accountBalance -= 10;
16   }
17   @end
```

上述代码中，第 2～11 行代码是 viewDidLoad 方法，其中，第 8 行代码给 self.bank 对象调用了 addObserver: forKeyPath: options: context 方法，将新值和旧值一块传递；第 13～16 行代码是 touchesBegan: withEvent 方法，表示单击屏幕响应的方法；第 15 行代码修改了 accountBalance 属性的值，实现每单击一次屏幕，该属性的值就减少 10。

在 CZPerson.m 中，重写 observeValueForKeyPath: ofObject: change: context 方法，获取新值和旧值，代码如例 5-11 所示。

【例 5-11】CZPerson.m

```
1    #import "CZPerson.h"
2    @implementation CZPerson
3    // 当监听的属性值发生变化时就会自动调用
4    - (void)observeValueForKeyPath:(NSString *)keyPath ofObject:(id)object
5    change:(NSDictionary *)change context:(void *)context{
6        // 根据相应的键，获取字典 change 中的新值和旧值
7        int newResult = [change[@"new"] intValue];
8        int oldResult = [change[@"old"] intValue];
9        NSLog(@"old = %d, new = %d", oldResult, newResult);
10   }
11   @end
```

程序运行成功后，每单击一次屏幕，accountBalance 属性的值就减少 10，如图 5-31 所示。

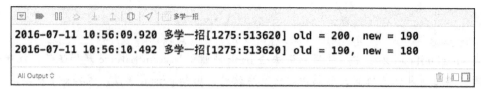

图 5-31　程序的运行结果

将添加监听器的方法注释掉，在单击屏幕方法处添加一个断点，运行程序，单击屏幕，查看 bank 属性指向的对象的 isa 指针所指向的类，反之，取消注释，运行程序，单击屏幕，查看 isa 指针指向的类，如图 5-32 所示。

图 5-32　查看 isa 指针所指向的类

从图 5-32 可以看出，若不使用 KVO 机制，isa 指针指向的是 CZBank 类，若使用 KVO 机制，isa 指针指向的是 NSKVONotifying_CZBank 类，由此可见，当使用 KVO 机制时，系统会在底部创建了一个 CZBank 类的子类，通过该子类的 set 方法，实现相应的功能。

5.3.4　通知机制

在 iOS 开发中，发生事件时一般由委托代理完成，除此之外，苹果公司还提供了另外一种通知响应的机制，也就是通知机制，与委托不同的是，委托是对象之间"一对一"的通信，而通知则是对象间"一对多"的通信，它可以为两个无引用关系的对象通信，实现更大跨度的通信。为了帮助大家更好地理解，接下来，通过一张图来描述通知机制的工作原理，如图 5-33 所示。

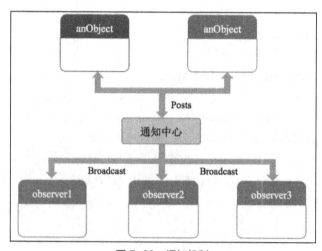

图 5-33　通知机制

从图 5-33 中可以看出，任意一个对象都可以向通知中心发布通知，描述自己在做什么，而每个应用程序都有一个通知中心，专门负责协助不同对象间的消息通信，感兴趣的对象可以申请在某个特定通知发布时收到这个通知。

要想发布通知，首先要创建一个通知对象，通知是使用 NSNotification 类表示的，它就是一个通知内容的载体，主要包括 3 个属性，具体如下：

```
@property (readonly, copy) NSString *name;
@property (nullable, readonly, retain) id object;
@property (nullable, readonly, copy) NSDictionary *userInfo;
```

上述 3 个属性分别对应的是通知对象的 3 个部分，具体如下。

- name：通知的名称。
- object：通知的发布者，也就是谁要发布通知。
- userInfo：通知发布者传递给通知接收者的额外信息内容。

除此之外，NSNotification 类还提供了一些初始化通知对象的方法，这些方法的定义格式如下所示：

```
+ (instancetype)notificationWithName:(NSString *)aName object:(nullable id)anObject;
+ (instancetype)notificationWithName:(NSString *)aName object:(nullable id)anObject userInfo:(nullable NSDictionary *)aUserInfo;
- (instancetype)initWithName:(NSString *)name object:(nullable id)object userInfo:(nullable NSDictionary *)userInfo;
```

上述方法中，前两个是类方法，不同的是，第二个类方法多了一个 aUserInfo 参数；而第三个对象方法与类方法的参数相同，在实际开发中，我们可以根据需求，选择合适的方法完成通知对象的初始化。

完成通知对象的初始化后，就需要实现通知机制，通知机制的实现分为 3 个部分，具体如下。

（1）通知发布者

通知发布者主要负责发布通知到通知中心，通知中心类提供了一些相应的方法，协助发布通知，这些方法的定义格式如下所示：

```
- (void)postNotification:(NSNotification *)notification;
- (void)postNotificationName:(NSString *)aName object:(nullable id)anObject;
- (void)postNotificationName:(NSString *)aName object:(nullable id)anObject userInfo:(nullable NSDictionary *)aUserInfo;
```

上述方法中，第一个方法只有一个 notification 参数，代表通知对象，该对象可以设置通知的名称、通知的发布者等；第二个方法包含两个参数，其中，aName 参数为通知的名称，anObject 参数为通知的发布者；第三个方法与第二个相比，多了一个 aUserInfo 参数，用于设置通知的额外信息。

（2）通知中心

通知中心使用 NSNotificationCenter 类表示，主要负责接收通知发布者的通知，并将该通知转发给通知接收者。要想获取一个通知中心对象，可以使用某个类方法来实现，该方法的定义格式如下所示：

```
+ (NSNotificationCenter *)defaultCenter;
```

从上述代码看出，通知中心对象是一个单例对象，它相当于一个架构的大脑，它允许注册观察者，发送通知，撤销注册。

（3）通知接收者

通知接收者主要负责接收从通知中心发布的通知。要想实现通知的接收，必须要注册一个通知监听器，NSNotificationCenter 类提供了方法来注册监听器，具体的定义格式如下所示：

```
- (void)addObserver:(id)observer selector:(SEL)aSelector
    name:(nullable NSString *)aName object:(nullable id)anObject;
- (id <NSObject>)addObserverForName:(nullable NSString *)name
    object:(nullable id)obj queue:(nullable NSOperationQueue *)queue
    usingBlock:(void (^)(NSNotification *note))block;
```

上述两个方法都包含多个参数，其中第一个方法的 observer 参数为通知的接收者，aSelector 参数为收到通知后回调的方法，aName 参数表示通知的名称，anObject 参数表示通知的发布者，若将 aName 和 anObject 均设置为 nil，可以接收到任意的通知；第二个方法的 name 参数表示通知的名称，obj 参数表示通知的发布者，block 参数表示接收到通知后会回调该 block，queue 参数决定了 block 在哪个操作队列执行，若设置为 nil，则表示默认在当前队列中同步执行。

通知中心不会保留监听器对象，在通知中心注册过的对象，必须在该对象释放前取消注册，否则，相应的通知再次出现时，通知中心仍然会向该监听器发送消息，这时相应的监听器对象已经被释放了，会导致程序崩溃。为此，NSNotificationCenter 类还提供了注销监听器的方法，具体的定义格式如下所示：

```
- (void)removeObserver:(id)observer;
- (void)removeObserver:(id)observer name:(nullable NSString *)aName
    object:(nullable id)anObject;
```

以上两个方法均为注销监听器的方法，一般会在通知的接收者销毁之前取消注册，因此，这两个方法经常会在 dealloc 方法中调用。

为了大家更好地理解，接下来，通过一个案例来演示通知机制的使用，单击"进入"按钮，跳转到登录界面，登录信息输入无误后，单击"登录"按钮后，更新上一级控制器对应界面的信息，具体步骤如下。

1. 创建工程，设计界面

（1）新建一个 Single View Application 应用，名称为 06_通知机制，然后在 Main.storyboard 的程序界面中添加一个 Label 和一个 Button，其中，设置 Label 的背景颜色为浅灰，text 内容为"欢迎使用"，并设置文字居中，Button 的 Title 为"进入"，且设置背景色为天蓝色。

（2）在 Main.storyboard 中添加一个 View Controller，单击之前的 View Controller 左上角的 图标，按住 control

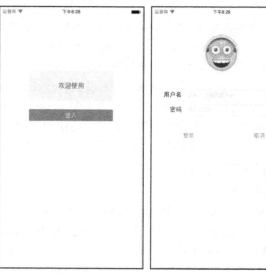

图 5-34 搭建好的界面

键拖曳到新添加的 View Controller 的界面上,在黑色弹框中选择 show,出现了一个 push 类型的 segue。

(3) 在新添加的 View Controller 界面上添加一个 Image View、两个 Text Field、两个 Label 和两个 Button,其中, Text Field 位于 Image View 的下方,Clear Button 的类型为 Appears while editing, Text Field 的 Keyboard Type 属性为 Number Pad。将 Label 的 Text 设置为 "用户名" 和 "密码",并设置 Button 的 Title 为 "登录" 和 "取消",搭建好的界面如图 5-34 所示。

2. 设置控制器对象的关联类

(1) 新建一个类,命名为 CZMainViewController,继承于 UIViewController 类,设置 Main.storyboard 界面中的第一个 View Controller 的关联类为 CZMainViewController 类。

(2) 相同的方式,新建一个类,命名为 CZLoginViewController,继承于 UIViewController 类,设置 Main.storyboard 界面中的另一个 View Controller 的关联类为 CZLoginViewController 类。

3. 创建控件对象的关联

单击 Xcode 界面右上角的 ⓘ 图标,进入控件与代码的关联界面,然后在 CZMainViewController.m 和 CZLoginViewController.m 文件中分别为控件添加关联对象,如图 5-35 所示。

图 5-35 关联完成的界面

4. 通过代码实现更新功能

(1) 打开 CZMainViewController.m 文件,在 viewDidLoad 方法中,设置按钮为圆角,代码如下。

```
1    #import "CZMainViewController.h"
2    // 定义一个宏,表示通知的名称
3    #define UPDATE_LGOGIN_INFO_NOTIFICATION @"updateLoginInfo"
4    @implementation CZMainViewController
5    - (void)viewDidLoad {
6        [super viewDidLoad];
7        // 按钮设置为圆角
8        self.enterButton.layer.cornerRadius = 5;
```

```
9        self.enterButton.clipsToBounds = YES;
10   }
11 @end
```

（2）打开 CZLoginViewController.m 文件，在 viewDidLoad 方法中，让账号文本框成为第一响应者，代码如下。

```
1  - (void)viewDidLoad {
2      [super viewDidLoad];
3      // 让 nameField 成为第一响应者
4      [self.nameField becomeFirstResponder];
5  }
```

（3）在 CZLoginViewController.m 中添加一个方法，该方法用于发送通知，代码如下所示。

```
1  /**
2   * 添加通知，注意这里设置了附加信息
3   */
4  -(void)postNotification{
5      NSDictionary *userInfo = @{@"loginInfo":[NSString
6      stringWithFormat:@"Hello,%@!",self.nameField.text]};
7      // 发送带有附加信息的通知
8      [[NSNotificationCenter defaultCenter] postNotificationName:
9      UPDATE_LGOGIN_INFO_NOTIFICATION object:self userInfo:userInfo];
10 }
```

上述 postNotification 方法用于实现发送通知的功能。其中，第 5 行代码将拼接了用户名的字符串包装到一个字典中；第 8 行代码创建了一个通知中心对象，调用发布通知的方法，并传入通知的名称、通知的发布者和附加信息。

（4）单击"取消"按钮，关闭控制器即可，代码如下所示。

```
#pragma mark 单击取消
// 单击"取消"按钮后执行的行为
- (IBAction)cancel {
    // 退出键盘
    [self.view endEditing:YES];
    // 关闭控制器
    [self dismissViewControllerAnimated:YES completion:nil];
}
```

（5）单击"登录"按钮，判断账号信息是否为"Itcast"，同时密码信息是否为"123456"，若登录信息无误，发布通知并关闭控制器，反之，弹出提示信息，代码如下。

```
1      #pragma mark 登录操作
2      // 单击"登录"按钮后执行的行为
3      - (IBAction)login {
4          // 判断账号和密码信息是否正确
5          if ([self.nameField.text isEqualToString:@"Itcast"] &&
6              [self.passwordField.text isEqualToString:@"123456"] ) {
```

```
7            // 退出键盘
8            [self.view endEditing:YES];
9            // 发送通知
10           [self postNotification];
11           // 关闭控制器
12           [self dismissViewControllerAnimated:YES completion:nil];
13       }else{
14           //登录失败弹出提示信息
15           UIAlertController *alertC = [UIAlertController alertControllerWithTitle:
16               @"系统信息" message:@"用户名或密码错误，请重新输入！"
17               preferredStyle:UIAlertControllerStyleAlert];
18           UIAlertAction *action = [UIAlertAction actionWithTitle:@"取消"
19               style:UIAlertActionStyleCancel handler:nil];
20           [alertC addAction:action];
21           [self presentViewController:alertC animated:YES completion:nil];
22       }
23   }
```

上述 login 方法用于表示单击"登录"后执行的行为，其中，第 5~12 行代码用于判断账号和密码信息是否正确，如果正确，则发布带有附加信息的通知，并关闭控制器；第 15~21 行代码用于登录失败后，弹出警告框提示用户登录失败。

（6）控制器若要通知，必须添加注册监听器，打开 CZMainViewController.m 文件，新增一个注册监听器的方法，代码如下所示。

```
1    /**
2     * 添加监听器的方法
3     */
4    -(void)addObserverToNotification{
5        // 通知中心调用 addObserver 方法注册一个监听器
6        [[NSNotificationCenter defaultCenter] addObserver:self
7        selector:@selector(updateLoginInfo:)
8        name:UPDATE_LGOGIN_INFO_NOTIFICATION object:nil];
9    }
```

上述代码中，第 6 行代码创建了一个通知中心对象，并调用注册监听器的方法，指定了通知的名称和监听到通知后回调的方法，即 updateLoginInfo 方法。

（7）单击"进入"按钮，添加一个监听器，并指定跳转的目标控制器，代码如下所示。

```
1    // 单击进入按钮后执行的行为
2    - (IBAction)enter{
3        // 添加一个监听器
4        [self addObserverToNotification];
5        // 跳转到标识为 Main2Login 的目标控制器
6        [self performSegueWithIdentifier:@"Main2Login" sender:nil];
7    }
```

上述代码中，第 4 行代码调用 addObserverToNotification:方法添加了一个监听器；第 6 行代码通过调用 performSegueWithIdentifier:sender:方法，根据 Main2Login 标识符，跳转到指定的目标控制器。值得一提的是，要在故事板中设置 segue 的标识符为"Main2Login"。

（8）登录成功后，监听到通知会回调 updateLoginInfo 方法，该方法会获取通知的额外信息内容，即用户名，更新信息标签的内容，并更改"登录"按钮的标题，代码如下。

```objc
/**
 *更新登录信息,注意在这里可以获得通知对象并且读取附加信息
 */
-(void)updateLoginInfo:(NSNotification *)notification{
    // 获取通知的额外信息
    NSDictionary *userInfo = notification.userInfo;
    // 将额外信息的内容显示到 titleLabel
    self.infoLabel.text = userInfo[@"loginInfo"];
    // 更改按钮的标题
    [self.enterButton setTitle:@"注销" forState:UIControlStateNormal];
}
```

上述代码中，第 6 行代码用于获取通知的额外信息；第 8 行代码将 infoLabel 的内容指定为该额外信息；第 10 行代码通过调用 setTitle:forState:方法，更改通常状态下按钮的标题为"注销"。

（9）在 dealloc 方法中，移除监听器，代码如下所示。

```objc
-(void)dealloc{
    //移除监听
    [[NSNotificationCenter defaultCenter] removeObserver:self];
}
```

5．在模拟器上运行程序

单击 Xcode 工具的运行按钮，在模拟器上运行程序。程序运行成功后，单击"进入"按钮，切换到登录界面，输入正确的账号和密码，单击"登录"按钮，更新了信息标签的内容，如图 5-36 所示。

图 5-36　程序的运行结果图

> **多学一招：广播通知、本地通知和推送通知**

在 iOS 中，通知一词多次出现过，归纳一下主要有广播通知、本地通知和推送通知，本节主要介绍的是广播通知。事实上，除了名字相似之外，广播通知与其他两个通知完全不同。广播通知是 Cocoa Touch 框架中实现观察者模式的一种机制，它可以在一个应用内部的多个对象之间发送消息。本地通知和推送通知中的"通知"是给用户一种"提示"，它的"提示"方式有警告对话框、发出声音、振动和在应用图标上显示数字等。在计划时间达到时，本地通知由本地 iOS 发出。推送通知由第三方程序发送给苹果的远程服务器，再由远程服务器推送给 iOS 的特定应用。

5.4 单例模式

在之前的章节中，都已经接触过单例对象，例如，UIApplication、NSNotificationCenter 等，单例模式也是一个常用的模式，它可以保证某个类只有一个实例，避免内存的浪费，本节将针对单例模式做详细介绍。

5.4.1 单例模式概述

单例模式顾名思义就是只有一个实例，也就是内存地址唯一，通过全局的一个入口点对这个实例对象进行访问，实现在不同的窗口之间传递数据。为了大家更好地理解，接下来，通过一张图来描述，如图 5-37 所示。

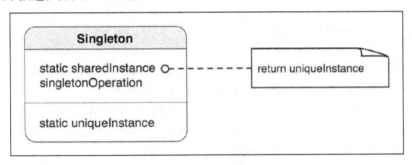

图 5-37 单例模式

从图 5-37 可以看出，单例模式提供了一个标准的实例访问接口，用于封装了一份共享的资源。一般情况下，单例模式会封装一个静态属性，并提供获取该静态属性的一个方法。

掌握了单例模式的特点，接下来，学习一下单例模式的实现。单例模式的实现可以分为两种情况，分别是 Non-ARC 和 ARC+GCD，关于这两种情况的介绍如下所示。

1. Non-ARC

若想在非 ARC 情况下实现一个单例类，需要考虑多个与内存管理相关的方法，接下来，我们以 BVNonARCSingleton 类为例，讲解如何实现单例模式，具体实现步骤如下。

（1）定义一个全局的静态变量

在 BVNonARCSingleton.m 文件中，定义一个 BVNonARCSingleton 类型的全局变量，代码如下：

```
static BVNonARCSingleton *sharedInstance = nil;
```

该全局变量存放于静态区，它与BVNonARCSingleton类形成绑定，该类销毁的时候，这个变量才会销毁。

（2）重写allocWithZone方法

allocWithZone方法是为对象分配内存必会调用的一个方法，在此方法中，保证直接使用alloc和init方法试图获得的对象只会被分配一次空间，代码如下：

```
+ (id)allocWithZone:(struct _NSZone *)zone{
    return [[self sharedInstance] retain];
}
```

从上述代码可以看出，重写allocWithZone方法，返回调用类方法创建的对象，并使用retain持有该对象。

（3）定义一个类工厂方法

在BVNonARCSingleton.h文件中，定义一个以share单词开头的类方法，代码如下：

```
+ (BVNonARCSingleton *)sharedInstance;
```

该方法是一个类方法，它有一个返回值，表示返回一个BVNonARCSingleton类型的对象。

在BVNonARCSingleton.m文件中对方法进行实现，保证使用该类方法创建的对象只会被初始化一次，代码如下：

```
+ (BVNonARCSingleton *)sharedInstance {
    if (sharedInstance == nil) {
        sharedInstance = [[super allocWithZone:NULL] init];
    }
    return sharedInstance;
}
```

上述代码首先使用if语句进行判断，若静态实例没有被初始化过，则调用[super allocWithZone:NULL]分配内存空间，并调用init方法进行初始化。

（4）适当重写retain、release、retainCount、autorelease、copyWithZone或dealloc方法

① 重写retain方法，在其内部需要添加任意代码，只需要返回此单例即可，因为该单例无需一个引用计数，因此，重写后的retain方法如下所示：

```
- (id)retain {
    return self;
}
```

② 重写release方法，在此方法内不需要实现任何代码，因为我们不希望release这个对象，所以，重写后的release方法如下所示：

```
- (oneway void)release {}
```

该方法的返回值为oneway void，表示单向调用。

③ 重写retainCount方法，在其内部替换掉引用计数，这样就会永远无法release这个单例，代码如下：

```
- (NSUInteger)retainCount {
    return NSUIntegerMax;
}
```

上述代码中，方法直接返回了无符号整型的最大值，表示该单例不会被释放。

④重写 autorelease 方法，其内部只需要返回此单例即可，代码如下所示。

```
- (id)autorelease {
    return self;
}
```

⑤若支持 copy，则重写 copyWithZone 方法，以防止生成此单例的多个拷贝，代码如下所示：

```
- (id)copyWithZone:(NSZone *)zone {
    return self;
}
```

⑥无需重写 dealloc 方法，这是因为在程序生命周期这块，该单例会一直存在，所以 dealloc 方法永远不会被调用，也就不需要重写了。

经过上述 4 个步骤后，我们可以完成一个非 ARC 情况下的单例，但是它是线程不安全的，若有多个线程同时调用 sharedInstance 方法获取实例，该方法可能会花费 1~2 秒的时间，会多次调用 init 方法，针对不同的线程可能获得的并非同一个实例，为了解决这个问题，可以使用@synchronized 来实现互斥锁即可，代码如下所示：

```
@synchronized (self){
    if(sharedInstance == nil) {
        sharedInstance = [[super allocWithZone:NULL] init];
    }
}
```

以上代码可以保证在实例化的时候线程是安全的，但是不能够保证其他方法都是线程安全的。在 iOS 开发中，一般不建议使用非 ARC 来实现单例模式，更好地方法就是使用 ARC+GCD 来实现。

2. ARC+GCD

通过 ARC+GCD 的方式来实现单例模式是非常简单的，无需再考虑与内存管理相关的方法，其中，GCD 是实现多线程的一种技术。接下来，以 BVARCSingleton 类为例，讲解如何实现单例模式，具体步骤如下。

（1）定义一个全局的静态变量

在 BVARCSingleton.m 文件中，定义一个 BVARCSingleton 类型的全局变量，用来记录第一次被实例化的对象，代码如下所示。

```
static BVARCSingleton *sharedInstance = nil;
```

（2）重写 allocWithZone 方法

在此方法内，使用 GCD 中的 dispatch_once 函数，可以保证实例对象只会被分配一次空间，并且该函数是线程安全的，代码如下。

```
1    + (id)allocWithZone:(struct _NSZone *)zone
2    {
3        static dispatch_once_t onceToken;
4        dispatch_once(&onceToken, ^{
5            sharedInstance = [super allocWithZone:zone];
6        });
```

```
7        return sharedInstance;
8    }
```

上述是重写后的 allocWithZone 方法，其中，第 3 行代码定义了一个 dispatch_once_t 类型的静态变量 onceToken，确保初始化代码只会执行一次，第 4 行代码调用了 dispatch_once 函数，该函数需要传入两个参数，其中第二个参数是一个 block 代码块，一旦类已经被初始化，该代码块的永远不再执行，确保只会分配一次空间。

（3）定义一个类工厂方法

在 BVARCSingleton.h 文件中，定义一个以 share 单词开头的类方法，该方法返回一个 BVARCSingleton 类型的对象，方便外界调用此单例，代码如下：

```
+ (BVARCSingleton *)sharedInstance;
```

在该方法中，同样调用 dispatch_once 函数，保证类方法调用的对象只会被初始化一次，代码如下所示。

```
1    + (BVARCSingleton *)sharedInstance
2    {
3        static dispatch_once_t onceToken;
4        dispatch_once(&onceToken, ^{
5            sharedInstance = [[BVARCSingleton alloc] init];
6        });
7        return sharedInstance;
8    }
```

上述代码中，第 4 行代码调用了 dispatch_once 函数，该函数需要传入两个参数，其中第二个参数是一个 block 代码块，一旦类已经被初始化，该代码块永远不再执行，确保对象只会被实例化一次。

（4）根据需求，选择重写 copyWithZone 方法

如果支持 copy，则需要重写 copyWithZone 方法，并直接返回静态实例，代码如下所示：

```
- (id)copyWithZone:(NSZone *)zone {
    return sharedInstance;
}
```

要想使用单例模式，创建一个单例对象，直接调用类工厂方法即可。

多学一招：@synchronized

@synchronized 是一个关键字，表示互斥锁。若某个方法使用了该关键字，代表该方法需要加锁，无论哪个线程运行到该方法时，例如，线程 A，需要检测有没有其他线程使用该方法，若有其他线程在使用，例如，线程 B，那么线程 A 需要等待线程 B 运行完之后才会被运行，反之，则直接运行即可。

iOS 开发中，@synchronized 关键字一般在单例中使用，用于控制对类的访问。这是因为每一个类的实例都对应一把锁，每个互斥锁方法都必须获得调用该方法的锁才可以，否则会出现线程阻塞，方法一旦执行，就会独占该锁，直到从该方法返回时才会将锁释放，此后，被阻塞的线程才能获得该锁，重新进入到可执行状态。因此，使用这种机制，可以确保同一

时刻对于每一个类，至多只有一个处于可执行状态，从而避免了类成员变量的访问冲突。

互斥锁的使用非常简单，其语法格式如下：

```
@synchronized(syncObject){}
```

上述语法格式中，"{}"中的代码相当于一个代码块，其中的代码必须获得对象syncObject的锁方可执行，该对象可以是一个类或者实例。由于它可以针对任意代码块，且可任意指定上锁的对象，故而灵活性比较高。

5.4.2 实战演练——ARC+GCD情况下的单例模式

目前，由于大多数应用都涉及多线程，而 ARC 也是 Xcode 4.2 版本后出现的一个新特性，因此，ARC+GCD 情况下的单例模式被使用的越来越广泛，接下来，通过一个案例来演示 ARC+GCD 情况下的单例模式，具体步骤如下所示。

1．创建一个表示单例的类

打开 Xcode，使用"command+shift+N"快捷键创建一个工程，选择 OS X 中的"Application"→"Command Line Tool"，输入工程的名称为 07_单例模式，单击"Create"按钮创建一个工程。在打开的工程中，按住"command+N"，创建一个类，继承于 NSObject 基类，命名为 Singleton，如图 5-38 所示。

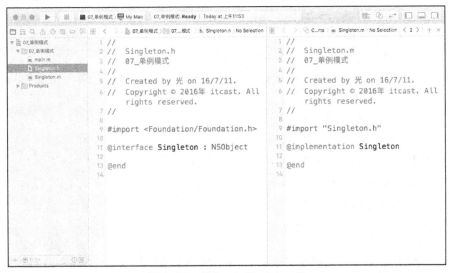

图 5-38　创建一个 Singleton 类

2．实现单例模式

在 Singleton.h 中，定义一个类方法，供外界调用，代码如例 5-12 所示。

【例 5-12】Singleton.h

```
1    #import <Foundation/Foundation.h>
2    @interface Singleton : NSObject
3    // 定义一个类工厂方法，方便其他使用单例的对象调用此单例
4    + (Singleton *)shareSingleton;
5    @end
```

在 Singleton.m 中，实现类工厂方法，重写 allocWithZone 及 copyWithZone 方法，代码如例 5-13 所示。

【例 5-13】Singleton.m

```
1    #import "Singleton.h"
2    @implementation Singleton
3    // 定义一个全局静态变量，记录第一次实例化的对象
4    static Singleton *_singleton = nil;
5    // 重写 allocWithZone 方法
6    + (id)allocWithZone:(struct _NSZone *)zone{
7        // 使用 dispatch_once 函数，保证只会分配一次空间
8        static dispatch_once_t onceToken;
9        dispatch_once(&onceToken, ^{
10           _singleton = [super allocWithZone:zone];
11       });
12       return _singleton;
13   }
14   // 类工厂方法的实现
15   + (Singleton *)shareSingleton{
16       // 使用 dispatch_once 函数，保证只会初始化一次
17       static dispatch_once_t onceToken;
18       dispatch_once(&onceToken, ^{
19           _singleton = [[Singleton alloc] init];
20       });
21       return _singleton;
22   }
23   // 重写 copyWithZone 方法
24   + (id)copyWithZone:(struct _NSZone *)zone{
25       return _singleton;
26   }
27   @end
```

在例 5-13 中，第 4 行代码定义了一个 static 关键字修饰的变量；第 6~13 行代码是重写的 allocWithZone 方法，在该方法内引用 dispatch_once 函数，保证只会分配一次空间；第 15~22 行代码是类工厂方法的实现，在该方法内同样引用 dispatch_once 函数，保证只会初始化一次；第 24~26 行代码是重写的 copyWithZone 方法，在该方法内部直接返回静态实例即可。

3. 使用单例模式

在 main.m 中，使用类工厂方法创建两个 Singleton 类的对象，比较两个对象的地址是否相同，代码如例 5-14 所示。

【例 5-14】main.m

```
1    #import <Foundation/Foundation.h>
2    #import "Singleton.h"
3    int main(int argc, const char * argv[]) {
```

```
4          @autoreleasepool {
5              // 使用类工厂方法创建单例对象
6              Singleton *singleton = [Singleton shareSingleton];
7              NSLog(@"%@",singleton);
8              Singleton *singleton2 = [Singleton shareSingleton];
9              NSLog(@"%@",singleton2);
10         }
11         return 0;
12     }
```

例 5-14 使用类工厂方法创建了两个 Singleton 类型的对象，并分别打印了它们的地址。运行程序，程序的结果如图 5-39 所示。

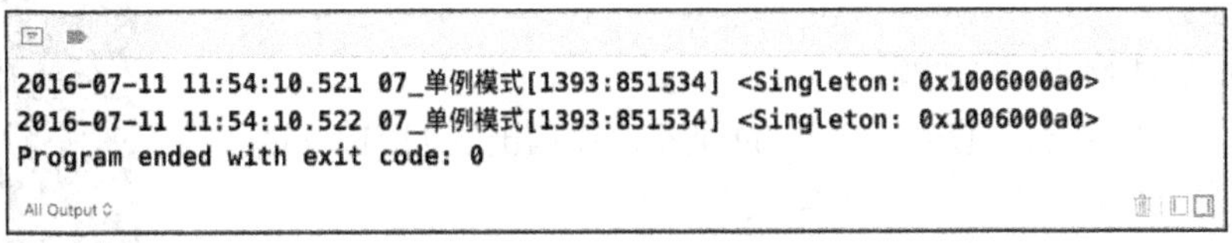

```
2016-07-11 11:54:10.521 07_单例模式[1393:851534] <Singleton: 0x1006000a0>
2016-07-11 11:54:10.522 07_单例模式[1393:851534] <Singleton: 0x1006000a0>
Program ended with exit code: 0
```

图 5-39　程序的运行结果

从图 5-39 中可以看出，两个单例对象的地址是相同的，由此可见，实现单例模式成功。一般情况下，采用调用类工厂方法的方式创建单例对象，外界通过调用方法的名称，就能够辨别创建的对象是否为单例对象。

多学一招：GCD 的 dispatch_once

使用 Objective-C 实现单例模式的最佳方式向来有很多争论，开发者每年都会更新想法，直到 Apple 引入了 GCD 之后，他们也发现了一个很适合实现单例模式的函数，该函数就是 dispatch_once，该函数的定义格式如下所示：

```
void dispatch_once(dispatch_once_t *predicate, dispatch_block_t block);
```

该函数需要传入两个参数，一个是 dispatch_once_t 类型的变量，用于检查该代码块是否已经被调度的谓词，相当于 BOOL 使用，另一个是 dispatch_block_t 类型的变量，表示在应用生命周期内仅会被调用一次的代码块。

dispatch_once 不仅仅意味着代码只会被执行一次，而且还是线程安全的，这就意味着不需要再使用互斥锁来防止多个线程或者队列不同步的问题。苹果的官方文档已经证实了这一点，如果被多个线程调用，该函数会同步等直至代码块的结束。

任何事物都有双面性，dispatch_once 既有着自己的优势，也有一些不足，首先介绍一下它的优点，具体如下。
- 它是线程安全的。
- 很好地满足了静态分析器的要求。
- 能够自动引用计数兼容。
- 仅仅只需要少量的代码。

有利必有弊，它也存在着一定的劣势，那就是它仍然可以运行创建一个非共享的实例，例如，可以使用 alloc 实例化一个对象。

5.5 本章小结

本章介绍了 iOS 中常见的 4 种模式，首先介绍了 MVC 模式及 Cocoa Touch 中的 MVC 模式，之后介绍了委托模式，包括 Cocoa Touch 中的委托模式和自定义模式，再然后讲解了观察者模式，包含 KVC 机制、KVO 机制及通知机制，最后讲解了单例模式的使用，大家需要掌握技巧，这样可以更深入地理解并运用。

【思考题】
1. 谈谈你对 MVC 的理解。
2. 简述你对委托、通知和 KVO 的理解，并指出它们的不同之处。
扫描右方二维码，查看思考题答案！

第 6 章 数据存储

学习目标

- 掌握 iOS 开发中的 5 种数据存储方式。
- 学会使用不同的方式存储数据。

无论哪个移动开发平台，数据存储都是很重要的部分。存储分为运行时存储和持久性存储，前者在程序运行时会把数据存放在内存中，程序结束后，内容会回收，数据就消失了。针对这个问题，我们需要采用某种特定类型的文件或者表格等形式，将数据保存到本地，实现永久性存储，让程序运行更加流畅，使用户体验更好。实现数据持久性存储有 5 种方式，分别是 plist 属性列表、偏好设置、归档、SQLite 和 CoreData，本章将针对这 5 种数据存储方式做详细讲解。

6.1 沙盒机制

6.1.1 沙盒概述

iOS 为每一个应用程序都创建了一个文件系统结构去存储该应用程序的文件，此区域称为沙盒。沙盒作为一个文件系统结构，它可以存储声音、图像、文本等文件，并且每个应用程序只能访问自己沙盒内的数据，其他应用是无法访问的。为了帮助大家更好地理解什么是沙盒，接下来，通过一张图片来描述，如图 6-1 所示。

在图 6-1 中，每个封闭的空间相当于一个沙盒，它里面存放的是应用程序的文件，封闭空间外的汽车相当于应用程序，当应用程序请求访问沙盒中存放的文件时，必须经过权限检测，只有符合条件，

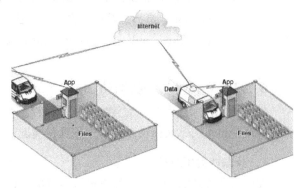

图 6-1 沙盒机制的示意图

应用程序才可以进入沙盒访问文件。

6.1.2 沙盒结构分析

要想掌握沙盒存储数据的方式，首先需要了解沙盒结构。打开 Finder 窗口，进入"用户"→"用户名"→"资源库"目录，按照路径 /Developer/CoreSimulator/Devices/ 模拟器 UDID/data/Containers/Data/Application 依次打开，可以看到模拟器中所有程序的沙盒目录，随机打开一个程序的沙盒目录，发现里面有 3 个文件夹，如图 6-2 所示。

图 6-2 沙盒目录结构

从图 6-2 中可以看出，应用程序的沙盒目录包含 3 个文件夹，这 3 个文件夹的具体作用如下所示。

- Documents：保存应用程序运行时生成的需要持久化的数据，iTunes 同步设备时会备份该目录。例如，游戏应用可将游戏存档保存到该目录。
- Library：该文件夹里面还包含两个文件夹，分别是 Caches 和 Preference，其中，Cache 用于保存应用程序运行时生成的需要持久化的数据，Preference 用于存储应用的所有偏好设置，另外，iTunes 同步设备时，会备份 Preference 目录中的数据，而不会备份 Caches 目录中的数据。
- tmp：用于保存应用程序运行时所需的临时数据，运行完毕后再将相应的文件从该目录删除。应用程序没有运行时，系统也可能会清除该目录下的文件，iTunes 同步设备不会备份该目录。

注意：

（1）默认情况下，资源库这个文件夹是隐藏的，若想显示隐藏文件，我们可以在终端输入命令 "defaults write com.apple.finder AppleShowAllFiles YES" 后，重新启动 Finer 即可。

（2）Xcode6 以后，应用程序的沙盒路径发生了变动，需要到 "/Users/用户名/Library（资源库）/Developer/CoreSimulator/Devices/模拟器 UDID/data/Containers/Data/Application" 中查找。

6.1.3 沙盒目录获取方式

由于沙盒目录包含多个文件夹，因此，根据沙盒目录文件夹的不同，在程序中获取应用程序的路径也不同，大体可以分为下列几种情况，具体如下。

1．获取沙盒根路径

要想获取沙盒的根路径，可以通过 NSHomeDirectory()函数实现，具体示例如下：

```
NSString *home = NSHomeDirectory();
```

在上述代码中，NSHomeDirectory()是一个 C 语言提供的函数，它的返回值是一个字符串类型的路径，该路径就是应用程序的路径。

2．获取 Documents 文件夹路径

苹果建议开发者把程序中创建的或浏览到的文件数据保存在 Documents 文件夹中，该路径的获取方式也是通过调用 C 语言提供的函数实现的，具体示例如下：

```
NSArray *array = NSSearchPathForDirectoriesInDomains(NSDocumentDirectory,
NSUserDomainMask, YES);
NSString *path = [array objectAtIndex:0];
```

上述代码中，通过调用 NSSearchPathForDirectoriesInDomains()函数，返回一个表示路径的数组，该数组中的第一个元素就是 Documents 文件夹的路径。另外，该函数包含了 3 个参数，其中，第一个参数表示查找 Documents 目录，第二个参数表示限制搜索范围在程序的沙盒之内。

一般情况下，获取 Documents 路径不是最终目的，如果试图获取 Documents 目录下某个文件的路径，则需要调用 stringByAppendingPathComponent 方法，例如，获取 Documents 目录下 image.png 图片的代码如下所示：

```
NSString *filePath = [path stringByAppendingPathComponent:@"image.png"];
```

在上述代码中，Documents 目录下的 image.png 图片所在的路径会自动添加多余的"/"。程序可以通过路径获取到图片资源，从而进行一些其他操作，如压缩、删除等。

3．获取 tmp 文件夹路径

应用程序临时生成的文件都是存储在 tmp 文件夹中的，该文件夹中的文件随时都可能被删除。获取 tmp 文件夹路径的方式比较简单，只需要调用 NSTemporaryDirectory 函数即可，具体示例如下：

```
NSString *tmpDir = NSTemporaryDirectory();
```

4．获取 Library 路径

获取 Library 路径的方法和 Documents 几乎相同，只需要把参数 NSDocumentDirectory 修改为 NSLibraryDirectory 即可，具体示例如下：

```
NSArray *paths = NSSearchPathForDirectoriesInDomains(NSLibraryDirectory,
NSUserDomainMask, YES);
NSString *path = [paths objectAtIndex:0];
```

注意：

真实 iPhone 设备同步时，iTunes 会备份 Documents 和 Library 目录下的文件。当 iPhone 重启时，会丢弃所有的 tmp 文件。

6.2 plist 属性列表

在前面的章节中，我们已经多次使用了 plist 属性列表，但都是直接从 plist 文件中读取现成的数据，对文件的修改也是通过 Xcode 或者编辑器手动修改。接下来，本节将通过一个案例来学习如何将相关的数据类保存成属性列表文件，并存储在应用程序的安装目录下。

6.2.1 实战演练——创建 PropertyList 工程

下面创建本章的第一个程序，我们要实现的功能是使用 plist 属性列表保存学生的个人信息，包括姓名、性别、出生年月和学号，并将属性列表存储到应用程序的安装目录下，当程序再次运行时，程序会读取 plist 属性列表，将存储的数据显示到界面上。除非程序完全删除，否则数据会持久保存下去。

要想实现程序的功能，首先得创建工程。打开 Xcode 工具，新建一个 Single View Application 应用，名称为 PropertyList，然后开始搭建程序界面，具体步骤如下。

图 6-3 基本界面设计

1．界面设计

根据需求，我们需要在 Main.storyboard 界面创建一个保存学生个人信息的表格，用来获取学生的姓名、出生年月、性别和学号，从对象库中拖曳若干 Label 控件用于显示静态文本，拖曳若干 TextField 控件作为输入框，拖曳一个 Segment 控件作为选项，拖曳一个 Button 控件触发单击事件，设计好的界面如图 6-3 所示。

2．创建对象和控件的关联

（1）单击 Xcode 界面右上角的 图标，进入控件和代码的关联界面。采用控件和代码关联的方式，添加 4 个属性，分别命名为 nameField、birthdayField、genderSegment 和 numberField，关联好的界面如图 6-4 所示。

图 6-4 关联完成的界面

（2）同样的方式，选中 Button 控件，添加一个单击事件，命名为 save，如图 6-5 所示。

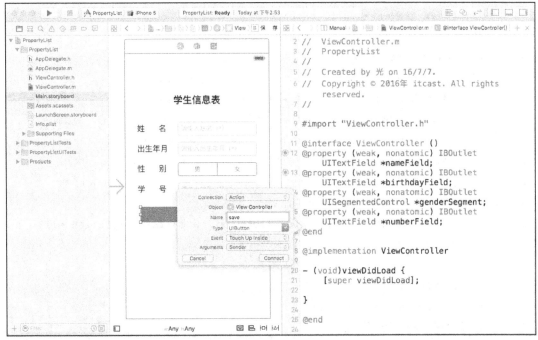

图 6-5 给 Button 控件添加事件

6.2.2 实战演练——数据的保存

当用户录入所有的信息后，单击"保存"按钮，程序会将所有的信息收集起来，封装成一个 NSDictionary 对象写入到 plist 文件，存储在应用程序目录下的 Documents 文件夹。实现数据保存的具体步骤如下所示。

1．保存属性列表数据

打开 ViewController.m 文件，在 save 方法获取用户填写的信息，并将数据封装为学生信息，写入应用程序目录下的 Documents 文件夹，代码如下所示。

```
1  #import "ViewController.h"
2  #define FileName @"Student.plist" // 属性列表宏
3  @interface ViewController () <UITextFieldDelegate>
4  @property (weak, nonatomic) IBOutlet UITextField *nameField; // 姓名
5  @property (weak, nonatomic) IBOutlet UITextField *birthdayField; // 出生年月
6  @property (weak, nonatomic) IBOutlet UISegmentedControl *genderSegment; // 性别
7  @property (weak, nonatomic) IBOutlet UITextField *numberField; // 学号
8  - (IBAction)save:(UIButton *)sender; // 保存
9  @end
10 @implementation ViewController
11 // 保存用户填写的信息
12 - (IBAction)save:(UIButton *)sender {
13     // 获取填入表格中的数据
14     NSString *name = self.nameField.text;
15     NSString *birthday = self.birthdayField.text;
```

```objc
16    NSInteger gender = self.genderSegment.selectedSegmentIndex;
17    NSString *number = self.numberField.text;
18    // 判断表格填写是否完整
19    if(!name.length||!birthday.length||!number.length){
20        UIAlertController *alertC = [UIAlertController
21            alertControllerWithTitle:@"提示" message:@"信息不完整，请重新填写"
22            preferredStyle:UIAlertControllerStyleAlert];
23        UIAlertAction *action = [UIAlertAction actionWithTitle:@"确定"
24            style:UIAlertActionStyleDefault handler:nil];
25        [alertC addAction:action];
26        [self presentViewController:alertC animated:YES completion:nil];
27        return;
28    }
29    // 退出键盘
30    [self.view endEditing:YES];
31    // 创建字典对象封装学生信息
32    NSMutableDictionary *Student = [[NSMutableDictionary alloc]init];
33    NSMutableDictionary *dic = [[NSMutableDictionary alloc]init];
34    [Student setObject:name forKey:@"Name"];
35    [Student setObject:birthday forKey:@"Birthday"];
36    [Student setObject:[NSNumber numberWithInteger:gender] forKey:@"Gender"];
37    [Student setObject:number forKey:@"Number"];
38    [dic setObject:Student forKey:@"Student"];
39    // 将字典对象转为属性列表持久保存在 plist 文件中
40    if ([dic writeToFile:[self filePath] atomically:YES]) {
41        UIAlertController *alertC = [UIAlertController
42            alertControllerWithTitle:@"提示" message:@"保存成功"
43            preferredStyle:UIAlertControllerStyleAlert];
44        UIAlertAction *action = [UIAlertAction actionWithTitle:@"确定"
45            style:UIAlertActionStyleDefault handler:nil];
46        [alertC addAction:action];
47        [self presentViewController:alertC animated:YES completion:nil];
48    }
49    return;
50 }
51 // 获取 plist 文件的路径
52 - (NSString *) filePath
53 {
54    // 获取应用程序的沙盒目录
55    NSArray *array = NSSearchPathForDirectoriesInDomains(NSDocumentDirectory,
```

```
56          NSUserDomainMask,YES);
57      NSString *path = [array objectAtIndex:0];
58      return [path stringByAppendingPathComponent:FileName];
59 }
60 @end
```

上述代码中，单击"保存"后会执行第 12~50 行代码。首先获取输入框和分段控件的内容，然后判断用户输入的数据是否为空，如果为空，提示用户将信息补充完整，如果不为空，则将输入的信息封装为一个字典，并将字典转为属性列表文件，存储到 Documents 文件中，并提示用户"保存成功"。

2. 处理键盘对输入框弹起后的影响

由于应用程序界面的输入框较多，而且键盘弹起后会遮挡"保存"按钮，因此，我们需要处理键盘弹起后对输入框的影响。

（1）当我们在某个输入框中输入完毕后，单击界面的空白区域，或者"保存"按钮，都需要关闭键盘。另外，如果用户单击键盘的 return 键，需要使键盘的输入焦点下移。为此，我们需要调用 touchesBegan:withEvent 方法来响应屏幕的单击事件，调用 UITextFieldDelegate 中的 textFieldShouldReturn 方法来响应单击 return 键的事件，代码如下所示。

```
// 屏幕单击事件响应
- (void)touchesBegan:(NSSet<UITouch *> *)touches withEvent:(UIEvent *)event
{
    [self.view endEditing:YES]; // 退出键盘
}
// 按回车键，切换文本框的输入焦点
-(BOOL)textFieldShouldReturn:(UITextField *)textField
{
    if (textField == self.nameField) {
        [self.birthdayField becomeFirstResponder];  // 切换到 birthdayField
    }else if (textField == self.birthdayField){
        [self.numberField becomeFirstResponder]; // 切换到 numberField
    }
    return YES;
}
```

由于 textFieldShouldReturn 方法是 UITextFieldDelegate 协议中的方法，因此，我们需要使 ViewController 遵守该协议，并成为代理对象。右键单击 TextField 控件，依次为 3 个输入框添加代理，例如，为输入姓名的 TextField 添加代理方式如图 6-6 所示。

（2）当用户填写信息时，由于屏幕有限，键盘弹起后会遮挡填写数据的页面，导致用户无法操作，针对这种情况，将整个程序界面上移是一个很好的解决方法。接下来，在 viewDidLoad 方法中添加键盘弹起和关闭事件的监听，之后在事件响应方法中改变 Y 坐标，利用 UIView 的动画效果，实现应用程序界面弹起和落下的效果，代码如下所示。

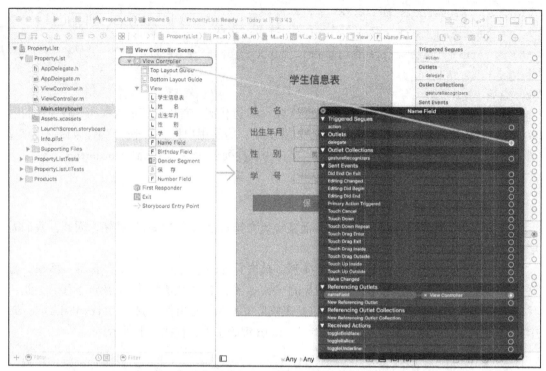

图 6-6 设置 ViewController 为 nameField 的代理

```
- (void)viewDidLoad {
    [super viewDidLoad];
    // 注册通知监听器，监听键盘弹起事件
    [[NSNotificationCenter defaultCenter] addObserver:self
     selector:@selector(keyboardWillShow:)
     name:UIKeyboardWillShowNotification object:nil];
    // 注册通知监听器，监听键盘收起事件
    [[NSNotificationCenter defaultCenter] addObserver:self
     selector:@selector(keyboardWillHide:)
     name:UIKeyboardWillHideNotification object:nil];
}
// 键盘弹出时激发该方法
-(void)keyboardWillShow:(NSNotification *)notification
{
    // 开始视图升起动画效果
    [UIView beginAnimations:@"keyboardWillShow" context:nil];
    [UIView setAnimationCurve:UIViewAnimationCurveEaseInOut];
    // 获取主视图 View 的位置
    CGRect rect = self.view.frame;
    rect.origin.y = -60;
    // 更改主视图 View 的位置
```

```
    self.view.frame = rect;
    // 结束动画
    [UIView commitAnimations];
}
// 键盘关闭时激发该方法
-(void)keyboardWillHide:(NSNotification *)notification
{
    // 开始视图下降动画效果
    [UIView beginAnimations:@"keyboardWillHide" context:nil];
    [UIView setAnimationCurve:UIViewAnimationCurveEaseInOut];
    // 获取主视图 View 的位置
    CGRect rect = self.view.frame;
    rect.origin.y = 0;
    // 恢复主视图 View 的位置
    self.view.frame = rect;
    // 结束动画
    [UIView commitAnimations];
}
- (void)dealloc
{
    // 移除通知监听器
    [[NSNotificationCenter defaultCenter] removeObserver:self];
}
```

上述代码中，viewDidLoad 方法注册了通知监听器，并通过 keyboardWillShow 和 keyboardWillHide 方法监听键盘弹起和隐藏的事件，这两个方法都是通过改变程序界面 Y 坐标值的方式，并结合动画，实现了应用程序界面弹起和落下的效果，避免了键盘对界面的遮挡。

（3）为了让界面更加美观，需要把"保存"按钮设置为圆角。采用拖线的方式，给 Button 添加一个 saveButton 属性，同样在 viewDidLoad 方法的开头位置，增加设置按钮圆角的代码，具体如下。

```
self.saveButton.layer.cornerRadius = 5;
self.saveButton.clipsToBounds = YES;
```

3. 在模拟器上运行程序

（1）单击 Xcode 工具的运行按钮，程序运行成功后，界面没有任何数据，这时，我们可以向输入框中输入信息，如果信息输入不完整，单击"保存"按钮时，会弹出提示框，如图 6-7 所示

（2）继续补充完整信息，单击"保存"按钮，程序会弹出一个保存成功的提示框，如图 6-8 所示。

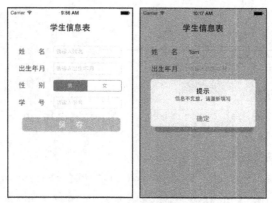

图 6-7 信息填写不完整时的界面

图 6-8 信息填写完整的界面

打开 Finder 窗口，按照程序的沙盒目录，找到程序的 Documents 文件夹，打开该文件夹后可以看到成功创建的 Student.plist，如图 6-9 所示。

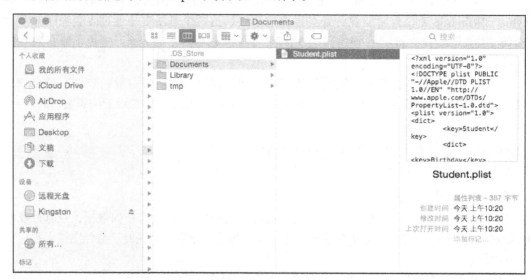

图 6-9 应用程序沙盒内保存成功的 plist 文件

双击打开 Student.plist，里面保存的就是我们之前录入的信息，如图 6-10 所示。

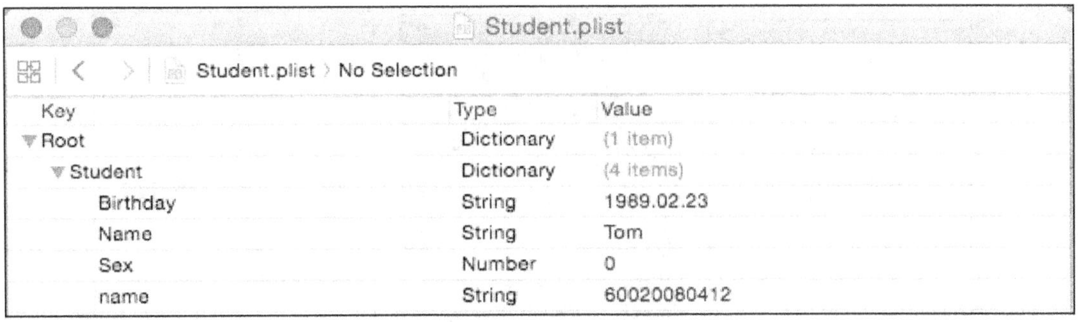

图 6-10 Student.plist 保存的内容

6.2.3 实战演练——数据的读取

除了可以将数据写入 plist 属性列表外，还可以从 plist 属性列表中读取数据，读取 plist 文件的方式前面已经使用过好多次了，这里不再过多赘述，只将上个小节存储到 Student.plist 文件中的数据读取到应用程序界面，代码如下所示。

```
/*
读取 plist 文件的信息
*/
- (void)read
{
    // 从文件初始化 NSDictionary 对象
    NSDictionary *dict = [NSDictionary dictionaryWithContentsOfFile:
        [self filePath]];
    NSDictionary *Lily = [dict objectForKey:@"Student"];
    // 将 plist 文件的信息显示到对应的文本框和分段控件
    if (Lily) {
        self.nameField.text = [Lily objectForKey:@"Name"];
        self.birthdayField.text = [Lily objectForKey:@"Birth"];
        self.genderSegment.selectedSegmentIndex = [[Lily objectForKey:@"Gender"]
            intValue];
        self.numberField.text = [Lily objectForKey:@"Number"];
    }
}
```

在 viewDidLoad 方法中调用 read 方法，运行程序，程序界面上会显示之前保存的信息。为了验证功能已经实现，读者可随意修改一条信息，例如，姓名改为"Lily"，出生月年改为"1990.06.12"，性别改为"女"，单击"保存"按钮，重新运行程序，界面上会显示为修改后的内容，如图 6-11 所示。

注意：

属性列表文件虽然可以很方便地保存和加载数据，但它只支持可被序列化的数据类型，例如，NSArray 和 NSDictionary，自定义对象也不能存储。接下来，通过一张图来描述，如图 6-12 所示。

图 6-11 修改并显示 plist 文件的信息

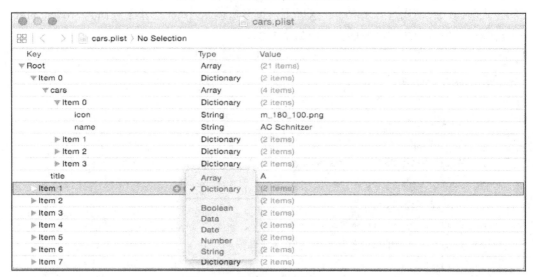

图 6-12 单击某一项对应的 Type

从图 6-12 所示的 plist 文件中可以看出，只有 NSDictionary、NSArray、NSString、NSNumber、NSData、NSDate 及其可修改类对象或者嵌套对象，才能以属性列表的形式保存。

6.3 偏好设置

6.3.1 偏好设置的概述

目前，很多 iOS 应用都支持偏好设置，例如，保存用户名、密码等设置。iOS 提供了一种偏好设置，它的本质是 plist 文件，专门用来保存应用程序配置信息，默认情况下，使用系统偏好设置存储的数据，位于 Preferences 文件夹下面，如图 6-13 所示。

要想存取偏好设置，需要通过 NSUserDefaults 类的实例来实现。每个应用都有一个 NSUserDefaults 实例，该实例是一个单例对象，需要通过调用类方法 standardUserDefaults 来获取，具体示例代码如下：

```
NSUserDefaults *userDefaults = [NSUserDefaults standardUserDefaults];
```

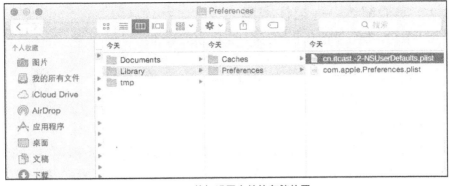

图 6-13 偏好设置文件的存储位置

当使用偏好设置保存数据时，根据数据类型的不同，NSUserDefaults 类提供了相应的方法，代码如下所示。

```
- (void)setObject:(nullable id)value forKey:(NSString *)defaultName;
- (void)setInteger:(NSInteger)value forKey:(NSString *)defaultName;
- (void)setFloat:(float)value forKey:(NSString *)defaultName;
- (void)setDouble:(double)value forKey:(NSString *)defaultName;
- (void)setBool:(BOOL)value forKey:(NSString *)defaultName;
```

从上述代码可以看出，使用这些方法存数据的格式类似于字典，都是通过一个键的形式来保存值。与 plist 属性列表相比，使用偏好设置存储数据时，不需要传入路径参数，因此相对而言比较简便。

当读取偏好设置中存储的数据时，根据数据类型的不同，NSUserDefaults 类也提供了相应的方法，代码如下所示。

```
- (nullable id)objectForKey:(NSString *)defaultName;
- (nullable NSString *)stringForKey:(NSString *)defaultName;
- (nullable NSArray *)arrayForKey:(NSString *)defaultName;
- (nullable NSDictionary<NSString *, id> *)dictionaryForKey:(NSString *)defaultName;
- (nullable NSData *)dataForKey:(NSString *)defaultName;
- (nullable NSArray<NSString *> *)stringArrayForKey:(NSString *)defaultName;
- (NSInteger)integerForKey:(NSString *)defaultName;
- (float)floatForKey:(NSString *)defaultName;
- (double)doubleForKey:(NSString *)defaultName;
- (BOOL)boolForKey:(NSString *)defaultName;
```

上述方法中，若想读取偏好设置中的数据，可以根据不同的数据类型，调用对应的方法，并在方法中传入键，获取该键对应的值。

注意：

NSUserDefaults 对象设置数据时，不是立即写入到指定文件，而是根据时间戳定时地把缓存中的数据写入本地磁盘，所以当调用 setObject: forKey 方法之后，数据有可能还没有写入磁盘，应用程序就终止了。针对这个问题，可以通过调用 synchronize 方法强制写入，实现同步，该方法的定义格式如下所示：

```
- (BOOL)synchronize;
```

6.3.2 实战演练——记住密码

在实际开发中，偏好设置多用于存储一些配置信息，例如，QQ 界面的记住密码功能。为了帮助大家更好地掌握偏好设置，接下来，通过模拟一个 QQ 登录的案例，来实现记住密码的功能，具体步骤如下。

1. 创建工程，设计界面

（1）新建一个 Single View Application 应用，名称为 UserLogin，然后在 Main.storyboard 界面中通过拖曳控件的方式设计界面，设计好的界面如图 6-14 所示。

图 6-14 所示是基本搭建好的一个界面，为了界面体验更符合用户需求，我们可以为各个控件设置属性，例如，可以将输入账号的键盘类型设置为 Number Pad。

图 6-14 基本搭建好的界面

（2）单击 Xcode 界面右上角的 图标，进入控件和代码的关联界面，为控件添加属性，这里，我们需要为两个输入框和一个开关控件添加属性，并分别命名为 nameField、passwordField、rememberSwitch，为按钮添加单击方法，命名为 login，关联完成的界面如图 6-15 所示。

图 6-15 为控件添加属性对象

2. 使用偏好设置保存用户输入的数据

要想保存偏好设置，大致分为 3 个步骤，具体如下。

- 调用 standardUserDefaults 方法获取一个 NSUserDefaults 单例对象。
- 调用保存偏好设置的方法保存数据。
- 调用 synchronize 方法实现同步。

根据上述 3 个步骤，接下来，我们在 ViewController.m 文件中的 login 方法中实现数据的保存，代码如下所示。

```objc
- (IBAction)login:(UIButton *)sender {
    NSString *name = self.nameField.text;
    NSString *password = self.passwordField.text;
    NSNumber *remember = [NSNumber numberWithBool:self.rememberSwitch.on];
    if (!name.length||!password.length) {
        [self alertViewWithTitle:@"提示"message:@"账号和密码不能为空！"
            certainButtonTitle:@"确定"];
        return;
    }
    // 创建 NSUserDefaults 对象，并保存数据
    NSUserDefaults *user=[NSUserDefaults standardUserDefaults];
    [user setObject:name forKey:@"Name"];
    [user setObject:password forKey:@"Password"];
    [user setObject:remember forKey:@"isRemember"];
    // 立即保存信息
    [user synchronize];
    [self alertViewWithTitle:@"提示" message:@"登录成功" certainButtonTitle:@"确定"];
}
// 定义一个提示用户信息的方法
-(void)alertViewWithTitle:(NSString *)title message:(NSString *)message
certainButtonTitle:(NSString *)buttonTitle{
    // 创建提醒控制器
    UIAlertController *alertC = [UIAlertController alertControllerWithTitle:title
        message:message preferredStyle:UIAlertControllerStyleAlert];
    // 指定提醒事件
    UIAlertAction *action = [UIAlertAction actionWithTitle:buttonTitle
        style:UIAlertActionStyleDefault handler:nil];
    [alertC addAction:action];
    // 显示提醒控制器
    [self presentViewController:alertC animated:YES completion:nil];
}
```

运行程序，输入账号为"754529321"，密码为"itcast"，选择保存密码，这时，当单击"登录"按钮时，程序会提示"登录成功"。这时，打开 Finder 窗口，按照程序的沙盒目录，找到 Preferences 文件夹，打开该文件夹后可以看到成功创建的 itcast.UserLogin.plist 文件，双击打开该文件，发现里面存储的数据正是刚保存的数据，如图 6-16 所示。

Key	Type	Value
▼ Root	Dictionary	(3 items)
isRemember	Boolean	YES
Name	String	754529321
Password	String	itcast

图 6-16 itcast.UserLogin.plist 文件中存储的数据

3. 读取偏好设置中的数据，显示在页面中

如果用户选择了记住密码，当程序下次显示时，需要读取偏好设置中存储的数据，从偏好设置中读取数据的方式大致分为两步，具体如下。

- 调用 standardUserDefaults 方法获取一个 NSUserDefaults 单例对象。
- 调用获取偏好设置的方法读取数据。

当用户上次打开"记住密码"后，当再次运行程序时，保存到偏好设置中的数据应该显示在界面中。按照读取偏好设置中数据的方式，我们在 viewDidLoad 方法中实现数据的显示，代码如下所示。

```objectivec
#import "ViewController.h"
#define FileName @"itcast.UserLogin.plist"
@interface ViewController ()
@property (weak, nonatomic) IBOutlet UITextField *nameField;
@property (weak, nonatomic) IBOutlet UITextField *passwordField;
@property (weak, nonatomic) IBOutlet UISwitch *rememberSwitch;
@end
@implementation ViewController
- (void)viewDidLoad {
    [super viewDidLoad];
    // 判断是否存在保存偏好设置的文件
    NSFileManager *manager=[NSFileManager defaultManager];
    if ([manager fileExistsAtPath:[self filePath]]) {
        // 创建 NSUserDefaults 实例对象
        NSUserDefaults *user = [NSUserDefaults standardUserDefaults];
        NSString *name = [user objectForKey:@"Name"];
        NSString *password = [user objectForKey:@"Password"];
        BOOL remember = [[user objectForKey:@"isRemember"]boolValue];
        // 显示到界面中
        self.nameField.text=name;
        if (remember) {
            self.passwordField.text=password;
        }
        [self.rememberSwitch setOn:remember];
    }
}
// 获取 FileName 文件路径的方法
- (NSString *)filePath
{
    NSArray *array = NSSearchPathForDirectoriesInDomains(NSLibraryDirectory,
        NSUserDomainMask, YES);
    NSString *path = [array objectAtIndex:0];
    NSString *finalPath = [path stringByAppendingPathComponent:@"Preferences"];
    return [finalPath stringByAppendingPathComponent:FileName];
}
@end
```

上述代码中，filePath 方法用于获取存放偏好设置的文件，当程序启动时，首先会判断是否存在偏好设置的文件，如果存在，则会将存放在偏好设置中的数据显示到页面中。

运行程序，发现程序界面显示的数据是上次登录过的信息，这时，如果更改账号信息，并且取消保存密码，单击"登录"按钮后，下次程序启动时，将只显示账号，如图 6-17 所示。

图 6-17　将偏好设置中的数据显示到界面

注意：

偏好设置是专门用来保存应用程序的配置信息的，它会将所有的数据保存到同一个文件中，若数据过多，则不便于管理。因此，一般情况下，偏好设置适用于保存少量数据。

6.4　对象归档

在 iOS 开发中，经常需要保持一些对象，属性列表和偏好设置均不能实现。针对这种情况，iOS 提供了对象归档技术，它可以采用序列化的方式，实现对象的存储。接下来，本节将针对对象归档进行详细讲解。

6.4.1　对象归档概述

所谓对象归档，就是将一个或者多个对象，采用序列化的方式保存到指定的文件，再以反序列化的方式从文件恢复成对象，这个过程类似于压缩和解压缩文件的过程。通常来说，对象归档的操作主要是两方面，具体如下。

- 对象归档：以一种不可读的方式，将对象写入到指定文件中。
- 对象反归档：从指定文件中读取数据，并自动重建对象。

针对这两种情况，iOS 提供了相应的类，实现对象的归档和反归档，具体如下。

1. NSKeyedArchiver 类

NSKeyedArchiver 类直接继承于 NSCoder 类，可将对象归档到指定文件，为此，该类提供了两个类方法，具体格式如下所示：

```
+ (NSData *)archivedDataWithRootObject:(id)rootObject;
+ (BOOL)archiveRootObject:(id)rootObject toFile:(NSString *)path;
```

从上述代码可以看出，它们均是类方法，无需创建对象。其中，archiveRootObject 方法需要传入一个路径参数，该参数用于指定对象保存的路径。

2. NSKeyedUnarchiver 类

NSKeyedUnarchiver 类直接继承于 NSCoder 类，负责从文件中恢复对象，为此，该类也提供了两个类方法，具体格式如下所示：

```
+ (nullable id)unarchiveObjectWithData:(NSData *)data;
+ (nullable id)unarchiveObjectWithFile:(NSString *)path;
```

其中，unarchiveObjectWithFile 方法也需要传入一个路径参数，用于指定获取对象的路径。

6.4.2 NSCoding 协议

在对象归档技术中，有一个非常重要的协议 NSCoding，凡是遵守了 NScoding 协议的自定义对象，都可以实现对象的归档和反归档。NSCoding 协议中定义了两个方法，这两个方法是对象归档必须要实现的。NSCoding 协议的声明如下所示：

```
@protocol NSCoding
- (void)encodeWithCoder:(NSCoder *)aCoder;
- (nullable instancetype)initWithCoder:(NSCoder *)aDecoder;
@end
```

从上述代码可以看出，NSCoding 协议中的两个方法都只有一个 NSCoder 实例作为参数，我们可以通过重写这两个方法，来指定如何归档和恢复对象的每个实例变量，为此，NSCoder 类提供了相应的方法来实现对象的归档、恢复对象每个实例变量的方法，见表 6-1 和表 6-2。

表 6-1 归档数据的方法

归档数据的方法	功能描述
- (void)encodeObject:(nullable id)objv forKey:(NSString *)key;	将 Object 类型编码，使其与字符串类型的键相关联
- (void)encodeBool:(BOOL)boolv forKey:(NSString *)key;	将 BOOL 类型编码，使其与字符串类型的键相关联
- (void)encodeInt:(int)intv forKey:(NSString *)key;	将 Int 类型编码，使其与字符串类型的键相关联
- (void)encodeFloat:(float)realv forKey:(NSString *)key;	将 float 类型编码，使其与字符串类型的键相关联
- (void)encodeDouble:(double)realv forKey:(NSString *)key;	将 double 类型编码，使其与字符串类型的键相关联
- (void)encodeInteger:(NSInteger)intv forKey:(NSString *)key;	将 NSInteger 类型编码，使其与字符串类型的键相关联

表 6-2 恢复对象每个实例变量的方法

恢复对象实例变量的方法	功能描述
- (nullable id)decodeObjectForKey:(NSString *)key;	解码并返回一个与给定键相关联的 Object 类型的值
- (BOOL)decodeBoolForKey:(NSString *)key;	解码并返回一个与给定键相关联的 BOOL 值
- (int)decodeIntForKey:(NSString *)key;	解码并返回一个与给定键相关联的 int 值

（续表）

恢复对象实例变量的方法	功能描述
- (float)decodeFloatForKey:(NSString *)key;	解码并返回一个与给定键相关联的 float 值
- (double)decodeDoubleForKey:(NSString *)key;	解码并返回一个与给定键相关联的 double 值
- (NSInteger)decodeIntegerForKey:(NSString *)key;	解码并返回一个与给定键相关联的 Integer 类型值

从表 6-1 和表 6-2 中可以看出，针对不同的数据类型，NSCoder 类提供了与之对应的归档和恢复的方法。所有的归档方法均有两个参数，一个作为值，另一个作为 key，所有的恢复方法只有一个参数，根据一个 key，获取其对应的值。

注意：

（1）NSString、NSDictionary、NSNumber、NSArray 等类型的对象可以直接归档和反归档，它们默认已经实现了 NSCoding 协议，例如，NSString 的声明文件，部分代码如下：

```
@interface NSString : NSObject <NSCopying, NSMutableCopying, NSSecureCoding>
```

从上述代码看出，并未看到 NSCoding 协议。打开 NSSecureCoding 协议的声明文件，部分代码如下所示：

```
@protocol NSSecureCoding <NSCoding>
```

综上所述，以上几种类型的对象，间接地遵守了 NSCoding 协议。

（2）只要在类中实现的每个属性都是基本数据类型，例如，int 或者 float，或者都是符合 NSCoding 协议的某个类的实例，你就可以对你的对象进行完整归档。

6.4.3 实战演练——归档自定义对象

掌握了 NSCoding 协议的使用，接下来就带领大家学习如何归档自定义对象。归档，需要用到两个类 NSKeyedArchiver 和 NSKeyedUnarchiver，分别用于负责归档和反归档，下面我们就通过操作 Person 对象来讲解如何归档自定义对象，具体步骤如下。

1．创建工程，设计界面

（1）创建一个 Single View Application 应用，命名为 NSKeyedArchiver，在 Main.storyboard 界面中添加两个按钮，其中一个用于保存数据，一个用于读取数据，如图 6-18 所示。

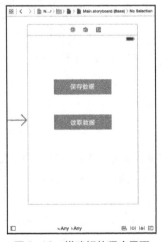

图 6-18 搭建好的程序界面

（2）单击 Xcode 界面右上角的 ◎ 图标，进入控件和代码的关联界面，分别给两个 Button 按钮设置单击事件，并命名为 save 和 read，如图 6-19 所示。

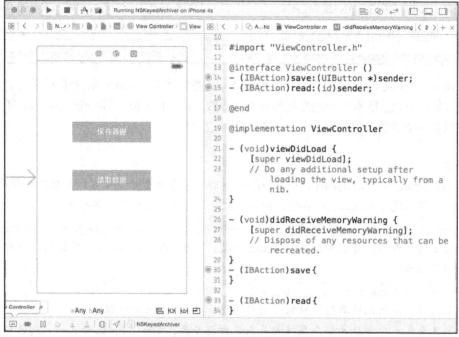

图 6-19　为 Button 添加单击事件

2. 自定义 Person 类

新建一个 Person 类，该类继承自 NSObject，包含姓名、年龄、身高和体重属性。Person 类的声明和实现如例 6-1 和例 6-2 所示。

【例 6-1】Person.h

```
1    #import <Foundation/Foundation.h>
2    @interface Person : NSObject <NSCoding>
3    // 定义了4个属性，分别表示姓名、年龄、身高和体重
4    @property (nonatomic, copy) NSString *name;
5    @property (nonatomic, assign) int age;
6    @property (nonatomic, assign) float height;
7    @property (nonatomic, assign) float weight;
8    @end
```

【例 6-2】Person.m

```
1    #import "Person.h"
2    @implementation Person
3    //将一个自定义对象归档的时候就会调用该方法，该方法用于描述如何存储自定义对象的属性
4    - (void)encodeWithCoder:(NSCoder *)aCoder
5    {
6        [aCoder encodeObject:self.name forKey:@"Name"];
7        [aCoder encodeInt:self.age forKey:@"Age"];
```

```objc
8            [aCoder encodeFloat:self.height forKey:@"Height"];
9            [aCoder encodeFloat:self.weight forKey:@"Weight"];
10       }
11       //从文件中读取一个对象的时候会调用该方法，该方法用于描述如何读取保存在文件中的数据
12       - (id)initWithCoder:(NSCoder *)aDecoder
13       {
14           if (self = [super init]) {
15               self.name = [aDecoder decodeObjectForKey:@"Name"];
16               self.age = [aDecoder decodeIntForKey:@"Age"] ;
17               self.height = [aDecoder decodeFloatForKey:@"Height"];
18               self.weight = [aDecoder decodeFloatForKey:@"Weight"];
19           }
20           return self;
21       }
22       //重写 description 方法
23       -(NSString *)description
24       {
25           return [NSString stringWithFormat:@"name = %@, age = %d,
26   height = %0.1f, weight = %0.1f",_name, _age, _height, _weight];
27       }
28       @end
```

在例 6-1 中，Person 类遵守了 NSCoding 协议，并且定义了 4 个分别表示姓名、年龄、身高和体重的属性。在例 6-2 中，通过调用 encodeWithCoder 方法，将 Person 实例的成员变量进行归档，调用 initWithCoder 方法获取 Person 实例的成员变量。

3．使用归档保存数据

（1）打开 ViewController.m，在 save 方法中实现存储自定义对象的功能，代码如下所示。

```objc
// 单击"保存"按钮执行的方法
- (IBAction)save {
    // 1.创建对象
    Person *person = [[Person alloc] init];
    person.name = @"Jack";
    person.age = 28;
    person.height = 180;
    person.weight = 135;
    // 2.获取路径
    NSString *path =
    [NSSearchPathForDirectoriesInDomains(NSDocumentDirectory,
    NSUserDomainMask, YES) lastObject];
    NSString *filePath = [path stringByAppendingPathComponent:@"person.arc"];
```

```
    // 3.将对象 person 归档
    [NSKeyedArchiver archiveRootObject:person toFile:filePath];
}
```

在上述代码中,首先创建了一个 person 对象,并对该对象的成员变量进行赋值,然后获取归档文件的路径,通过调用 archiveRootObject: toFile 方法,将 person 对象保存在 person.arc 文件中。

(2)打开 Finder,找到该应用程序目录下的 Documents 文件,双击打开,可以看到归档成功后保存在系统下的 person.arc 文件,如图 6-20 所示。

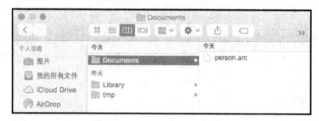

图 6-20　Documents 文件夹下的文件 person.arc

4. 从归档文件中恢复对象

在 ViewController.m 的 read 方法中,获取归档文件的路径,从该路径下读取对象,代码如下所示。

```
// 单击"读取"按钮执行的方法
- (IBAction)read {
    // 1.获取文件路径
    NSString *path = [NSSearchPathForDirectoriesInDomains(NSDocumentDirectory,
    NSUserDomainMask, YES) lastObject];
    NSString *filePath = [path
    stringByAppendingPathComponent:@"person.arc"];
    // 2.从指定文件读取对象
    Person *person = [NSKeyedUnarchiver unarchiveObjectWithFile:filePath];
    NSLog(@"%@",person);
}
```

运行程序,运行结果如图 6-21 所示。

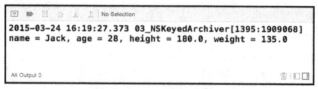

图 6-21　程序的运行结果

从图 6-21 看出,程序输出了 person 对象的成员变量,由此可见,程序成功实现了自定义的归档。

注意:
归档成功后,保存的文件扩展名是任意的,没有任何限制。

6.5 SQLite 数据库

在 iOS 应用中，有时需要存储大量的数据，如果使用 plist 文件存储，这些数据都会存放在内存中，造成大量内存被占用，影响程序性能。为此，iOS 提供了一个轻量级的数据库 SQLite，它是一个嵌入式的数据库，专门用于在资源有限的设备上进行数据的适量存储。接下来，本节将针对 SQLite 数据库进行详细讲解。

6.5.1 SQLite 简介

SQLite 是一款开源的嵌入式关系类型的数据库，它诞生于 2000 年 5 月，具备可移植性强、可靠性高、小而容易使用等特点。目前，SQLite 最新版本是 SQLite 3，它是市面上使用 SQLite 的主流版本。

虽然 SQLite 是轻量级的，但它在存储和检索大量数据方面非常有效，与使用对象存储数据相比，SQLite 数据库获取结果的方式更快，它运行时与使用它的应用程序共享相同的进程空间，而不是单独的两个进程；与加载网络数据相比，SQLite 数据库获取数据的方式也很便捷，如图 6-22 所示。

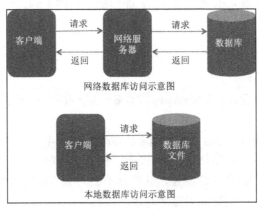

图 6-22 访问网络与本地数据库的区别

从图 6-22 可以看出，访问网络数据时，需要先经过网络服务器，然后才能访问到数据库，而本地数据库则可以直接访问。在 iOS 中，数据库和本地应用程序都是存放在 MainBundle 中或沙盒中的。

在 SQLite 数据库中，一个数据库是由一张或者多张表组成的，每张数据表主要由 row 和 column 组成，用于记录某一类信息的完整记录，结构如图 6-23 所示。

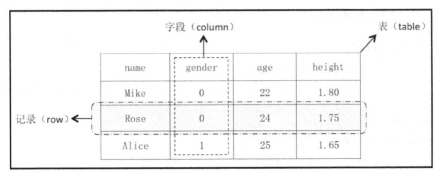

图 6-23 SQLite 数据表的存储结构

图 6-23 所示的整个表格就是一张数据表,表格中的每一行表示一条记录,每一列表示一个字段。在 SQLite 中,字段的本质是不区分数据类型的,但为了编码规范,在定义数据结构的时候一定要指明字段的数据类型,SQLite 将字段的数据类型分为 5 种,见表 6-3。

表 6-3　SQLite 字段数据类型

数据类型	描述
NULL	表示该值为 NULL 值
INTEGER	无符号整型值
REAL	浮点值
TEXT	文本字符串
BLOB	二进制数据

6.5.2　SQL 语句

操作数据库,就需要用到 SQL 语句。读者要想掌握好 SQLite3 的使用,必须对 SQL 语句有一定了解,最起码要会基本的增删改查。下面根据功能的不同,列举一些常用的 SQL 语句,具体如下。

1. 创建表

创建表的基本格式 1：

`CREATE TABLE 表名(字段名 1 字段类型 1, 字段名 2 字段类型 2, …);`

创建表的基本格式 2：

`CREATE TABLE IF NOT EXISTS 表名(字段名 1 字段类型 1, 字段名 2 字段类型 2, …);`

上述格式都是创建表的基本格式,不同的是,格式 2 添加了 IF NOT EXISTS 判断创建的表是否存在,如果不存在新表才会创建,这样就不会对原表中的数据进行覆盖。需要注意的是,在对数据表命名时,要避免和关键字的命名冲突。

2. 删除表

删除表的基本格式 1：

`DROP TABLE 表名;`

删除表的基本格式 2：

`DROP TABLE IF EXISTS 表名;`

上述格式都是删除表的基本格式,不同的是,格式 2 添加了 IF EXISTS 判断删除的表是否存在,如果存在,则删除表。

3. 向表中插入数据

向一个数据表插入数据的基本格式：

`insert into 表名(字段 1, 字段 2, …) values (字段 1 的值, 字段 2 的值, …);`

4. 更新数据

修改数据表中的某条数据的基本格式：

`update 表名 set 字段 1 = 字段 1 的值, 字段 2 = 字段 2 的值, …;`

需要注意的是,如果只想更新或者删除某些固定的记录,可以在后面添加 WHERE 语句来过滤条件，例如，将数据表中年龄大于 23，并且姓名不是 Rose 的记录，年龄都改为 20，SQL 语句如下：

```
update t_student set age = 20 where age > 23 and name != 'Rose';
```

5. 查询数据

查询指定字段详细信息的基本格式：

```
SELECT 字段1,字段2, … FROM 表名；
```

查询表中所有字段信息的基本格式：

```
SELECT * FROM 表名；
```

需要注意的是，在 "FROM 表名" 中也可以添加 WHERE 语句进行选择性查询，例如，查询 t_student 表中 age 大于 23 的所有数据，SQL 语句如下：

```
SELECT * FROM t_student WHERE age > 23;
```

6.5.3 实战演练——使用 SQLite3 存储对象

SQLite3 支持 C 语言，我们就是使用一套 C 语言接口才能在 Xcode 中使用 SQLite3。在 Xcode 中操作数据库需要经过 3 个步骤，并且每个步骤都需要调用特定的 C 函数，具体如下。

（1）使用 SQLite3_open( )函数打开数据库。

（2）使用 SQLite_exec( )函数执行非查询的 SQL 语句，包括创建数据库、创建数据表、增删改查等操作。

（3）使用 SQLite_close()函数释放资源。

接下来，打开 Xcode，新建一个 Single View Application，命名为 StudentSql，使用 SQLite3 开发一个存储学生信息的示例程序，用于存储学生的姓名、年龄和学号，具体步骤如下。

1. 添加 libsqlite3.dylib 包

（1）由于在 Xcode 中使用 SQLite3 时，目前的工程还不支持 SQLite3，我们需要在程序中添加一个 libsqlite3.tbd 包，它包含了使用 SQLite3 所需的 C 函数接口。添加 libsqlite3.tbd 包的方式是选中工程名，单击 "TARGETS" → "General" → "Linked Frameworks and Libraries"，如图 6-24 所示。

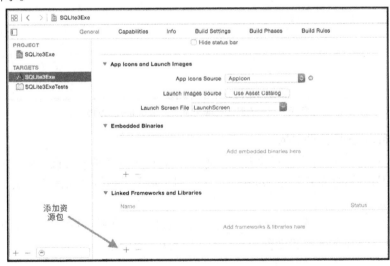

图 6-24　添加 SQLite 3 资源包

（2）单击图 6-24 所示中箭头所指的加号按钮，将会列出所有可用框架和资源库，在弹出的对话框的搜索栏中输入 sqlite，则会显示出库文件，如图 6-25 所示。

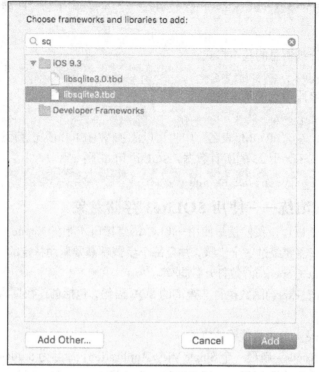

图 6-25　选择资源包

（3）选择 libsqlite3.tbd。单击"Add"按钮，这样，SQLite3 资源包就会成功导入，这时，在 Linked Frameworks and Libraries 下会多出 libsqlite3.tbd，如图 6-26 所示。

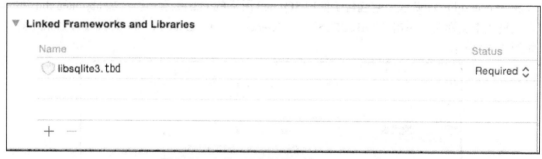

图 6-26　当前工程成功添加了 libsqlite3.dylib

2. 搭建界面，关联控件对象

（1）进入 storyboard 界面，拖曳若干 Label 和 Text Field 控件到界面，用于填写学生的姓名、年龄和学号，再拖曳若干个 Button 按钮，用于实现学生信息的保存，设计好的界面如图 6-27 所示。

（2）单击 Xcode 界面右上角的 ⓘ 图标，进入控件和代码的关联界面，分别给 TextField 控件设置属性，为 Button 按钮设置单击事件，如图 6-28 所示。

图 6-27 搭建的基本界面

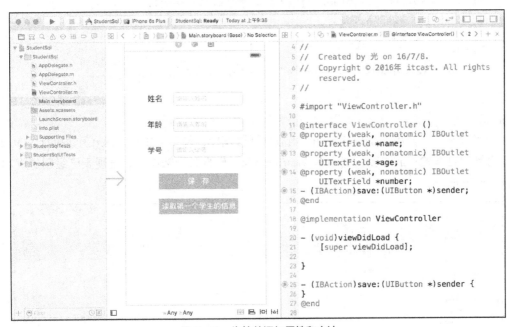

图 6-28 为控件添加属性和方法

3. 打开数据库,创建数据表

进入 ViewController.m 文件,在 viewDidLoad 方法中实现数据库的连接,并在数据库中创建一个数据表,代码如下所示。

```
#import "ViewController.h"
#import<sqlite3.h>
@implementation ViewController
static sqlite3 *db = NULL;
- (void)viewDidLoad {
    [super viewDidLoad];
```

```objc
    // 获取沙盒路径
    NSString *docDir = [NSSearchPathForDirectoriesInDomains(NSDocumentDirectory,
        NSUserDomainMask, YES) firstObject];
    // 创建数据库路径
    NSString *dataBasePath = [docDir
        stringByAppendingPathComponent:@"database.sqlite"];
    // 如果数据库存在就会返回数据库,如果数据库不存在,则会创建一个新的数据库返回
    int result = sqlite3_open([dataBasePath UTF8String], &db);
    // 判断数据库是否打开成功
    if (result == SQLITE_OK) {
        NSLog(@"打开数据库成功");
        NSLog(@"%@",dataBasePath);
    }else {
        NSLog(@"打开数据库失败");
    }
    const char *sql="CREATE TABLE IF NOT EXISTS t_students(id integer PRIMARY KEY AUTOINCREMENT,name text NOT NULL,  age INTEGER NOT NULL,number text NOT NULL);";
    char *errmsg= NULL;
    result = sqlite3_exec(db, sql, NULL, NULL, &errmsg);
    if (result==SQLITE_OK) {
        NSLog(@"创表成功");
    }else {
        NSLog(@"创表失败--%s--%s--%d",errmsg,__FILE__,__LINE__);
    }
}
@end
```

上述代码中,使用了 sqlite3_open()函数打开数据库,使用 sqlite3_exec()函数执行 SQL 语句。打开数据库的存放路径,使用 Navicat Premium 软件打开数据库,发现表已经创建成功,如图 6-29 所示。

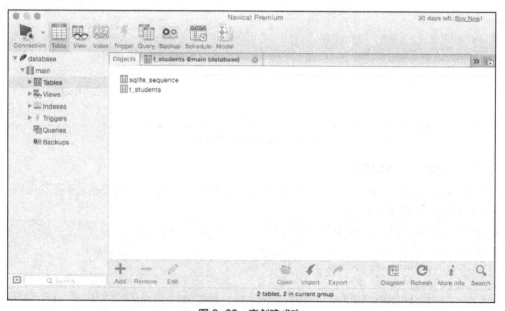

图 6-29 表创建成功

4. 向数据表中添加数据

当在表格中完成学生信息的填写后,单击保存按钮,程序会调用 save 方法,将学生的信息保存到数据表中,代码如下所示。

```objectivec
- (IBAction)save:(UIButton *)sender {
    // 获取表格中的数据
    NSString *name = self.name.text;
    int age = [self.age.text intValue];
    NSString *number = self.number.text;
    if (name && age && number) {
        NSString *sql = [NSString stringWithFormat:@"INSERT INTO t_students(name,
            age,number)VALUES ('%@', %d,'%@');", name, age,number];
        char *error = nil;
        //执行插入sql语句
        sqlite3_exec(db, sql.UTF8String, NULL, NULL, &error);
        if (error) {
            [self alertViewWithTitle:@"提示" message:@"添加失败"
                certainButtonTitle: @"确定"];
        }else {
            [self alertViewWithTitle:@"提示" message:@"保存成功"
                certainButtonTitle:@"确定"];
        }
    }else{
        [self alertViewWithTitle:@"提示" message:@"请将信息填写完整"
            certainButtonTitle:@"确定"];
    }
}
-(void)alertViewWithTitle:(NSString *)title message:(NSString *)message
certainButtonTitle:(NSString *)buttonTitle{
    UIAlertController *alertC = [UIAlertController alertControllerWithTitle:title
        message:message preferredStyle:UIAlertControllerStyleAlert];
    UIAlertAction *action = [UIAlertAction actionWithTitle:buttonTitle
        style:UIAlertActionStyleDefault handler:nil];
    [alertC addAction:action];
    [self presentViewController:alertC animated:YES completion:nil];
}
```

上述代码中,程序首先获取表格中的信息,然后使用 sqlite3_exec()函数执行添加数据的操作,运行程序,在表格中填写姓名为"Tom",年龄为"24",序号为"6008203004",单击"保存"按钮,提示"保存成功",这时,打开数据表查看,发现数据表中有一条数据,如图 6-30 所示。

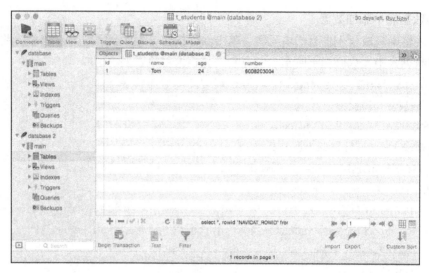

图 6-30 插入数据成功

5. 查询数据

查询数据之前要先检查 SQL 语句是否正确，这需要通过函数 sqlite3_prepare_v2() 来实现，该函数的声明格式如下所示：

```
sqlite3_prepare_v2(sqlite3 *db, const char *zSql, int nByte, sqlite3_stmt **ppStmt,const char **pzTail);
```

在上述格式中，sqlite3_prepare_v2() 函数有 5 个参数，其中第一个参数 sqlite3 *db 表示数据库，第二个参数 const char *zSql 为 SQL 语句，第三个参数 int nByte 为统计 zSql 语句的长度，一般输入 -1 表示自动统计长度，第四个参数 **ppStmt 用来传递数据，第五个参数一般设置为 NULL，表示指向 *zSql 未使用的部分。

若查询到 SQL 语句正确，则需要使用 sqlite3_step() 函数移动查询数据，此外，还有若干函数用于从查询结果中获取数据，具体示例如下。

```
sqlite3_column_text()   // 取 text 类型的数据
sqlite3_column_blob()   // 取 blob 类型的数据
sqlite3_column_int()    // 取 int 类型的数据
```

为了演示数据的查询操作，接下来，在 storyboard 界面中添加一个按钮用于触发查询操作，并为该按钮设置一个关联方法 selectStatus，具体代码如下。

```
- (IBAction)selectStatus:(id)sender {
    const char *sql = "SELECT name, age FROM t_students;";
    sqlite3_stmt *stmt; // 用于提取数据
    // 1.做查询前的准备，检查 sql 语句是否正确
    int result = sqlite3_prepare_v2(db, sql, -1, &stmt, NULL);
    if (result == SQLITE_OK) { // 准备完成，没有错误
        // 2.提取查询到的数据到 stmt，一次提取一条
        // 如果返回值为 SQLITE_ROW，就代表提取到了一条记录
        while(sqlite3_step(stmt) == SQLITE_ROW)
        {
```

```
            // 3.取出提取到的记录(数据)中的第 0 列的数据
            const unsigned char *name = sqlite3_column_text(stmt, 0);
            int age = sqlite3_column_int(stmt, 1);
            NSLog(@"%s %d", name, age);
        }
    }
    sqlite3_close(db);
}
```

在上述代码中,程序首先调用 sqlite3_prepare_v2()函数检查 sql 是否正确,然后通过 while 循环,判断是否获取到记录,若获取到记录,则返回记录的数据,并在程序调试框将返回的每个记录的数据打印出来,最后使用 sqlite3_close()函数关闭数据库。程序运行后,发现数据打印了出来,说明数据查询成功。

6.6 Core Data

上一小节讲了 SQLite 的使用,SQLite 是一个关系型数据库,需要使用 SQL 语言来进行操作,而 SQLite 需要通过 C 调用对应的 API,并进行一些底层的封装操作,且 Model 对象文件需要自己编写,代码量会非常多,于是苹果在 2005 年第一次引入了 Core Data 框架,与 SQLite 相比,Core Data 避免了 SQL 的复杂性,能让开发者以更自然的方式与数据库进行交互。接下来本节将针对 Core Data 进行详细讲解。

6.6.1 Core Data 简介

在 2005 年 4 月,Apple 发布了 OS X 10.4 版本,第一次引入了 Core Data 框架,这也是伴随着 iOS 5 出现的一个框架,它位于 SQLite 数据库之上,可以将模型对象保存到持久化存储中,并在需要的时候将它们取出。由于 Core Data 位于 MVC 设计模式中的 Model 层,它能将应用程序中的对象直接保存到数据库中,无需进行复杂查询,也无需确保对象的属性名和数据库字段名对应,因此,与 SQLite 相比,使用 Core Data 为 Model 层编写的代码行数会减少为原来的 50% ~ 70%。

在 Core Data 框架中包含了几种类型的对象,这些对象的集合用术语叫作堆栈(Stock),接下来,借助苹果官方文档的一张图来描述 Core Data 框架中的堆栈,如图 6-31 所示。

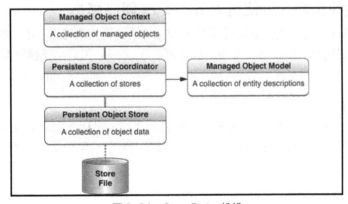

图 6-31　Core Data 堆栈

从图 6-31 可以看出，Core Data 框架中的堆栈包含 4 个模块，这些模块的具体作用如下所示。

- Managed Object Model（托管对象模型）：描述应用程序的数据模型，也就是数据库中数据表记录的对象表示，由 Core Data 管理的模型（Model）对象。
- Managed Object Context（托管对象上下文）：参与数据库进行各种操作的全过程，并监测数据对象的变化，在上下文中可以查找、删除和插入对象。
- Persistent Store Coordinator（持续化存储协调器）：相当于数据文件管理器，处理底层的对数据文件的读取与写入。通常情况下，它是数据库与对象之间的桥梁，专门用来添加持久化存储数据库（如 SQLite 数据库），一般开发者无需与它打交道。
- Persistent Object Store（持久化对象存储库）：用来存储对象模型。从概念上讲，一个持久化存储（Persistent Store）就像一个数据库，有数据表和数据记录。

Core Data 提供了对象-关系映射（ORM）的功能，既能够将 OC 对象转为数据，保存在 SQLite 数据库文件中，也能够将保存在数据库中的数据还原成 OC 对象。接下来，通过一张图来举例，如图 6-32 所示。

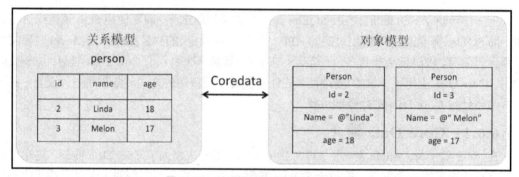

图 6-32 关系模型和对象模型相互转换

从图 6-32 中可以看出，关系模型（即数据库）中包含 person 表，person 表里面有 id、name、age 3 个字段，而且包含 2 条记录；对象模型则包含的是 2 个 OC 对象，我们可以通过 Core Data 框架，轻松地将数据库里面的 2 条记录转换成 2 个 OC 对象，也可以轻松地将 2 个 OC 对象保存到数据库中，变成 2 条表记录。需要注意的是，使用 Core Data 实现关系模型和对象模型的转换过程是不需要编写任何 SQL 语句的。

6.6.2　实战演练——使用 Core Data 创建模型

使用 Core Data 的好处之一就是可以减少 Model 层代码的编写。但是，要使用 Core Data，首先需要学会创建模型实体，为了方便，我们可以在 Xcode 工具中创建模型实体，具体步骤如下。

1. 新建项目

打开 Xcode，选择 Single Application 模板，创建一个名称为 CoredataDemo 的应用，为了在项目自动集成 Core Data 的支持，我们在创建工程的时候应该勾选"Use Core Data"，如图 6-33 所示。

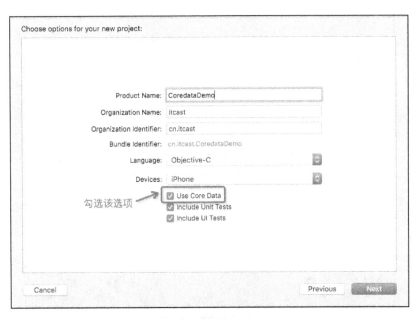

图 6-33 选择使用 Xcode

当创建项目时勾选"Use Core Data",创建的 iOS 项目已经完成了 Core Data 所有重要资源的初始化,包括为项目添加的 Core Data.framework 框架。

2. 创建模型实体

(1)选中创建好的项目,在导航栏中选择"File"→"New"→"File…"打开模板,选择"iOS"→"Core Data"→"Data Model",如图 6-34 所示。

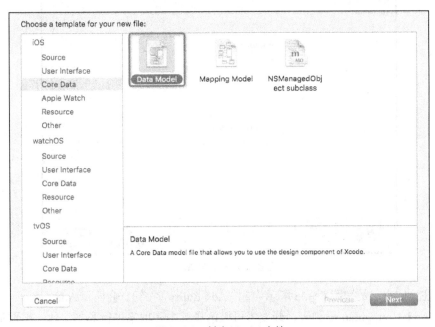

图 6-34 创建 Model 文件

(2)单击图 6-34 所示中的"Next"按钮,创建 Model 文件,创建好的文件如图 6-35 所示。

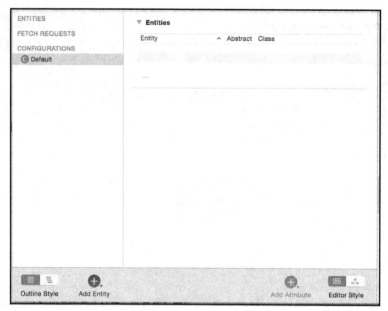

图 6-35 Model 文件

（3）单击图 6-35 所示左下角的"Add Entity"按钮添加（Entity）实体，并修改实体的名字，修改完成之后如图 6-36 所示。

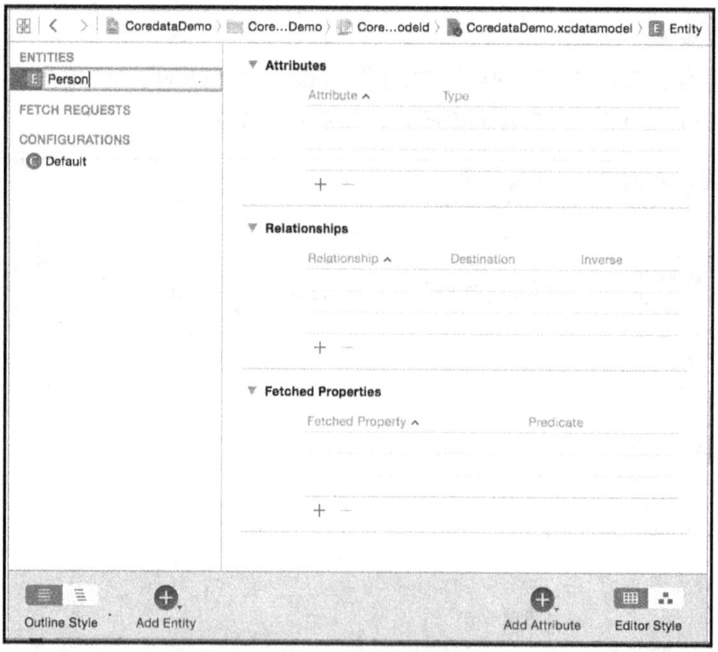

图 6-36 修改实体名字

需要注意的是，长按图 6-35 所示中的"Add Entity"按钮，会显示 Add Entity、Add Fetch Request、Add Configuration 列表，开发者可以选择其中一项来进行添加实体、抓取请求、配置等操作；长按"Add Attribute"按钮，会显示 Add Atrribute、Add Relationship、Add Fetched Property 列表，开发者可以选择一项来添加属性、关联关系、抓取属性。当然，开发者也可以通过属性栏，抓取属性下方的"+""-"按钮进行添加、删除操作。

3. 添加 Person 的基本属性

单击图 6-36 所示中"Add Attribute"的"+"为 Person 添加属性，如图 6-37 所示。

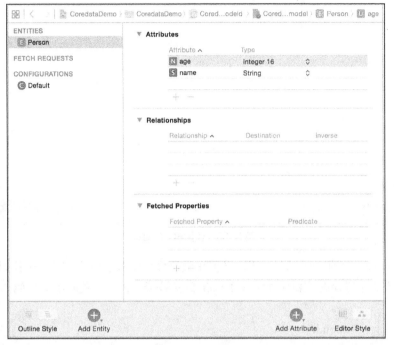

图 6-37　添加属性

4. 为 Person 生成实体关联类

如果有多个实体，可能需要创建它们之间的关系，然后生成实体类，供编写程序时调用。为实体生成关联类的具体方式是选择导航栏中的"File"→"New"→"File…"打开模板，选择"iOS"→"Core Data"→"NSManagedObject subclass"，如图 6-38 所示。

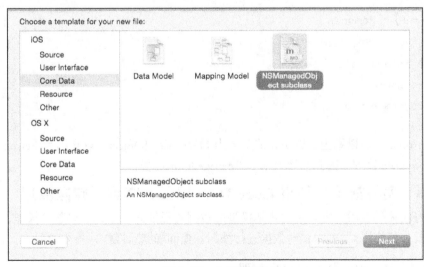

图 6-38　生成实体类

单击图 6-38 所示中的"Next"按钮，然后进入选择实体类所关联的模板，如图 6-39 所示。

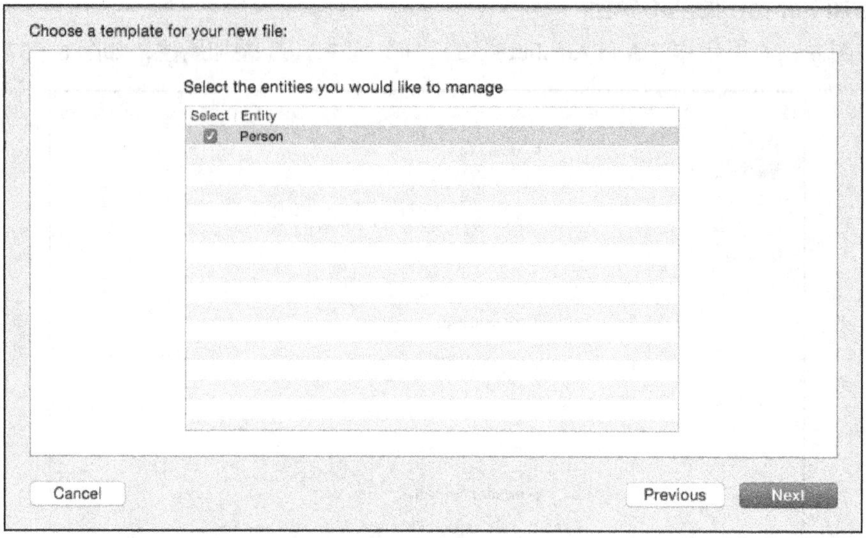

图6-39 选择实体类模板

单击图6-39中的"Next"按钮，发现在项目目录中多了两个文件，分别是Person.h和Person.m文件，这样便在项目中生成了Person的关联类。Person关联类的代码如例6-3和例6-4所示。

【例6-3】 Person.h

```
1    #import <Foundation/Foundation.h>
2    #import <CoreData/CoreData.h>
3    @interface Person : NSManagedObject
4    @property (nonatomic, retain) NSNumber * age;
5    @property (nonatomic, retain) NSString * name;
6    @end
```

【例6-4】 Person.m

```
1    #import "Person.h"
2    @implementation Person
3    @dynamic age;
4    @dynamic name;
5    @end
```

从Person.h中可以看出，Person的父类为NSManagedObject，这是因为Person的实体类需要被Core Data管理，因此需要继承NSManagedObject类。

6.6.3 实战演练——使用Core Data插入、查询、删除数据

创建好实体模型后，就需要对实体模型的数据实现插入、查询、删除等操作，接下来，分步骤讲解如何使用Core Data对数据进行添加、查询和删除操作，具体如下。

1. 添加CoreData.framework框架

（1）选中应用程序的根目录，右侧编辑面板默认选中"General"选项，在该选项对应的面板底部会看到"Linked Frameworks and Libraries"，如图6-40所示。

图 6-40 "General"面板

（2）单击图 6-40 中的"Linked Frameworks and Libraries"下面的"+"号按钮，弹出一个添加框架的窗口，如图 6-41 所示。

图 6-41 添加框架的窗口

（3）在图 6-41 的搜索栏内输入"coredata"关键字，会看到窗口下面筛选出了"CoreData.framework"框架，如图 6-42 所示。

（4）选中图 6-42 中的"CoreData.framework"，这时"Add"按钮呈可点击状态。单击"Add"按钮，"Linked Frameworks and Libraries"的列表增加了该框架的名称，与此同时，项目文件中添加了该框架，如图 6-43 所示。

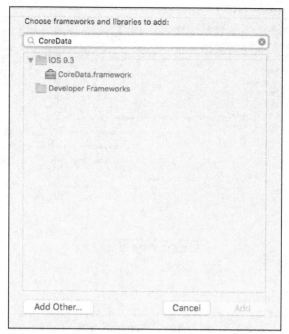

图 6-42 搜索 "CoreData.framework" 框架

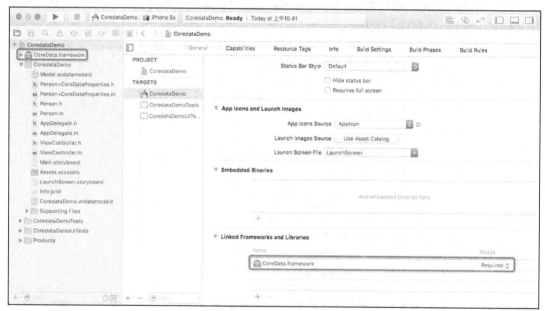

图 6-43 成功添加 CoreData 框架

（5）在 ViewController.m 文件中，导入该框架的头文件#import <CoreData/CoreData.h>，为后续操作做好准备。

2. 搭建界面并创建对象的关联

（1）打开 Main.storyboard，从对象库拖拽 3 个 Button 到程序界面，双击分别设置它们的 Title 为"插入数据""查询数据""删除数据"。

（2）单击右上角的 ⊙ 图标，进入控件与代码的关联界面。依次选中 3 个 Button，添加 3 个按钮单击事件，分别命名为 insertData、selectData、deleteData。

3. 打开数据库

要想使用 Core Data 操作数据，首先需要打开数据库。如果数据库存在，则直接打开；如果不存在，则需要新建一个数据库并打开，具体代码如下所示：

```objectivec
#import "ViewController.h"
#import <CoreData/CoreData.h>
@interface ViewController ()
// 控制操作上下文
@property (nonatomic, strong, readonly) NSManagedObjectContext *
    sharedContext;
@property (nonatomic, strong) NSArray *toBeDeleted;
/**
 *  插入数据
 */
- (IBAction)insertData:(id)sender;
/**
 *  查询数据
 */
- (IBAction)selectData:(id)sender;
/**
 *  删除数据
 */
- (IBAction)deleteData:(id)sender;
@end
@implementation ViewController
// 打开数据库
- (void)openDB
{
    // 1、从应用程序包中加载模型文件
    NSManagedObjectModel *model = [NSManagedObjectModel
        mergedModelFromBundles:nil];
    // 2、传入模型对象，初始化 NSPersistentStoreCoordinator
    NSPersistentStoreCoordinator *psc = [[NSPersistentStoreCoordinator alloc]
        initWithManagedObjectModel:model];
    // 3、构建 SQLite 数据库文件的路径
    NSString *docs = [NSSearchPathForDirectoriesInDomains(NSDocumentDirectory,
        NSUserDomainMask, YES) lastObject];
    NSLog(@"%@",[docs stringByAppendingPathComponent:@"person.db"]);
    NSURL *url = [NSURL fileURLWithPath:[docs
        stringByAppendingPathComponent:@"person.db"]];
    // 4、添加持久化存储库，这里使用 SQLite 作为存储库
```

```
38      NSError *error = nil;
39      NSPersistentStore *store = [psc
40          addPersistentStoreWithType:NSSQLiteStoreType
41          configuration:nil URL:url options:nil error:&error];
42      if (store == nil) { // 直接抛异常
43          [NSException raise:@"添加数据库错误" format:@"%@",
44              [error localizedDescription]];
45      }else{
46          NSLog(@"添加数据库成功");
47      }
48      // 5、初始化上下文，设置persistentStoreCoordinator属性
49      _sharedContext = [[NSManagedObjectContext alloc]
50          initWithConcurrencyType:NSPrivateQueueConcurrencyType];
51      _sharedContext.persistentStoreCoordinator = psc;
52  }
53  @end
```

在上述代码中，第 5 行代码声明了一个控制操作的上下文，在数据的插入、删除、查询等环节中都可以使用。第 38～41 行代码用于设置持久化存储类型为 SQLite 的类型。第 42～47 行代码用于判断持久化存储仓库是否创建成功，若没有创建成功，则返回异常相关信息。

在 viewDidLoad 方法中，调用 openDB 方法，实现程序启动完成后就打开数据库，示例代码如下。

```
1   - (void)viewDidLoad {
2       [super viewDidLoad];
3       [self openDB];
4   }
```

4. 为模型插入数据

当为模型插入数据时，首先需要通过传入上下文，创建实体对象，然后设置实体的属性，最后调用 NSManagedObjectContext 对象的 save:方法执行保存，具体代码如下所示。

```
1   /**
2    * 插入数据
3    */
4   - (IBAction)insertData:(id)sender {
5       // 传入上下文，创建Person实体对象
6       NSManagedObject *person = [NSEntityDescription
7           insertNewObjectForEntityForName:@"Person"
8           inManagedObjectContext:_sharedContext];
9       // 设置Person的简单属性
10      NSString *nameStr = [NSString stringWithFormat:@"itcast-%d",
11          arc4random_uniform(100)];
```

```
12      [person setValue:nameStr forKey:@"name"];
13      int age = 10 + arc4random_uniform(40);
14      [person setValue:[NSNumber numberWithInt:age] forKey:@"age"];
15      // 让上下文进行保存
16      NSError *error = nil;
17      BOOL success = [_sharedContext save:&error];
18      if (!success) {
19          [NSException raise:@"访问数据库错误" format:@"%@",
20              [error localizedDescription]];
21      }else{
22          NSLog(@"添加数据成功");
23      }
24  }
```

从上述代码看出，第 6 行代码根据上下文创建了一个 person 实体对象，第 10~14 行代码给 person 对象的 name 和 age 属性赋值。

5. 查询数据

如果要执行查询，则需要先创建 NSFetchRequest 对象，再调用 NSManagedObjectContext 的 executeFetchRequest:error 方法执行查询，该方法会返回所有匹配条件的实体组成的 NSArray。若需要对查询结果进行筛选，则需要通过 NSPredicate 设置筛选条件；若需要对筛选结果排序，还需要为 NSFetchRequest 添加多个 NSSortDescription 对象，具体代码如下所示。

```
38  /**
39   *  查询数据
40   */
41  - (IBAction)selectData:(id)sender {
42      // 初始化一个查询请求
43      NSFetchRequest *request = [[NSFetchRequest alloc] init];
44      // 设置要查询的实体
45      request.entity = [NSEntityDescription entityForName:@"Person"
46          inManagedObjectContext:_sharedContext];
47      // 设置排序（按照 age 降序）
48      NSSortDescriptor *sort = [NSSortDescriptor sortDescriptorWithKey:@"age"
49          ascending:NO];
50      request.sortDescriptors = [NSArray arrayWithObject:sort];
51      // 设置条件过滤
52      request.predicate = [NSPredicate predicateWithFormat:@"name
53          like %@", @"*itcast-5*"];
54      NSError *error = nil;
55      NSArray *objs = [_sharedContext executeFetchRequest:request error:&error];
56      self.toBeDeleted = objs;
```

```
57          // 返回操作结果信息
58          if (error) {
59              [NSException raise:@"查询错误" format:@"%@", [error localizedDescription]];
60          }else{
61              NSLog(@"查询成功");
62              // 遍历数据
63              for (NSManagedObject *obj in objs) {
64                  NSLog(@"name=%@", [obj valueForKey:@"name"]);
65              }
66          }
67      }
```

在上述代码中，第 11~13 行代码设置了对实体按照某个属性进行排序，第 15~16 行代码为通过 SQL 语句为查询设置了过滤条件。需要注意的是：设置条件过滤时，数据库 SQL 语句中的%要用*来代替，所以%itcast-5%应该写成*tcast-5*。

6. 删除数据

删除数据的方式比较简单，只需要获取要删除的实体，调用 NSManagedObjectContext 对象的 deleteObject:方法删除，最后调用 NSManagedObjectContext 对象的 save:方法保存即可，具体代码如下所示。

```
1   - (IBAction)deleteData:(id)sender {
2       for (NSManagedObject *obj in self.toBeDeleted) {
3           [_sharedContext deleteObject:obj];
4       }
5       // 将结果同步到数据库
6       NSError *error = nil;
7       // 让上下文进行保存
8       [_sharedContext save:&error];
9       // 返回操作结果信息
10      if (error) {
11          [NSException raise:@"删除错误" format:@"%@", [error localizedDescription]];
12      }else{
13          NSLog(@"删除成功");
14      }
15  }
```

从上述代码可以看出，第 2~4 行代码首先获取到了要删除的实体，第 8 行代码将操作的上下文进行保存。需要注意的是：若要想删除实体，首先必须查询实体，并且按照条件查询来获取删除的实体。

7. 运行程序

单击 Xcode 的运行按钮，程序运行成功后，一个带有 3 个按钮的界面展示到模拟器的屏幕上，同时控制台输出了数据库文件所在的路径，如图 6-44 和图 6-45 所示。

图 6-44 程序的运行结果

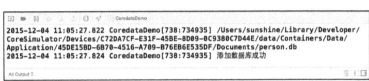

图 6-45 程序的运行结果

8. 在 Navicat Premium 中显示插入和删除的效果

由图 6-45 可知，数据库已经添加成功。依次单击图 6-44 的 3 个按钮，数据库的文件会产生相应的动作。为了能够动态地展示插入和删除的效果，需要借助于 Navicat Premium 软件，打开或者编辑数据库文件，具体内容分别如下。

（1）使用 Navicat Premium 软件打开 person.db 文件。

① 复制图 6-45 打印的 person.db 所在的全路径，点击 Finder 快捷图标，使用快捷键 shift+command+G 打开"前往文件夹"的窗口，如图 6-46 所示。

图 6-46 "前往文件夹"窗口

② 在图 6-46 的输入框中，粘贴复制的 person.db 的全路径，单击"前往"按钮，会按照这个路径切换到 person.db 所在的目录，如图 6-47 所示。

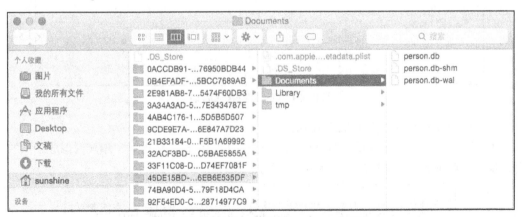

图 6-47 "Finder 中展示的 person.db 文件

③ 选中图 6-47 的 person.db 文件，双击后默认会使用 Navicat Premium 软件打开。窗口左侧有一个"Tables"目录，该目录内部有一个"ZPERSON"表格，如图 6-48 所示。

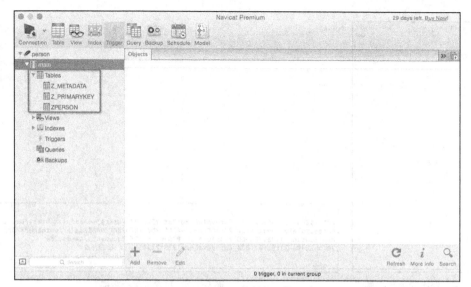

图 6-48　Navicat Premium 软件打开的 person.db 文件

④ 双击打开"ZPERSON"表格，右侧窗口显示了该表格的内容。由于该表格还没有插入数据，因此内容为空，如图 6-49 所示。

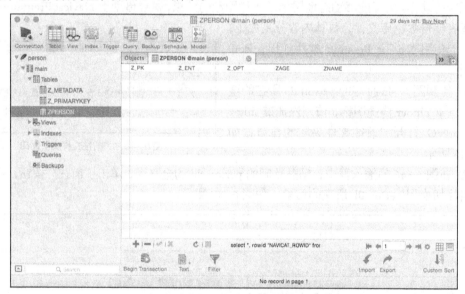

图 6-49　打开 ZPERSON 表

（2）在 person.db 文件文件插入数据。

① 首先，单击图 6-44 的"插入数据"按钮，控制台接着输出了"添加数据成功"的信息，说明成功添加了一条数据，如图 6-50 所示。

图 6-50　控制台的输出结果

② 然后，在 Navicat Premium 中显示增加的数据，切换到图 6-49 的窗口，单击下面的"🔄"图标刷新表格，ZPERSON 表中添加了一条数据，如图 6-51 所示。

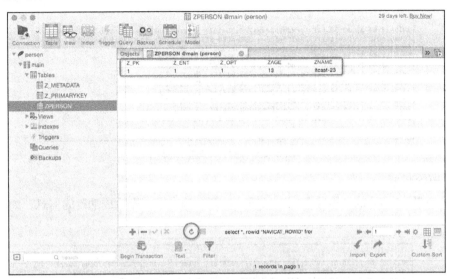

图 6-51　ZPERSON 表插入一条数据

值得一提的是，Person 类的 name 和 age 属性都是随机数，因此每次运行的结果是不一样的。

③ 按照前面两个步骤，继续添加 4 条随机数据，便于后面测试使用，添加完成的表格如图 6-52 所示。

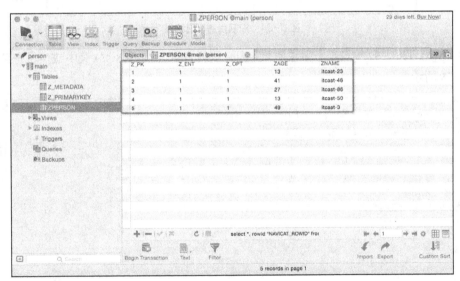

图 6-52　插入多条表格数据

（3）查询数据。

单击图 6-44 的"查询数据"按钮，控制台输出了"查询成功"的信息，而且也输出了符合条件的数据，如图 6-53 所示。

由于查询功能中，设置的筛选条件为名称为"itcast-5？"，所以只要名称中第 1 个数字为 5，就会被筛选出来。值得一提的是，由于添加的数据都是随机数，若数据中没有开头含有 5 的名称，可以修改查询功能的代码，例如，将筛选条件改为以数字 4 开头，代码如下所示。

```
request.predicate = [NSPredicate predicateWithFormat:@"name like %@",
@"*itcast-4*"];
```

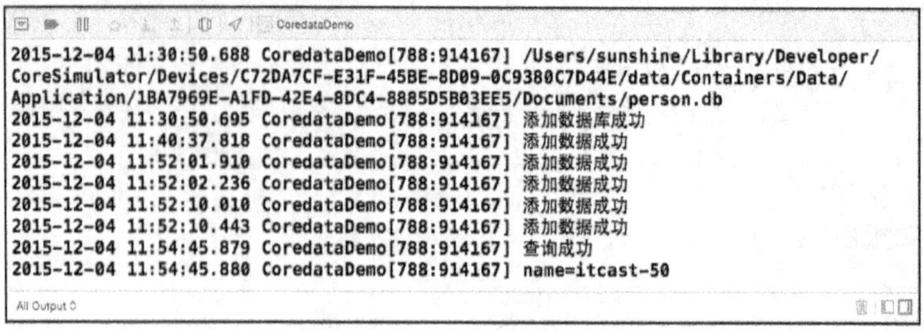

图 6-53 控制台的输出结果

（4）删除数据。

① 单击图 6-44 的"删除数据"按钮，控制台输出了"删除成功"的信息，如图 6-54 所示。

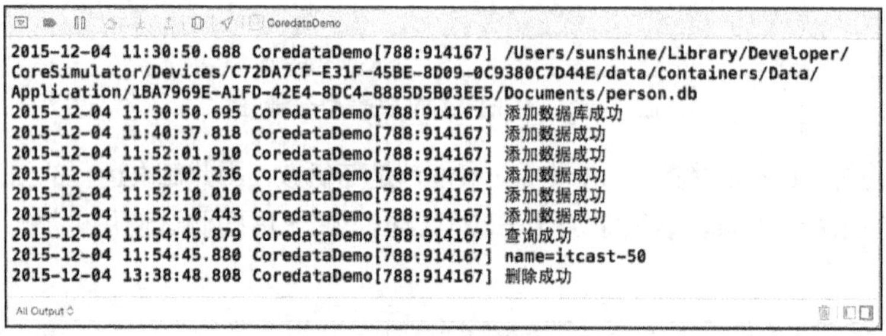

图 6-54 控制台的输出结果

② 切换到图 6-52 的窗口，单击"↻"图标刷新表格，ZPERSON 表中减少了一条数据，如图 6-55 所示。

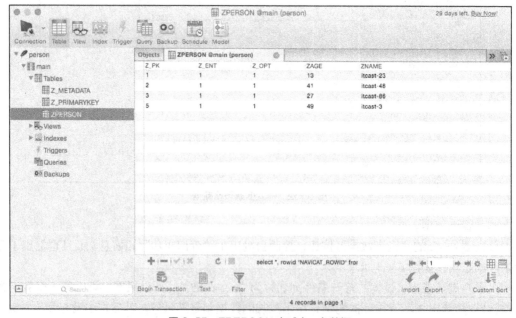

图 6-55 ZPERSON 表减少一条数据

如上所述，插入、查询、删除数据的操作都成功了。

多学一招：关联实体关系

Core Data 中除了可以管理单独的实体之外，还可以用于管理实体与实体之间的关联关系，这些关联关系同样可以在.xcdatamodeld 文件中进行设计。

在 Core Data 模型中，需要进行映射的对象称为实体（entity），而且需要使用 Core Data 的模型文件来描述 App 中的所有实体和实体属性。这里以 Person（人）和 Card(身份证)两个实体为例子，先看看实体属性和实体之间的关联关系，如图 6-56 所示。

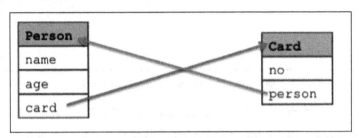

图 6-56　双向关联

在图 6-56 中，Person 中有个 Card 属性，Card 中有个 Person 属性，属于一对一双向关联。Person 和 Card 都属于实体。接下来，分步骤建立 Card 和 Person 实体的关联关系，具体如下。

（1）添加 Person 和 Card 两个实体，并设置基本属性，分别如图 6-57 和图 6-58 所示。

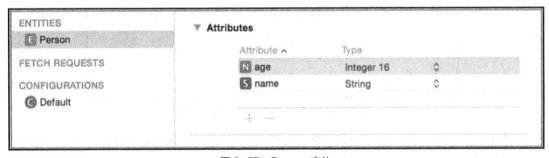

图 6-57　Person 实体

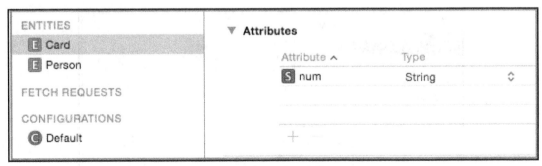

图 6-58　Card 实体

（2）建立关联关系。

在创建的 Person 实体中的 Relationships 中添加联系，单击 Relationships 中的"+"按钮，

在 Relationship 下添加 card 属性名，在 Destination 下添加 Card 属性类型，如图 6-59 所示。

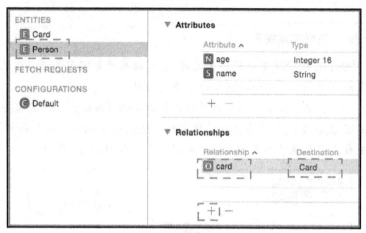

图 6-59　为 Person 实体添加 card 属性

单击 Relationships 中的 "+" 按钮，在 Relationship 下添加 person 属性名，在 Destination 下添加 Person 属性类型，在 Inverse 下添加 Card 来设置相互关联，如图 6-60 所示。

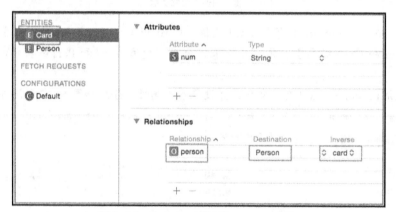

图 6-60　为 Card 实体添加 person 属性

在 Person 中加上 Inverse 属性后，你会发现 Card 中 Inverse 属性也自动补上了，说明两个实体间关联成功了，如图 6-61 所示。

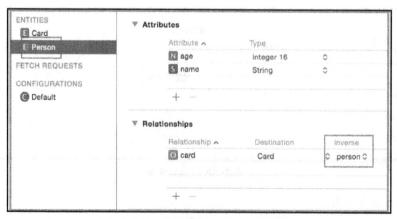

图 6-61　card 属性自动添加相互关联

6.7 本章小结

本章主要讲解了 5 种数据存储方式，包括 plist 属性列表、偏好设置、归档、SQLite 和 Core Data，这些方式都是应用程序在 iOS 设备存储数据的常用方式。通过本章的学习，大家应该熟练掌握不同存储方式的使用，并学会在不同的应用程序中灵活运用存储方式保存数据。

【思考题】
1. 编写获取应用程序 Home 目录、Documents 目录与 tmp 目录全路径的代码。
2. iOS 平台是怎么做到数据持久化的？Core Data 和 SQLite 有无必然联系？

扫描右方二维码，查看思考题答案！

第 7 章 事件与手势识别

学习目标

- 掌握事件对象、触屏对象、响应对象的应用。
- 掌握手势识别，会实现常用手势识别的功能。

iOS 系统推出之时，最吸引用户的就是触摸功能，用户可以通过对屏幕的触摸来完成一些原本只能通过按钮、文本等控件完成的操作。根据用户触摸屏幕的不同手势，iOS 提供了手势识别功能。本章将针对手势识别和相关的事件进行详细讲解。

7.1 事件概述

程序除了要显示信息之外，还需要具有反馈机制，也就是获取和处理事件。用户在使用应用时，会产生多种事件，其类型可分为 3 种，分别是触屏事件、运动事件和远程控制事件。接下来，通过一张图来描述这 3 种事件，如图 7-1 所示。

图 7-1 事件类型

关于图 7-1 中 3 种事件的具体介绍如下所示。

- 触屏事件：用户手指接触、移动和离开屏幕时会引发，例如，"水果忍者"游戏，程序通过获取事件对象和手指的位置，根据手指和水果距离的判断，决定是否切到水果。

- 运动事件：主要是指移动设备时生成的事件，通过加速计和陀螺仪感知，例如，"神庙逃亡"游戏，通过倾斜设备来控制方向。
- 远程控制事件：由连接到 iOS 设备的附属设备产生，例如，带线控的耳机，iOS 程序自带的音乐程序能够响应此类事件。

在 iOS 开发中，事件使用 UIEvent 类表示，它直接继承于 NSObject 基类，若在程序运行过程中发生事件，都会生成一个 UIEvent 类型的对象。同时，为了能够获取与事件相关的详细信息，例如，事件发生的时间，UIEvent 类定义了一些属性，具体如下：

```
@property(nonatomic,readonly) UIEventType      type;      // 事件的类型
@property(nonatomic,readonly) UIEventSubtype   subtype;   // 事件的详细类型
@property(nonatomic,readonly) NSTimeInterval   timestamp; // 事件发生的时间
```

从上述代码可以看出，它们均使用 readonly 修饰，其中，timestamp 返回一个 NSTimeInterval 类型的值，单位为秒，这个时间值表示事件发生时与系统启动相差的秒数；type 表示事件的类型，属于 UIEventType 类型，它是一个枚举类型，其定义格式如下：

```
typedef NS_ENUM(NSInteger, UIEventType) {
    UIEventTypeTouches,          // 触屏事件
    UIEventTypeMotion,           // 运动事件
    UIEventTypeRemoteControl,    // 远程控制事件
    UIEventTypePresses,          // 按压事件
};
```

另外，苹果支持用户多点触摸，如果发生多点触摸，说明触摸事件包含多个触摸对象，为此，UIEvent 类定义了一些用于获取触屏对象集合的方法，具体如下：

```
// 获取所有的触屏对象
- (nullable NSSet <UITouch *> *)allTouches;
// 获取发生在某个窗口中的触屏对象
- (nullable NSSet <UITouch *> *)touchesForWindow:(UIWindow *)window;
// 获取发生在某个视图中的触屏对象
- (nullable NSSet <UITouch *> *)touchesForView:(UIView *)view;
// 获取发送给某一手势识别器的触屏对象
- (nullable NSSet <UITouch *> *)touchesForGestureRecognizer:(UIGestureRecognizer *) gesture;
```

上述方法的返回值都为 NSSet，它是一个集合类型，在实际开发中，我们可以根据不同的需求，调用不同的方法来获取特定的触屏对象。

7.2 触摸处理

7.2.1 触屏对象

在 iOS 事件中，触摸事件是最常用的事件，每个触摸事件都会包含触屏对象。在 iOS 开发中，触屏对象是通过 UITouch 类创建的，该类直接继承自 NSObject 类，并且封装了一系列触屏对象的信息，例如，单击的次数、触摸的开始与结束等。接下来，先来了解 UITouch 类提供的常见属性，具体如下：

```
@property(nonatomic,readonly) NSTimeInterval   timestamp;
@property(nonatomic,readonly) UITouchPhase     phase;
```

```
@property(nonatomic,readonly) NSUInteger tapCount;
@property(nullable,nonatomic,readonly,strong) UIWindow *window;
@property(nullable,nonatomic,readonly,strong) UIView *view;
```

上述属性均使用 readonly 修饰，它们的具体作用如下所示。

- timestamp：表示触屏创建或者距离上一次变化的时间间隔，返回一个 NSTimeInterval 类型的值，单位为秒。
- tapCount：表示短时间内点按屏幕的次数，可根据 tapCount 判断单击、双击或更多的点按。
- window：触屏产生时所处的窗口，由于窗口会发生变化，因此，当前所在的窗口不一定是最初的窗口。
- view：触屏产生时所处的视图，由于视图可能会发生变化，当前视图不一定是最初的视图。
- phase：触屏事件有一个周期，即触屏开始、触屏移动和触屏结束，以及中途取消，phase 用于查看当前触屏事件在一个周期内所处的状态，它是 UITouchPhase 类型，该类型是一个包含 5 个值的枚举类型，其定义格式如下所示：

```
typedef NS_ENUM(NSInteger, UITouchPhase) {
    UITouchPhaseBegan,          // 手指刚刚接触屏幕
    UITouchPhaseMoved,          // 手指在屏幕上移动
    UITouchPhaseStationary,     // 手指依然接触屏幕，但自上一次调用回调方法后尚未在屏幕上移动
    UITouchPhaseEnded,          // 手指已经离开屏幕
    UITouchPhaseCancelled,      // 触屏并系统取消
};
```

除此之外，UITouch 类还提供了两个方法，专门用于获取触屏在指定视图坐标系的位置，具体如下：

```
//返回触屏相对于某一指定视图坐标系的位置
- (CGPoint)locationInView:(nullable UIView *)view;
//返回触屏上一次相对指定视图坐标系的位置
- (CGPoint)previousLocationInView:(nullable UIView *)view;
```

上述方法返回的都是 CGPoint 类型的值，用于表示 view 坐标系所处的位置，参数 view 用于表示指定的视图，当参数 view 的值为 nil 时，表示视图是相对于主窗口的坐标系。

注意：

（1）有时，UIView 不接受触屏事件，大致分为 3 种情况，具体如下：

- userInteractionEnabled 属性设置为 NO，即不接收用户交互；
- hidden 属性设置为 YES，即隐藏；
- alpha 属性设置为 0.0 ～ 0.01，即透明度。

（2）UIImageView 的 userInteractionEnabled 属性默认为 NO，因此，它以及子控件默认是不能接收触屏事件的。

（3）触摸点位置是一个相对位置，具体位置依靠作为参照的视图。

多学一招：多点触摸

所谓多点触摸，就是多个手指单击屏幕，形成一个序列，它开始于第一个手指接触屏幕，终止于最后一个手指离开屏幕，期间的任何操作都属于当前的多触摸序列，换句话说，多点触屏持续的时间就是相邻两次无触屏之间的时间。

7.2.2 响应对象

只要屏幕被触摸,系统就会将若干个触摸的信息封装到 UIEvent 对象中发送给程序。一般来说,触摸事件将被发给主窗口,然后传给响应对象处理。在 iOS 开发中,UIResponder 类是所有响应者对象的基类,UIViewController 和 UIView 都继承自 UIResponder,它不仅可以处理事件,还可以为常见的响应者行为定义编程接口,根据不同的触摸状态,程序会调用相关的方法,这主要包括如下方法:

- (void)touchesBegan:(NSSet<UITouch *> *)touches withEvent:(nullable UIEvent *)event;
- (void)touchesMoved:(NSSet<UITouch *> *)touches withEvent:(nullable UIEvent *)event;
- (void)touchesEnded:(NSSet<UITouch *> *)touches withEvent:(nullable UIEvent *)event;
- (void)touchesCancelled:(nullable NSSet<UITouch *> *)touches withEvent:(nullable UIEvent *)event;

上述方法中,每个方法都包含两个参数,分别为 NSSet 类型的 touches 和 UIEvent 类型的 event,其中,touches 表示触摸产生的所有 UITouch 对象,而 event 表示特定的事件。接下来,以触摸状态划分,依次对上述 4 个方法的使用进行详细讲解,具体如下。

1. 触摸开始

当用户开始触摸屏幕时,系统会调用 touchesBegan:withEvent 方法,如果要获取触摸的某些信息,重写该方法即可,具体示例如下。

```
- (void)touchesBegan:(NSSet<UITouch *> *)touches withEvent:(UIEvent *)event
{
    NSInteger numTouches = touches.count; //获取触屏对象的数量
    UITouch *touch = touches.anyObject;// 获取任意一个触屏对象
    NSInteger numTaps = touch.tapCount;// 获取单击次数
}
```

2. 触摸滑动

当手指滑过屏幕时,可以通过 touchesMoved:withEvent 事件捕获通知,只要手指在滑动,这个方法就会被调用,具体示例如下。

```
- (void)touchesMoved:(NSSet<UITouch *> *)touches withEvent:(UIEvent *)event
{
    // 获取任意一个触屏对象
    UITouch *touch = [[event allTouches] anyObject];
    // 获取当前触摸点的位置
    CGPoint location = [touch locationInView:self.view];
    // 判断触摸点是否位于某一区域
    if (CGRectContainsPoint(rect, location)) {
        [self doSomething];
    }
}
```

3. 触摸结束

当一个或者多个手指离开屏幕时,发送 touchesEnded:withEvent 消息,具体示例如下。

```
- (void)touchesEnded:(NSSet<UITouch *> *)touches withEvent:(UIEvent *)event
{
    // 获取任意一个触屏对象
    UITouch *touch = [touches anyObject];
    // 判断轻击次数是否为两次
    if ([touch tapCount] == 2) {
        NSLog(@"%s", __func__);
    }
}
```

4．触摸中断

当发生某些事件致使手势中断，如电话呼入，会调用 touchesCancelled:withEvent 方法，在该方法内做清理工作，以便可以重新开始一个新的手势，如果这个方法被调用，对于当前手势来说，触摸结束的方法不会被调用，具体示例如下。

```
- (void)touchesCancelled:(NSSet<UITouch *> *)touches withEvent:(UIEvent *)event
{
    self.label.text = @"暂停中";
}
```

注意：

这4个事件方法，在开发过程中并不要求全部实现，开发者可以根据需要选择性重写。

7.2.3 响应者链条

当用户单击屏幕后，会产生一个触摸事件，经过一系列的传递之后，会找到一个合适的视图来处理，并调用该视图的触摸方法对事件进行处理。默认情况下，触摸的事件首先会交给第一个响应者对象处理，如果第一响应者不处理，事件将顺着一系列响应对象向上传递，形成一个响应者链条。

为了便于大家更好地理解响应者链条，接下来，通过一张图来描述，如图7-2所示。

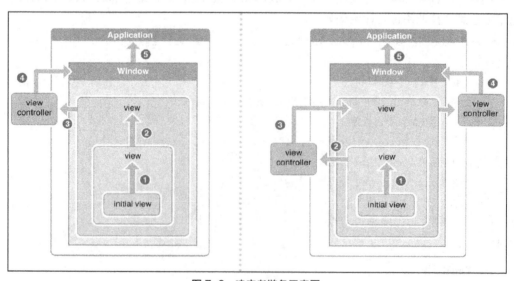

图7-2 响应者链条示意图

图7-2所示描述的是响应者链条对事件的传递过程，该传递过程的具体描述如下所示。

（1）如果 initial view 对应的控制器存在，会传递给该控制器；如果不存在，则会传递给它的父视图 view。

（2）如果 view 或者它的控制器依然无法处理，则会将其传递给 view 的父视图。

（3）若每一个视图继承树的上层视图无法处理事件或者消息，重复上面的步骤。

（4）直到视图层次结构的最顶级视图，若依然不能处理收到的事件和消息，则会将事件或者消息传递给 Window 对象处理。

（5）如果 Window 对象也不能处理，则会将事件或者消息传递给 Application 对象。

（6）如果 Application 对象也不能处理该事件或者消息，则会将其丢弃。

7.2.4 实战演练——多点触摸

目前，很多应用都支持多点触摸，例如，图片浏览器可以通过多点触摸的方式查看图片。鉴于由浅入深的讲解方式，接下来，我们将开发一个多点触摸的案例，用户可以随意触摸屏幕绘制不同的图像，具体步骤如下。

1．创建工程，完成界面设置

（1）新建一个 Single View Application 应用，名称为 01_多点触摸，进入 Main.storyboard 界面，选中 View Controller 左上角的 图标，设置 Size 为 iPhone 4-inch，然后选中控制器对象所在的 View，设置 Background 属性的颜色为灰色，并设置允许多点触摸。设置允许多点触摸的方式比较简单，如图7-3所示。

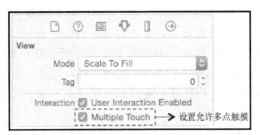

图7-3　设置允许多点触摸

（2）将提前准备好的图片放到 Assets.xcassets 文件中，图片存放的方式如图7-4所示。

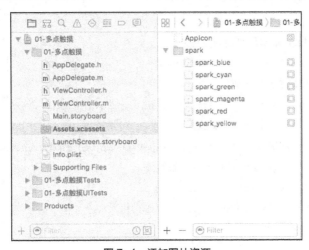

图7-4　添加图片资源

2. 通过代码实现绘制图像的功能

（1）进入 ViewController.m，定义一个 NSArray 类型的属性，用于保存图片，并使用懒加载的方式往数组内添加图片，代码如下所示。

```
1    #import "ViewController.h"
2    @interface ViewController ()
3    // 定义一个数组保存图片
4    @property (nonatomic, strong) NSArray *icons;
5    @end
6    @implementation ViewController
7    #pragma mark - 懒加载数组
8    - (NSArray *)icons
9    {
10       if (!_icons) {
11           // 快速包装一个装有两个图片对象的数组
12           _icons = @[[UIImage imageNamed:@"spark_blue"],
13           [UIImage imageNamed:@"spark_cyan"]];
14       }
15       return _icons;
16   }
17   @end
```

在上述代码中，第 4 行代码定义了一个 NSArray 类型的 icons，用于保存图片；第 8～16 行代码使用懒加载的方式初始化 icons，并使用 if 语句进行判断，若_icons 是第一次加载，将快速包装的数组赋值给_icons，从而保证数组只会被加载一次。

（2）抽取一个根据触摸点的位置绘制图像的方法，以便于在不同的情况下使用，提高代码的复用性，代码如下所示。

```
1    /** 抽取的绘制图像的方法*/
2    - (void)drawImageWithTouches:(NSSet *)touches{
3        // 定义一个索引值
4        int i = 0;
5        // 遍历集合，取出所有的触屏对象
6        for (UITouch *touch in touches) {
7            // 获取触摸点的位置
8            CGPoint location = [touch locationInView:self.view];
9            // 添加一个 imageView 放置图片
10           UIImageView*imageView= [[UIImageView alloc] initWithImage:self.icons[i]];
11           // 设置 imageView 的中心点为触摸点
12           imageView.center = location;
13           [self.view addSubview:imageView];
14           // 增加索引值
15           i++;
```

```
16          // 添加一个动画,将 imageView 从父视图删除
17          [UIView animateWithDuration:2.0f animations:^{
18              imageView.alpha = 0.0f; // 降低透明度
19          }completion:^(BOOL finished) {
20              [imageView removeFromSuperview]; // 移除 imageView
21          }];
22      }
23  }
```

上述方法用于绘制图像,其中,第 4 行代码定义了一个 int 类型的数值,用于表示索引值;第 6 行代码使用 for in 语句遍历 touches 集合中的所有触屏对象;第 8 行代码调用 locationInView 方法获取触摸点的位置;第 10~13 行代码添加了一个 imageView 放置图片,并将其 center 设置为触摸点;第 15 行代码根据 for 循环的次数增加索引值;第 17 行代码使用 UIView 类的 animateWithDuration: animations 方法添加动画,实现两秒后将 imageView 的透明度逐渐变为零,并在动画结束后移除 imageView,避免浪费过多的内存。

(3)在 touchesBegan: withEvent: 方法中,调用绘制图像的方法,代码如下所示。

```
/** 触摸开始的方法*/
- (void)touchesBegan:(NSSet<UITouch *> *)touches withEvent:(UIEvent *)event
{
    // 绘制图像
    [self drawImageWithTouches:touches];
}
```

运行程序,程序运行成功后,按住 option 键,屏幕出现两个白色圆点,相当于手指,单击屏幕,出现不同颜色的圆点图片,在停留两秒后图片消失,连续单击,可绘制成各式各样的形状,如图 7-5 所示。

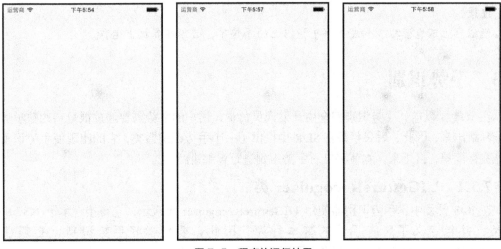

图 7-5　程序的运行结果

图 7-5 所示是程序运行后的部分场景图,由图可知,每次可形成两个点图像,且颜色不同,单击屏幕两秒后,点图像消失,根据单击次数的增加,形成的点图像的数量也会增加,出现多个深浅不一的圆点的情况。

（4）同样，在 touchesMoved: withEvent: 方法中，调用绘制图像的方法，代码如下所示。

```
/** 触摸移动的方法*/
- (void)touchesMoved:(NSSet<UITouch *> *)touches withEvent:(UIEvent *)event
{
    // 绘制图像
    [self drawImageWithTouches:touches];
}
```

运行程序，程序运行成功后，按住 option 键，单击鼠标左键并移动，绘制出了两个颜色的路径，路径随着时间的推移而消失，如图 7-6 所示。

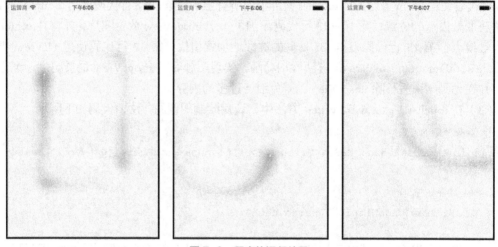

图 7-6　程序的运行结果

图 7-6 所示是程序运行后的部分场景图，由图可知，单击屏幕并移动鼠标，根据移动的位置，会形成两条不同颜色的路径，随着时间的推移，路径的尾部渐渐消失。

注意：

模拟器上不能模拟 3 个或 3 个手指以上的手势了，必须在真机上运行。

7.3 手势识别

在 iOS 4 以前，手势识别完全由开发人员负责，用户的手势需要通过很复杂的数学运算才能判断出来，因此，后来苹果在 SDK 中提供了一个手势识别器类，它的出现使手势识别的功能变得简单，接下来，本节将针对手势识别进行详细讲解。

7.3.1 UIGestureRecognizer 类

在 iOS 开发中，手势识别器使用 UIGestureRecognizer 类表示，它直接继承于 NSObject 基类，并且定义了所有手势的基本行为，因此，要想学好手势识别，必须掌握 UIGestureRecognizer 定义的一些重要属性和方法，具体如下。

1. UIGestureRecognizer 类的属性

UIGestureRecognizer 类定义了一些常用的属性，例如，用于获取手势识别发生的视图等。表 7-1 列举了 UIGestureRecognizer 类常见的属性。

表 7-1　UIGestureRecognizer 类的常见属性

属性声明	功能描述
@property(nonatomic,readonly) UIGestureRecognizerState state;	获取手势识别当前的状态
@property(nullable,nonatomic,weak) id <UIGestureRecognizerDelegate> delegate;	设置代理属性
@property(nullable, nonatomic,readonly) UIView *view;	获取手势识别发生的视图

表 7-1 列举了 UIGestureRecognizer 类的常见属性，其中，state 是 UIGestureRecognizerState 类型的，它是一个枚举类型，该枚举类型的定义格式如下所示。

```
typedef NS_ENUM(NSInteger, UIGestureRecognizerState) {
    // 没有触摸事件发生，所有手势识别的默认状态
    UIGestureRecognizerStatePossible,
    // 一个手势已经开始但尚未改变或者完成
    UIGestureRecognizerStateBegan,
    // 手势状态发生改变
    UIGestureRecognizerStateChanged,
    // 手势完成
    UIGestureRecognizerStateEnded,
    // 手势取消，恢复至默认状态
    UIGestureRecognizerStateCancelled,
    // 手势失败，恢复至默认状态
    UIGestureRecognizerStateFailed,
    // 识别到手势
    UIGestureRecognizerStateRecognized = UIGestureRecognizerStateEnded
};
```

从上述代码可以看出，手势识别包括 7 种状态，根据用户触摸的手势变化，这些状态会根据它们是否符合特定条件来决定是否过渡到下一个状态。接下来，通过一张图来描述手势识别状态的变化，如图 7-7 所示。

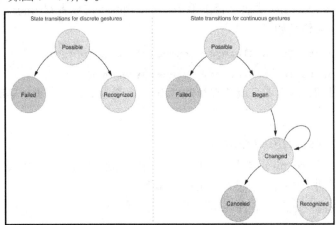

图 7-7　手势识别状态变化的示意图

图 7-7 所示是手势识别状态发生变化的示意图，由图可知，左半部分是一个分离的手势，右半部分是一个连续的手势，默认都是 Possible 状态，符合一定的条件后，从一个状态转入到

另一个状态。

2. UIGestureRecognizer 类的方法

UIGestureRecognizer 类不仅定义了属性，而且还定义了一些方法，其中最常用的方法如下。

```
- (instancetype)initWithTarget:(nullable id)target action:(nullable SEL)action;
- (void)addTarget:(id)target action:(SEL)action;
- (void)removeTarget:(nullable id)target action:(nullable SEL)action;
```

关于上述 3 个方法的具体讲解如下所示：

- initWithTarget:action::初始化一个带有触摸执行事件的手势识别器。
- addTarget:action::添加一个触摸执行事件。
- removeTarget:action::移除触摸执行事件。

既然 UIGestureRecognizer 类作为手势识别器的基类，它必定有很多子类，一般情况下，我们都会选择子类来处理不同的手势，接下来，通过一张图来描述 UIGestureRecognizer 的继承体系，如图 7-8 所示。

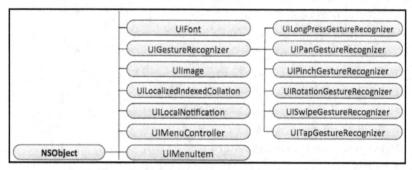

图 7-8 UIGestureRecognizer 类的继承体系结构

图 7-8 所示是 UIGestureRecognizer 类的继承体系结构图，由图可知，UIGestureRecognizer 类包含 6 个子类，每个子类都用于识别指定的手势，具体如下。

1. UITapGestureRecognizer

UITapGestureRecognizer 类表示轻击手势，可以判断单击或者双击的动作，该类定义了两个属性，它们的定义格式如下：

```
@property (nonatomic) NSUInteger numberOfTapsRequired;
@property (nonatomic) NSUInteger numberOfTouchesRequired;
```

从上述代码可知，以上两个属性都是 NSUInteger 类型的，分别表示单击的次数和手指的个数。

2. UIPinchGestureRecognizer

UIPinchGestureRecognizer 类表示捏合手势，用于缩放视图或者改变某些视图的大小。同样，该类也定义了两个属性，它们的定义格式如下：

```
@property (nonatomic) CGFloat scale;
@property (nonatomic,readonly) CGFloat velocity;
```

从上述代码可以看出，这两个属性都是 CGFloat 类型的，其中，scale 表示手指捏合，大于 1 代表两个手指之间的距离变大，小于 1 代表两个手指之间的距离变小；velocity 表示手指捏合动作时的速率。

3．UIPanGestureRecognizer

UIPanGestureRecognizer 类表示平移手势，该手势可以识别拖曳和移动动作，同样，该类定义了两个属性，它们的定义格式如下：

```
@property (nonatomic)  NSUInteger minimumNumberOfTouches;
@property (nonatomic)  NSUInteger maximumNumberOfTouches;
```

从上述代码可以看出，它们都是 NSUInteger 类型的，分别表示最少手指个数和最多手指个数。

4．UISwipeGestureRecognizer

UISwipeGestureRecognizer 类表示轻扫手势，当用户从屏幕上划过时识别该手势，可以指定该动作的方向，与平移不同，它是快速动作。该类定义了两个属性，它们的定义格式如下所示：

```
@property(nonatomic) NSUInteger  numberOfTouchesRequired;
@property(nonatomic) UISwipeGestureRecognizerDirection direction;
```

由上述代码可知，numberOfTouchesRequired 是 NSUInteger 类型的，表示滑动手指的个数；direction 是 UISwipeGestureRecognizerDirection 类型的，表示手指滑动的方向，它是一个枚举类型，具体定义格式如下所示：

```
typedef NS_OPTIONS(NSUInteger, UISwipeGestureRecognizerDirection) {
    UISwipeGestureRecognizerDirectionRight = 1 << 0,
    UISwipeGestureRecognizerDirectionLeft  = 1 << 1,
    UISwipeGestureRecognizerDirectionUp    = 1 << 2,
    UISwipeGestureRecognizerDirectionDown  = 1 << 3
};
```

从上述代码看出，该枚举总共有 4 个值，分别表示右、左、上、下 4 个方向。

5．UIRotationGestureRecognizer

UIRotationGestureRecognizer 类表示转动手势，如果用户两指在屏幕上做相对的环形运动，利用该手势就可以识别出来。该类定义了两个属性，它们的定义格式如下所示：

```
@property (nonatomic) CGFloat rotation;
@property (nonatomic,readonly) CGFloat velocity;
```

从上述代码可知，它包含有两个 CGFloat 类型的属性，其中，rotation 表示旋转方向，若小于零为逆时针旋转手势，若大于零则为顺时针手势；velocity 表示旋转速率。

6．UILongPressGestureRecognizer

UILongPressGestureRecognizer 类表示长按手势，手指触摸屏幕并保持一定时间。该类定义了 4 个属性，分别具有各自的意义，具体的定义格式如下所示：

```
@property (nonatomic) NSUInteger numberOfTapsRequired;
@property (nonatomic) NSUInteger numberOfTouchesRequired;
@property (nonatomic) CFTimeInterval minimumPressDuration;
@property (nonatomic) CGFloat allowableMovement;
```

从上述代码看出，前面两个属性是 NSUInteger 类型的，分别表示需要长按时的单击次数和需要长按的手指个数；minimumPressDuration 表示需要长按的时间，最小为 0.5 秒；allowableMovement 表示手指按住并允许移动的距离。

它们作为 UIGestureRecognizer 类的子类，拥有了该类的方法，可以使用这些方法添加手势识别器。除此之外，对象库也提供了这些相对手势的识别器控件，如图 7-9 所示。

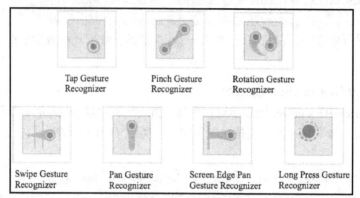

图 7-9　对象库面板的手势识别器控件

图 7-9 所示是对象库面板中的不同手势的识别器控件，其中有一个手势是 Screen Edge Pan Gesture Recognizer，它是 iOS 7 新加入的手势识别器，属于 UIScreenEdgePanGestureRecognizer 类，该类是 UIPanGestureRecognizer 的一个子类，表示屏幕边缘拖曳手势，如果用户在屏幕边缘附近使用一个拖曳手势，它就会识别到。

为了帮助大家更好地掌握如何使用手势识别器控件，接下来，我们打开 Main.storyboard 界面，添加一个 Image View 控件，并选择捏合手势识别器来放大缩小图片，操作如图 7-10 所示。

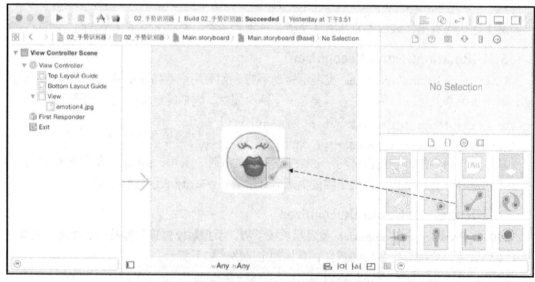

图 7-10　给 Image View 添加捏合手势识别器

如果想确认手势识别器和图片是否连接上，选中 Image View，打开"连接检查器"面板，如果看到手势识别器已经有关联了，说明连接成功，如图 7-11 所示。

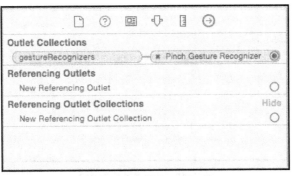

图 7-11 "连接检查器"面板

完成手势识别和视图的连接后，通常都会添加一个回调方法，用于手指在进行捏合动作时，可以做一些实际的事情，同时，Pinch Gesture Recognizer 检测到捏合手势时，会调用这个方法，具体示例如下。

```
1  -(IBAction)pinch:(UIPinchGestureRecognizer *)recognizer
2  {
3      // 1.获取发生的视图
4      UIView *view = recognizer.view;
5      // 2.缩放
6      view.transform = CGAffineTransformScale(view.transform,
7      recognizer.scale, recognizer.scale);
8      recognizer.scale = 1.0;
9  }
```

上述代码中，第 4 行代码用于获取捏合手势识别发生的视图；第 6 行代码用于设置视图的 transform，它会按照一定比例放大或者缩小视图。

方法添加完成之后，需要将方法关联到 Pinch Gesture Recognizer。在 Interface Builder 中选中 Pinch Gesture Recognizer，打开"连接检查器"面板，将鼠标移动到 selecter 后面的空心圆圈上，会出现一个⊕图标，按住鼠标左键拖线到 View Controller，会出现一个弹框，选择"pinch:"即可，这时，在原来的 selecter 位置，出现了一个新的连接，如图 7-12 所示。

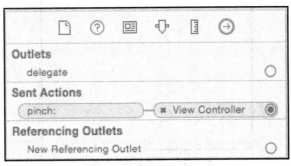

图 7-12 "连接检查器"面板

经历上面过程，当程序界面的 Pinch Gesture Recognizer 检测到 Image View 出现捏合手势时，会调用 pinch 方法，实现图片的缩放功能，执行流程如图 7-13 所示。

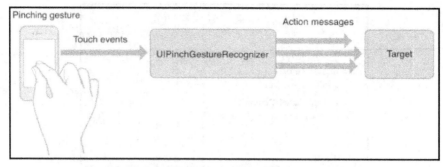

图 7-13 捏合手势执行流程

7.3.2 实战演练——轻扫手势

iPhone 的滑动解锁操作是轻扫动作的经典应用,接下来,我们开发一个轻扫手势的案例,当用户轻扫屏幕时,如水平轻扫,在手指的触摸点会出现一个图片,随着轻扫的动作,图片会形成移动的效果,具体步骤如下。

1. 创建工程,设计界面

新建一个 Single View Application 应用,名称为 02_轻扫手势,在 Main.storyboard 界面中添加一个 Image View,用于显示触摸出现的图片,可放置到任意位置,这里先将图片资源存放到 Assets.xcassets 文件中,暂时先不设定 Image,如图 7-14 所示。

图 7-14 搭建好的程序界面

2. 创建控件对象的关联

单击 Xcode 界面右上角的 图标,进入控件与代码的关联界面,使用控件和代码关联的方式,添加一个 Image View 属性,命名为 emotionView,用于表情图片,添加完成后的界面如图 7-15 所示。

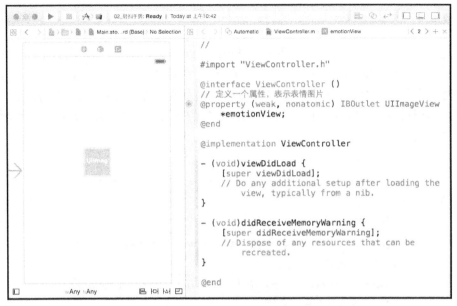

图 7-15 关联完成的界面

3. 实现轻扫手势

（1）在 ViewController.m 文件的类扩展部分，定义两个 UISwipeGestureRecognizer 类型的属性，分别表示向左轻扫和向右轻扫手势识别器，代码如下所示。

```
1   #import "ViewController.h"
2   @interface ViewController ()
3   // 定义一个属性，表示表情图片
4   @property (weak, nonatomic) IBOutlet UIImageView *emotionView;
5   // 定义两个属性，分别表示向左轻扫和向右轻扫手势识别器
6   @property (nonatomic, strong) UISwipeGestureRecognizer *swipeLeft;
7   @property (nonatomic, strong) UISwipeGestureRecognizer *swipeRight;
8   @end
```

（2）在 viewDidLoad 方法中，分别添加左右两个方向的轻扫手势识别器，代码如下所示。

```
1   - (void)viewDidLoad {
2       [super viewDidLoad];
3       // 初始化左侧和右侧方向轻扫手势识别器
4       self.swipeLeft = [[UISwipeGestureRecognizer alloc]
5       initWithTarget:self action:@selector(swipe:)];
6       self.swipeRight = [[UISwipeGestureRecognizer alloc]
7       initWithTarget:self action:@selector(swipe:)];
8       // 把两个手势识别器添加到主视图
9       [self.view addGestureRecognizer:self.swipeLeft];
10      [self.view addGestureRecognizer:self.swipeRight];
11      // 设置识别器检测的轻扫方向
12      self.swipeLeft.direction = UISwipeGestureRecognizerDirectionLeft;
```

```
13        self.swipeRight.direction = UISwipeGestureRecognizerDirectionRight;
14    }
```

在上述代码中，第4~7行代码调用initWithTarget:action方法，初始化了左右侧两个方向的轻扫手势识别器，并设定了回调方法；第9~10行代码调用addGestureRecognizer方法将这两个手势识别器添加到主视图上；第12~13行代码设置了两个识别器检测的方向。

（3）当识别器检测到轻扫手势时，设置图片的位置随着手势动画地移动，且动画地由显示到消失，代码如下所示。

```
1   /** 检测到轻扫手势回调的方法*/
2   - (void)swipe:(UISwipeGestureRecognizer *)recognizer
3   {
4       // 获取手势的触摸点
5       CGPoint location = [recognizer locationInView:self.view];
6       // 设置图片的内容
7       self.emotionView.image = [UIImage imageNamed:@"emotion"];
8       // 设置图片的初始位置
9       self.emotionView.center = location;
10      // 设置图片的透明度
11      self.emotionView.alpha = 1.0;
12      // 检测当前手势的方向是向左还是向右
13      if (recognizer.direction == UISwipeGestureRecognizerDirectionLeft) {
14          location.x -= 150.0;
15      }else{
16          location.x += 150.0;
17      }
18      // 添加动画
19      [UIView animateWithDuration:0.6f animations:^{
20          // 设置图片的透明度和移动的位置
21          self.emotionView.alpha = 0.0;
22          self.emotionView.center = location;
23      }];
24  }
```

从上述代码可以看出，当视图检测到轻扫手势时，会调用该方法，其中，第5行代码获取了该手势的触摸点；第7~11行代码设置了图片的image及alpha，并将触摸点设置为图片的初始位置；第13~17行代码使用if语句判断，若该手势的方向为左侧，则触摸点的X值减少150，代表坐标位置向左偏移，反之，则触摸点的X值增加150，代表坐标位置向右偏移；第19~23行代码使用UIView的动画，调用animateWithDuration:animations方法，动画地改变图片的透明度和位置。

4. 运行程序

单击Xcode工具的运行按钮，在模拟器上运行程序。程序运行成功后，单击屏幕，按住鼠标左键向右快速拖动一段距离后松开鼠标，同时，图片随着手势同方向地移动，并渐渐地消失,一个轻扫手势开发完成,程序运行的部分场景如图7-16所示。

图 7-16 向右轻扫屏幕

7.3.3 实战演练——捏合手势

捏合手势实现也是比较简单的,当手指落在屏幕上时,屏幕一定是存在两个触摸点的,根据两点的距离,开始捏合后,需要同步检测触摸点之间的距离变化,若距离增大,则放大图片,反之,则缩小图片,这样,就能够看到一个图片缩放的效果,接下来,通过一个案例来实现捏合手势,具体步骤如下。

1. 创建程序,设计界面

(1)新建一个 Single View Application 应用,名称为 03_捏合手势,打开 Main.storyboard 界面,设置 View 的 Background 为浅灰色,在 View 内添加一个 Image View,用于显示图片,并设置其可接受用户交互和多点触摸。

(2)将名称为 minions.jpg 的图片资源放到 Assets.xcassets 文件中,设计好的界面如图 7-17 所示。

图 7-17 设计好的程序界面

2. 创建控件对象的关联

单击 Xcode 界面右上角的 ◎ 图标，进入控件与代码的关联界面，使用控件和代码关联的方式，添加一个 Image View，命名为 imageView，用于图像，添加完成后的界面如图 7-18 所示。

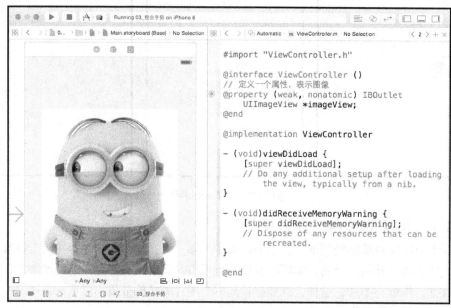

图 7-18 关联完成的界面

3. 实现捏合手势

（1）在 viewDidLoad 方法中，添加一个捏合手势识别器，并连接了 imageView，代码如下。

```
1    @interface ViewController ()
2    // 定义一个属性，表示图像
3    @property (weak, nonatomic) IBOutlet UIImageView *imageView;
4    @end
5    @implementation ViewController
6    - (void)viewDidLoad {
7        [super viewDidLoad];
8        // 初始化一个捏合手势识别器
9        UIPinchGestureRecognizer *pinchGesture = [[UIPinchGestureRecognizer alloc]
10           initWithTarget:self action:@selector(pinch:)];
11       // 把手势识别器添加到图像视图
12       [self.imageView addGestureRecognizer:pinchGesture];
13   }
14   @end
```

在上述代码中，第 9 行代码调用 initWithTarget:action 方法，初始化了一个捏合手势识别器，并设定了回调方法；第 12 行代码调用 addGestureRecognizer 方法将该手势识别器添加到 imageView 上。

（2）当识别器检测到捏合手势时，需要设置图片的大小随着手势动画地放大或者缩小，代码如下所示。

```
1   /** 检测到捏合手势后回调的方法*/
2   - (void)pinch:(UIPinchGestureRecognizer *)recognizer
3   {
4       // 获取手势发生的视图
5       UIView *view = recognizer.view;
6       // 叠加缩放图像
7       view.transform = CGAffineTransformScale(view.transform,
8       recognizer.scale, recognizer.scale);
9       // 每次形变之后，将当前的大小作为初始比例
10      recognizer.scale = 1.0;
11  }
```

当 imageView 检测到捏合手势时，会回调 pinch 方法，其中，第 5 行代码获取了捏合手势发生的视图，即 imageView；第 7 行代码使用 CGAffineTransformScale()函数动画地缩放图像；第 10 行代码将当前的大小作为初始比例。

4．运行程序

单击 Xcode 工具的运行按钮，在模拟器上运行程序。程序运行成功后，按住 option 键，屏幕出现了两个白点，将两个白点同时移动到图像上，按住鼠标左键拖曳，图片根据一定的宽高比例，随着手势的变化而放大缩小，一个捏合手势开发完成，程序运行的部分场景如图 7-19 所示。

图 7-19　放大和缩小图像

7.4　本章小结

本章首先介绍了事件相关的内容，包括事件对象、事件的分类，然后简单介绍了触摸事件的内容，包括触摸对象、响应对象及响应者链条，最后针对 UIGestureRecognizer 类包含的子类进行了详细讲解，可以检测到常用的几种手势，大家应该熟练掌握它们的基本使用，丰富程序的功能。

【思考题】
1. UIView 不接受触屏事件的原因有哪些？
2. 简述响应者链条是如何传递事件的。
扫描右方二维码，查看思考题答案！

第 8 章 核心动画

学习目标

- 掌握 CALayer 的使用，了解图层的动画属性。
- 掌握 CAAnimation 类所包含的子类的使用。

优美的动画可以获取更好的用户体验，iPhone 支持许多动画效果，它提供了一组强大的动画处理 API，即 Core Animation，它不仅可以实现炫丽的动画效果，而且可以使编程更加简单。本章将针对 Core Animation 提供的核心动画进行详细讲解。

8.1 CALayer

在 iOS 开发中，UIView 是界面元素的基础，凡是界面上能够看到的东西均属于该类，它本身不具备显示功能，主要负责的是监听和响应事件，而该功能的实现完全依赖于它内部的一个图层，即 CALayer 类，本节将针对 CALayer 类进行详细讲解。

8.1.1 CALayer 类概述

在 iOS 开发中，CALayer 类属于 Quartz Core 框架，它直接继承于 NSObject 基类，是一个表示矩形区域内的可视内容类，专门负责显示视图的内容和动画，接下来，通过一张图来描述 CALayer 的层次结构，如图 8-1 所示。

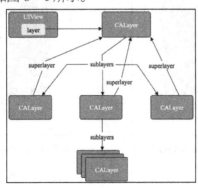

图 8-1 CALayer 的层次结构图

在图 8-1 中，每个 UIView 实例都伴随着一个 CALayer 实例，UIView 的内部包含一个 layer 属性，我们可以通过 layer 属性访问 CALayer 实例，layer 属性的定义格式如下所示：

```
@property(nonatomic,readonly,strong)  CALayer  *layer;
```

使用 CALayer 对象，可以很方便地调整 UIView 的一些外观样式，例如，背景色，为此，CALayer 类还提供了一些用来设置视图外观的属性，见表 8-1。

表 8-1 CALayer 类的常用属性

属性声明	功能描述
@property CGPoint position;	设置或获取图层的位置，默认指中点
@property CGPoint anchorPoint;	设置或者获取锚点，X 和 Y 的范围都是 $0 \sim 1$
@property(nullable) CGColorRef backgroundColor;	设置图层的背景颜色
@property CATransform3D transform;	设置图层的形变
@property(nullable, strong) id contents;	设置图层的内容

表 8-1 列举了 CALayer 类的常用属性，其中，position 和 anchorPoint 两个属性十分重要，接下来，针对这两个属性进行详细讲解，具体如下。

- position：用于设置图层在父图层中的位置，以父图层的左上角为原点，默认指定为中点。
- anchorPoint：表示定位点或者锚点，X 和 Y 的范围都是 $0 \sim 1$，默认值为(0.5, 0.5)，以自己的左上角为原点。

为了大家更好地理解上述两个属性之间的关系，这里假设有一个背景色为深灰色的父图层，一个背景色为浅灰色的子图层，子图层的 position 为（100，100），根据锚点值的不同，子图层与 position 的关系如下。

（1）anchorPoint 的值为（0，0）时，子图层与 position 的关系如图 8-2 所示。

（2）anchorPoint 的值为（0.5，0.5）时，子图层与 position 的关系如图 8-3 所示。

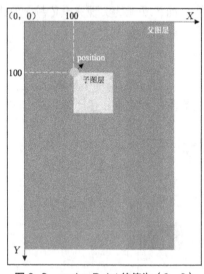

图 8-2 anchorPoint 的值为（0，0）

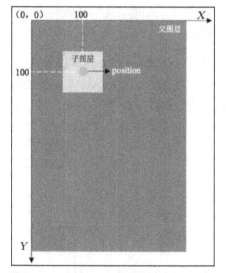

图 8-3 anchorPoint 的值为（0.5，0.5）

（3）anchorPoint 的值为（1，1），子图层与 position 的关系如图 8-4 所示。

（4）anchorPoint 的值为（0.5，0），子图层与 position 的关系如图 8-5 所示。

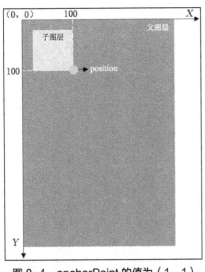
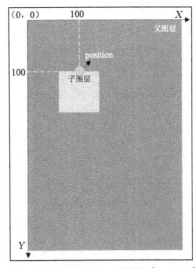

图 8-4 anchorPoint 的值为 (1, 1)　　　　图 8-5 anchorPoint 的值为 (0.5, 0)

从图 8-2~图 8-5 可以看出，锚点决定了图层中某个点的位置，锚点的 X 或者 Y 值类似于一个比例值，子图层按照这个比例找到其内部对应的点，这个点就是 position。

8.1.2　实战演练——给图像添加阴影、边框和圆角

很多图形化应用中，通常都会包括一些处理图形的功能，例如，为图像添加阴影、边框或者圆角等。为了大家更好地理解，接下来，使用 CALayer 类提供的属性，实现一个给图像添加阴影、边框和圆角效果的案例，具体步骤如下。

1. 新建应用，添加图片资源

创建一个 Single View Application 应用，名称为 01_CALayer。打开 Assets.xcassets 文件夹，将名称为 me.png 的图片拖到此文件夹，添加完成的界面如图 8-6 所示。

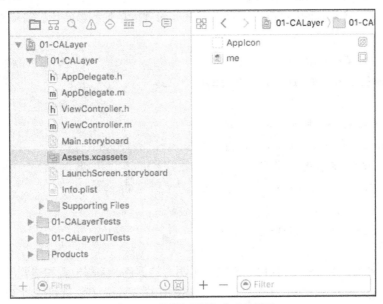

图 8-6　图片资源添加完成的界面

2. 实现阴影、边框和圆角的效果

（1）在 ViewController.m 中的类扩展部分，添加一个 UIImageView 类型的属性表示图像，在 ViewController.m 中的实现部分，使用懒加载的方式加载，代码如下所示。

```objc
1   #import "ViewController.h"
2   @interface ViewController ()
3   // 定义一个属性，表示图像
4   @property (nonatomic, strong) UIImageView *iconView;
5   @end
6   @implementation ViewController
7   #pragma mark - 懒加载
8   - (UIImageView *)iconView
9   {
10      if (!_iconView) {
11          _iconView = [[UIImageView alloc] initWithFrame:
12          CGRectMake(140, 280, 100, 100)];
13          [self.view addSubview:_iconView];
14      }
15      return _iconView;
16  }
17  @end
```

在上述代码中，第 2~5 行代码是 ViewController 的类扩展部分，其中，第 4 行代码定义了一个 iconView 属性，用于设置图像；第 8~16 行代码是其对应的懒加载，即重写 iconView 的 get 方法，在该方法内部，使用 if 语句判断 _iconView 是否为 nil，若为 nil，初始化一个固定大小的 _iconView，并添加到视图上。

（2）自定义一个添加阴影的方法，该方法用于设置图层的阴影颜色、偏移位置和透明度，代码如下所示。

```objc
1   /** 添加阴影的方法*/
2   - (void)addShadowInLayer:(CALayer *)layer
3   {
4       // 设置阴影颜色
5       layer.shadowColor = [UIColor blackColor].CGColor;
6       // 设置偏移位置
7       layer.shadowOffset = CGSizeMake(10, 10);
8       // 设置阴影的透明度
9       layer.shadowOpacity = 0.3f;
10  }
```

在上述代码中，第 4~9 行代码分别设置了阴影的颜色、偏移位置和透明度。需要注意的是，shadowColor 是 CGColorRef 类型的，直接使用 CGColor 方法就可以将 UIColor 转换为 CGColorRef 类型。

（3）按照相同的方式，自定义两个添加边框和圆角的方法，在相应的方法内实现一定的逻辑，代码如下。

```objc
/** 添加边框的方法*/
- (void)addBorderInLayer:(CALayer *)layer
{
    // 设置边框的颜色
    layer.borderColor = [UIColor blackColor].CGColor;
    // 设置边框的宽度
    layer.borderWidth = 5.0f;
}
/** 添加圆角的方法*/
- (void)addCornerInLayer:(CALayer *)layer
{
    // 设置圆角半径
    layer.cornerRadius = 50;
    // 裁剪掉多余的部分
    layer.masksToBounds = YES;
}
```

（4）在 viewDidLoad 方法内，设置 iconView 的图片，并获取 iconView 的图层，分别给图层添加阴影、边框和圆角，代码如下。

```objc
- (void)viewDidLoad {
    [super viewDidLoad];
    // 设置 iconView 的图像
    self.iconView.image = [UIImage imageNamed:@"me"];
    // 获取图层
    CALayer *layer = self.iconView.layer;
    // 添加阴影
    [self addShadowInLayer:layer];
    // 添加边框
    [self addBorderInLayer:layer];
    // 添加圆角
    [self addCornerInLayer:layer];
}
```

3.运行程序

依次调用添加阴影、边框和圆角的方法，每调用一个方法便在模拟器上运行一次程序，程序运行成功后，程序依次会给图片添加阴影、边框和圆角，程序运行的部分场景如图 8-7 所示。

图 8-7　程序的运行结果

需要注意的是，如果图像原本有阴影效果，这时，如果继续为图像添加圆角，阴影效果会消失。这是因为 masksToBounds 属性设置后，会遮盖阴影部分，导致阴影效果失效。

多学一招：CALayer 的隐式动画

每一个 UIView 内部默认关联着一个 CALayer，它被称为 Root Layer，这就是根层。除此之外，我们可以手动地创建 CALayer 类的对象，这些对象内部都存在着隐式动画。

所谓隐式动画，就是对非根层的部分属性进行修改时，如 bounds、backgroundColor 等，默认的情况下，它会产生动画的效果，这些属性被称为可动画属性。

为了大家更好地理解，接下来，创建一个工程，命名为 02_隐式动画，通过一个案例来演示，具体内容如下。

（1）在 ViewController.m 的类扩展部分定义一个属性，表示图层，代码如下所示。

```
1  #import "ViewController.h"
2  @interface ViewController ()
3  // 定义一个属性，表示图层
4  @property (nonatomic, weak) CALayer *layer;
5  @end
```

（2）在 viewDidLoad 方法中，新建一个图层，设置其大小、位置和背景颜色，代码如下所示。

```
1  - (void)viewDidLoad {
2      [super viewDidLoad];
3      // 新建一个图层
4      CALayer *layer = [CALayer layer];
5      // 指定图层的大小和位置
6      layer.bounds = CGRectMake(0, 0, 100, 100);
7      layer.position = CGPointMake(self.view.center.x, self.view.center.y);
8      // 设置背景颜色
9      layer.backgroundColor = [UIColor blueColor].CGColor;
10     // 将图层添加到视图的图层中
```

```
11      [self.view.layer addSublayer:layer];
12      self.layer = layer;
13  }
```

从上述代码可以看出,第 4 行代码调用类方法 layer 创建了一个图层 layer;第 6 行代码设置了 layer 的大小和位置;第 9 行代码设置了 layer 的背景颜色;第 11 行代码调用 addSublayer 方法,将 layer 添加到根层。

(3) 单击屏幕,修改图层的背景颜色及圆角,代码如下所示。

```
1   /** 触摸开始的方法 */
2   - (void)touchesBegan:(NSSet *)touches withEvent:(UIEvent *)event
3   {
4       // 改变背景颜色
5       self.layer.backgroundColor = [UIColor orangeColor].CGColor;
6       // 设置圆角
7       self.layer.cornerRadius = 20;
8   }
```

从上述代码可以看出,它是 touchesBegan: withEvent 方法,其中,第 5~7 行代码更改了图层的背景颜色为橙色,并设置图层的圆角。

(4) 单击运行按钮,程序运行成功后,单击屏幕后,动画地修改了背景颜色和圆角,程序运行的部分场景如图 8-8 所示。

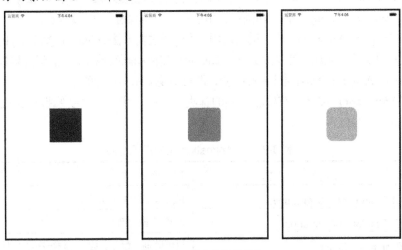

图 8-8 程序的运行结果

注意:
iOS 6 环境下,Quartz Core 框架需要手动添加,在 iOS 7 之后添加了一个名称为 UIKit Dynamics 的框架,其内部包含了 Quartz Core 框架,因此开发时,我们无需再手动添加该框架。

8.2 Core Animation 详解

Core Animation 即核心动画,它属于 Quartz Core 框架,是一个基于图层,支持跨平台和后台操作的动画 API。Core Animation 提供了一个 CAAnimation 抽象类,它是所有动画类的基类,因此,它延展出了许多具体的动画类,接下来,通过一张图描述 CAAnimation 类的继承体系,如图 8-9 所示。

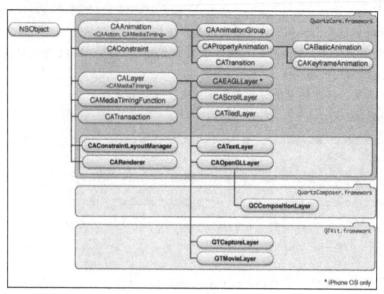

图 8-9　Core Animation 的相关类

Core Animation 中常用类的具体说明如下。
- CATransition:表示转场动画,它能够使用预置的过渡效果来控制 CALayer 的过渡动画。
- CAAnimationGroup:表示动画组,用于将多个动画组合在一起执行。
- CAPropertyAnimation:表示属性动画,可以通过类方法 animationWithKeyPath 来创建属性动画实例,该方法需要指定一个 CALayer 支持动画的属性,之后通过属性动画的子类控制 CALayer 的动画属性慢慢改变,即可实现 CALayer 动画。

由于 CAAnimation 类是所有核心动画的基类,因此,我们有必要掌握该类提供的一些常见属性,见表 8-2。

表 8-2　CAAnimation 类的常见属性

属性声明	功能描述
@property CFTimeInterval beginTime;	设定动画开始的时间
@property CFTimeInterval duration;	设置动画的持续时间
@property float repeatCount;	设置动画的重复次数,无限循环可设为 MAXFLOAT
@property CFTimeInterval repeatDuration;	设置动画的重复时间
@property(copy) NSString *fillMode;	决定当前对象在非活动时间段的行为
@property(nullable, strong) CAMediaTimingFunction *timingFunction;	负责控制动画变化的步长
@property(getter=isRemovedOnCompletion) BOOL removedOnCompletion;	指定该动画完成时是否从目标 CALayer 上删除该动画
@property(nullable, strong) id delegate;	设置动画的代理

表 8-2 是 CAAnimation 类的常见属性,其中前 5 个属性均是由 CAMediaTiming 协议提

供的，用于设定动画的状态。

同时，CAAnimation 类制定了一个 CAAnimationDelegate 协议，该协议内提供了两个方法，用于监听动画的状态，它们的定义格式如下：

```
- (void)animationDidStart:(CAAnimation *)anim;
- (void)animationDidStop:(CAAnimation *)anim finished:(BOOL)flag;
```

上述两个方法中，animationDidStart 方法是动画开始时调用的，animationDidStop:finished 是动画结束时回调的方法，这两个方法都允许开发者重写时执行自定义处理。

8.3 属性动画

8.3.1 CAPropertyAnimation 类

CAPropertyAnimation 类表示属性动画，它可以控制 CALayer 的动画属性持续改变，从而使外观看上去形成动画效果。CAPropertyAnimation 类提供了很多设定动画的属性，接下来，通过一张表来列举，见表 8-3。

表 8-3　CAPropertyAnimation 类的常见属性

属性声明	功能描述
@property(nullable, copy) NSString *keyPath;	返回创建属性动画时指定的参数
@property(getter=isAdditive) BOOL additive;	指定属性动画是否以当前动画为基础
@property(getter=isCumulative) BOOL cumulative;	指定动画是否为累加效果
@property(nullable, strong) CAValueFunction *valueFunction;	负责对属性改变的插值计算

表 8-3 列举了 CAPropertyAnimation 类的常见属性，其中，valueFunction 是一个 CAValueFunction 类型的对象，用于对属性改变的插值计算，系统已经提供了默认的插值计算方式，一般无需再指定。

CAPropertyAnimation 类是一个抽象类，它主要包括两个子类，通常情况下，我们都会采用这两个子类实现动画，关于这两个类的讲解具体如下。

1. 基本动画（CABasicAnimation）

基本动画使用 CABasicAnimation 类表示，它的实现方式比较简单，只需要指定动画开始和结束时间的属性值即可，具体如下：

```
@property(nullable, strong) id fromValue;
@property(nullable, strong) id toValue;
@property(nullable, strong) id byValue;
```

上述代码表示 CABasicAnimation 支持的 3 个属性，其中，fromValue 用于指定动画属性开始时的属性值；toValue 用于指定动画属性结束时的属性值；byValue 表示一个相对值。

2. 关键帧动画（CAkeyframeAnimation）

关键帧动画使用 CAKeyframeAnimation 类表示，与基本动画不同的是，它可以为动画属性指定多个值，图层的动画属性会从第一个属性值开始，依次经历每个属性值，直到变成最后一个属性值。

除此之外，它还能够通过 path 属性指定 CALayer 的移动路径，控制 CALayer 按照指定的轨迹移动。CAKeyframeAnimation 类中用于指定多个属性值或路径的常见属性见表 8-4。

表 8-4 CAKeyframeAnimation 类的常用属性

属性声明	功能描述
@property(nullable, copy) NSArray *values;	设置动画过程中的关键帧
@property(nullable) CGPathRef path;	设置关键帧动画经过的路径
@property(nullable, copy) NSArray<NSNumber *> *keyTimes;	设置每个子路径的时间点
@property(nullable, copy) NSArray<CAMediaTimingFunction *> *timingFunctions;	设置动画的时间函数
@property(copy) NSString *calculationMode;	决定了物体在子路径下的运动方式

表 8-4 列举了 CAKeyframeAnimation 类的常用属性，其中，values 是 NSArray 类型，它用于放置多个关键帧；path 与 values 的作用一样，如果指定 path 的值，values 的值会被忽略；keyTimes 用于为对应的关键帧指定相应的时间点，它的取值范围是 0~1.0，其内部的每一个时间值对应 values 中的每一个关键帧，若没有设置 keyTimes 的值，那么每个关键帧的时间是均等的；calculationMode 类似于 timingFunctions，它用于指定物体在子路径下的运动方式。

8.3.2 实战演练——使用动画旋转、平移、渐变和缩放"爱心"

通过上个小节的学习，我们用 CABasicAnimation 类可以实现一些基本的动画，接下来，本节将通过一个具体的案例，演示如何使用动画实现旋转、平移、渐变和缩放"爱心"的效果，具体步骤如下。

1. 新建工程，添加图片资源

新建一个 Single View Application 应用，名称为 03_基本动画。选中 Xcode 界面左侧的 Assets.xcassets 文件，将名称为 heart.png 的图片资源放到该文件中，如图 8-10 所示。

图 8-10 设计好的界面

2. 实现图像的平移、渐变、缩放和旋转功能

（1）在 ViewController.m 中，添加一个 UIImageView 类型的属性表示图像，并使用懒加载的方式对图像初始化，代码如下。

```objc
#import "ViewController.h"
@interface ViewController ()
// 定义一个属性,表示图像
@property (nonatomic, strong) UIImageView *iconView;
@end
@implementation ViewController
#pragma mark - 懒加载
- (UIImageView *)iconView
{
    if (!_iconView) {
        _iconView = [[UIImageView alloc] initWithImage:
        [UIImage imageNamed:@"heart"]];
        [self.view addSubview:_iconView];
    }
    return _iconView;
}
@end
```

(2)在 viewDidLoad 方法中,指定 iconView 的位置,代码如下。

```objc
- (void)viewDidLoad {
    [super viewDidLoad];
    // 指定图像的位置
    self.iconView.center = self.view.center;
}
```

(3)添加一个用于实现平移动画效果的方法,并根据需求,设置动画的相关属性,代码如下所示。

```objc
1    /** 平移动画的方法*/
2    - (void)translationAnimation:(CGPoint)point
3    {
4        // 创建基本动画,并指定可动画属性
5        CABasicAnimation *basicAnimation = [CABasicAnimation
6        animationWithKeyPath:@"position"];
7        // 设置目标值
8        basicAnimation.toValue = [NSValue valueWithCGPoint:point];
9        // 动画播放完成后,停留在目标位置
10       basicAnimation.removedOnCompletion = NO;
11       basicAnimation.fillMode = kCAFillModeForwards;
12       // 设置动画的时间函数
13       basicAnimation.timingFunction = [CAMediaTimingFunction
14       functionWithName:kCAMediaTimingFunctionEaseOut];
15       // 设置动画的时长
```

```
16        basicAnimation.duration = 2.0f;
17        // 添加到 iconView 的图层
18        [self.iconView.layer addAnimation:basicAnimation forKey:nil];
19    }
```

上述代码中，第 5 行代码调用了类方法 animationWithKeyPath 创建一个基本动画，并设定了动画属性为 position；第 8 行代码设定了目标值；第 10~11 行代码设置了保持动画后的状态；第 13 行代码调用类方法 functionWithName，并指定了速度由快到慢的效果，这里我们设置的速度为渐出；第 16 行代码设置了动画的时长；第 18 行代码调用 addAnimation: forKey 方法，将基本动画添加到 iconView 的图层上。

需要注意的是，当调用类方法 functionWithName 时，该方法需要传递一个表示速度的值，它支持的值具体如下。

- kCAMediaTimingFunctionLinear：匀速，一个相对静态的感觉。
- kCAMediaTimingFunctionEaseIn：渐进，动画缓慢进入，之后加速离开。
- kCAMediaTimingFunctionEaseOut：渐出，动画全速进入，之后减速到达目的地。
- kCAMediaTimingFunctionEaseInEaseOut：渐进渐出，动画缓慢进入，中间加速，之后减速到达目的地。
- kCAMediaTimingFunctionDefault：默认的效果就是渐进渐出。

（4）添加一个用于实现渐变动画效果的方法，并根据需求设定相应的属性，代码如下所示。

```
1     /** 渐变动画的方法*/
2     -(void)alphaChangedAnimation
3     {
4         // 创建一个基本动画，并指定可动画属性
5         CABasicAnimation *basicAnimation = [CABasicAnimation
6         animationWithKeyPath:@"opacity"];
7         // 设置起始值
8         basicAnimation.fromValue = @1.0;
9         // 设置目标值
10        basicAnimation.toValue = @0.0;
11        // 设置重复次数
12        basicAnimation.repeatCount = MAXFLOAT;
13        // 设置动画的时长
14        basicAnimation.duration = 2.0f;
15        // 添加到 iconView 的图层
16        [self.iconView.layer addAnimation:basicAnimation forKey:nil];
17    }
```

在上述代码中，第 5~6 行代码调用了类方法 animationWithKeyPath 创建一个基本动画，并设定了可动画属性为 opacity；第 8~10 行代码指定了起始值和目标值；第 12~14 行代码设置了动画的重复次数和时长；第 16 行代码调用 addAnimation: forKey 方法，将基本动画添加到 iconView 的图层上。

（5）添加一个方法，用于实现缩放的动画效果，根据需求设定相应的属性，示例代码如下。

```objc
1    /** 缩放动画的方法*/
2    - (void)scaleAnimation
3    {
4        // 创建一个基本动画，并指定可动画属性
5        CABasicAnimation *basicAnimation = [CABasicAnimation
6        animationWithKeyPath:@"transform.scale"];
7        // 设置起始值和目标值
8        basicAnimation.fromValue = @1.0;
9        basicAnimation.toValue = @0.5;
10       // 设置重复次数
11       basicAnimation.repeatCount = MAXFLOAT;
12       // 设置动画的时长
13       basicAnimation.duration = 2.0f;
14       // 添加到 iconView 的图层
15       [self.iconView.layer addAnimation:basicAnimation forKey:nil];
16   }
```

上述代码中，第5~6行代码调用了类方法 animationWithKeyPath 创建一个基本动画，并设定了可动画属性为 transform.scale；第8~9行代码指定了动画的起始值和目标值；第11~13行代码设置了动画的重复次数和时长；第15行代码调用 addAnimation: forKey 方法，将基本动画添加到 iconView 的图层上。

（6）添加一个方法，用于实现旋转的动画效果，根据需求设定相应的属性，代码如下所示。

```objc
1    /** 旋转动画的方法*/
2    - (void)rotateAnimation
3    {
4        // 创建一个基本动画，并指定可动画属性
5        CABasicAnimation *basicAnimation = [CABasicAnimation
6        animationWithKeyPath:@"transform.rotation.y"];
7        // 设置起始值和目标值
8        basicAnimation.fromValue = @0;
9        basicAnimation.toValue = @(M_PI);
10       // 设置动画的时长
11       basicAnimation.duration = 2.0f;
12       // 添加到 iconView 的图层
13       [self.iconView.layer addAnimation:basicAnimation forKey:nil];
14   }
```

上述代码中，第5行代码调用了类方法 animationWithKeyPath 创建一个基本动画，并设定了可动画属性为 transform.rotation.y；第8~9行代码指定了动画的起始值和目标值；第11行代码设置了动画的时长；第13行代码调用 addAnimation: forKey 方法，将基本动画添加到 iconView 的图层上。

（7）在 touchesBegan: withEvent 方法中，依次调用前面 4 个方法，实现平移、渐变、缩放、旋转的动画效果，代码如下。

```
1   /** 触摸开始的方法*/
2   - (void)touchesBegan:(NSSet *)touches withEvent:(UIEvent *)event
3   {
4       // 获取触摸点
5       CGPoint point = [[touches anyObject] locationInView:self.view];
6       // 实现平移的动画
7       [self translationAnimation:point];
8       // 实现渐变的动画
9       [self alphaChangedAnimation];
10      // 实现缩放的动画
11      [self scaleAnimation];
12      // 实现旋转的动画
13      [self rotateAnimation];
14  }
```

上述代码中，第 5 行代码获取了触摸点的位置；第 7~13 行代码依次调用方法，实现平移、渐变、缩放、旋转的动画效果。

3. 运行程序

（1）调用 translationAnimation 方法，单击运行按钮，程序运行成功后，在屏幕任意位置单击后，图像由快到慢地移动到该位置，实现了平移的动画效果，程序运行的部分场景如图 8-11 所示。

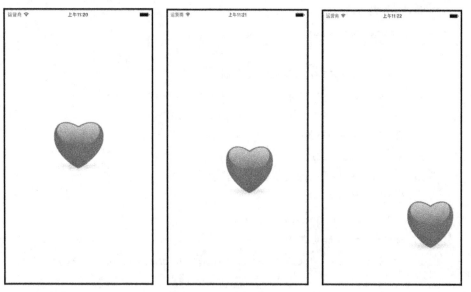

图 8-11　程序的运行结果

（2）注释调用 translationAnimation 方法的代码，调用 alphaChangedAnimation 和 scaleAnimation 方法。单击运行按钮，程序运行成功后，在屏幕任意位置单击后，图像的尺寸由大到小，同时透明度由深到浅改变，两秒后恢复到最初的状态，再次重复改变，实现了渐变和缩放的效果,程序运行的部分场景如图 8-12 所示。

图 8-12　程序的运行结果

（3）注释调用 alphaChangedAnimation 和 scaleAnimation 方法的代码,调用 rotateAnimation 方法。单击左上角的运行按钮,程序运行成功后,在屏幕任意位置单击后,图像围绕 Y 轴旋转一周,实现了旋转的效果,程序运行的部分场景如图 8-13 所示。

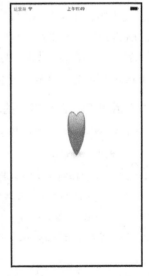

图 8-13　程序的运行结果

8.3.3　实战演练——小圆点绕矩形、圆形轨迹循环运动

掌握了 CABasicAnimation 类的使用后,接下来,通过一个案例来学习如何使用关键帧动画。本案例我们将实现的是小圆点绕矩形、圆形轨迹循环运动,具体步骤如下所示。

1. 在程序界面添加小圆点

新建一个 Single View Application 应用,名称为 04_关键帧动画。打开 ViewController.m,在类扩展部分添加一个 CALayer 类型的属性,同时,在实现部分使用懒加载的方式加载它,代码如下所示。

```objc
1    #import "ViewController.h"
2    @interface ViewController ()
3    // 定义一个属性，表示圆点
4    @property (nonatomic, strong) CALayer *rectLayer;
5    @end
6    @implementation ViewController
7    #pragma mark - 懒加载
8    - (CALayer *)rectLayer
9    {
10       if (!_rectLayer) {
11           _rectLayer = [CALayer layer];
12           _rectLayer.frame = CGRectMake(0, 200, 30, 30);
13           _rectLayer.cornerRadius = 15;// 设置圆角
14           [self.view.layer addSublayer:_rectLayer];
15       }
16       return _rectLayer;
17   }
18   @end
```

上述代码中，第 4 行代码定义了一个 CALayer 类型的属性 rectLayer，第 6~18 行代码是 ViewController 的实现部分，其中，第 8~17 行代码是 rectLayer 的 get 方法；第 10 行代码使用 if 语句判断_rectLayer 是否 nil；第 11 行代码调用类方法 layer 创建图层；第 12~13 行代码设置了 frame 和圆角；第 14 行代码调用 addSublayer 方法，将图层添加到主层。

2. 实现绕矩形、圆形运动的功能

（1）在 viewDidLoad 方法中，设置图层的背景颜色，将圆点显示到界面上，代码如下。

```objc
1    /** 视图加载完成*/
2    - (void)viewDidLoad {
3        [super viewDidLoad];
4        // 添加一个圆点图层
5        self.rectLayer.backgroundColor = [[UIColor blackColor] CGColor];
6    }
```

（2）添加一个方法，让小圆点绕矩形运动，速度由渐进到渐出，最后匀速到达目标值后，绕原轨迹返回到起始值，代码如下所示。

```objc
1    /** 绕矩形跑*/
2    - (void)animationInRect
3    {
4        // 添加一个关键帧动画，并指定可动画属性
5        CAKeyframeAnimation *rectRunAnimation = [CAKeyframeAnimation
6        animationWithKeyPath:@"position"];
```

```objc
7      //设定关键帧位置，必须含起始与终止位置
8      NSValue *valueOne = [NSValue valueWithCGPoint:
9                          CGPointMake(self.rectLayer.position.x,
10                                      self.rectLayer.position.y)];
11     NSValue *valueTwo = [NSValue valueWithCGPoint:
12                         CGPointMake(self.view.frame.size.width - 15,
13                                     self.rectLayer.position.y)];
14     NSValue *valueThree = [NSValue valueWithCGPoint:
15                           CGPointMake(self.view.frame.size.width - 15,
16                                       self.rectLayer.frame.origin.y + 100)];
17     NSValue *valueFour = [NSValue valueWithCGPoint:
18                          CGPointMake(self.rectLayer.position.x,
19                                      self.rectLayer.frame.origin.y + 100)];
20     NSValue *valueFive = [NSValue valueWithCGPoint:
21                          CGPointMake(self.rectLayer.position.x,
22                                      self.rectLayer.position.y)];
23     rectRunAnimation.values = @[valueOne, valueTwo, valueThree,
24                                 valueFour, valueFive];
25     //设定每个关键帧的时长，如果没有显式地设置，
26     //则默认每个帧的总时间= duration/(values.count - 1)
27     rectRunAnimation.keyTimes = @[[NSNumber numberWithFloat:0.0],
28                                   [NSNumber numberWithFloat:0.6],
29                                   [NSNumber numberWithFloat:0.7],
30                                   [NSNumber numberWithFloat:0.8],
31                                   [NSNumber numberWithFloat:1]];
32     // 设置关键帧的时间函数，由渐进渐出再到匀速
33     rectRunAnimation.timingFunctions = @[[CAMediaTimingFunction
34     functionWithName:kCAMediaTimingFunctionEaseInEaseOut],
35     [CAMediaTimingFunction functionWithName:kCAMediaTimingFunctionLinear],
36     [CAMediaTimingFunction functionWithName:kCAMediaTimingFunctionLinear],
37     [CAMediaTimingFunction functionWithName:kCAMediaTimingFunctionLinear]];
38     // 设置动画的重复次数
39     rectRunAnimation.repeatCount = 1;
40     // 当设定为 YES 时，物体到达目的地后，动画会返回到开始的值，代替了直接跳转到开始的值
41     rectRunAnimation.autoreverses = YES;
42     // 设置动画的时长
43     rectRunAnimation.duration = 4;
44     // 添加动画
45     [self.rectLayer addAnimation:rectRunAnimation forKey:nil];
46 }
```

上述代码实现的是小圆点绕矩形轨迹运动的动画。其中，第 5 行代码调用 animationWithKeyPath 方法创建了一个关键帧动画，并指定了动画属性为 position；第 8~24 行代码分别调用 valueWithCGPoint 方法，将 CGPoint 类型转换为 NSValue 类型，包装了 5 个 NSValue 类型的值，分别代表矩形轨迹的 5 个关键帧；第 27 行代码设置了每个关键帧的时长；第 33~37 行代码设置了动画的时间函数；第 39~43 行代码分别设置了动画的次数、自动返回及时长；第 45 行代码调用 addAnimation: forKey 方法，将关键帧动画添加到小圆点的图层上。

（3）添加一个方法，让小圆点绕圆形轨迹运动，通过指定路径的方式实现相应的效果，代码如下所示。

```
1    /** 绕圆形跑*/
2    - (void)animationInRotation
3    {
4        // 创建一个关键帧动画，并指定动画属性
5        CAKeyframeAnimation *animation = [CAKeyframeAnimation
6        animationWithKeyPath:@"position"];
7        // 添加一个圆形路径
8        UIBezierPath *circlePath = [UIBezierPath bezierPathWithOvalInRect:
9        CGRectMake(30, 200, 310, 310)];
10       animation.path = circlePath.CGPath;
11       // 设置动画时长
12       animation.duration = 2.0f;
13       // 设置重复次数
14       animation.repeatCount = MAXFLOAT;
15       // 添加到图层
16       [self.rectLayer addAnimation:animation forKey:nil];
17   }
```

上述代码实现的是小圆点绕圆形轨迹运动的动画。其中，第 5 行代码添加了一个关键帧动画，并设置了动画属性为 position；第 8~10 行代码使用 UIBezierPath 类，调用 bezierPathWithOvalInRect 方法添加了某个区域内的贝塞尔路径，并指定了动画的 path 属性；第 12~14 行代码分别设置了动画的时长和重复次数；第 16 行代码调用 addAnimation: forKey 方法，将关键帧动画添加到小圆点的图层上。

（4）在 touchesBegan: withEvent 方法中，依次调用以上两个方法，让小圆点实现绕矩形或圆形轨迹运动，代码如下。

```
1    /** 触摸开始*/
2    - (void)touchesBegan:(NSSet *)touches withEvent:(UIEvent *)event
3    {
4        // 矩形运动
5        [self animationInRect];
6        // 圆形运动
7        [self animationInRotation];
```

3. 运行程序

（1）调用 animationInRect 方法，单击运行按钮，程序运行成功后，在屏幕任意位置单击后，小圆点依照矩形的轨迹，根据设定的时间和速度，移动到目标位置后，顺着之前的轨迹返回到了起始位置，程序运行的部分场景如图 8-14 所示。

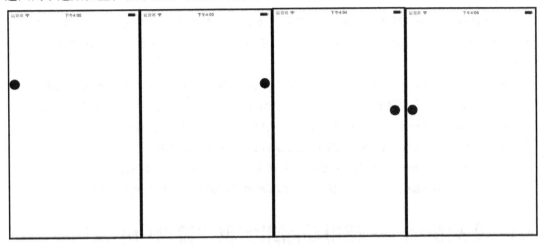

图 8-14　程序的运行结果

（2）注释调用 animationInRect 方法的代码，调用 animationInRotation 方法。单击运行按钮，程序运行成功后，在屏幕任意位置单击后，小圆点依照圆形的轨迹，从屏幕右侧开始，匀速地绕路径旋转一周后，稍微停顿一下，之后继续旋转下去，程序运行的部分场景如图 8-15 所示。

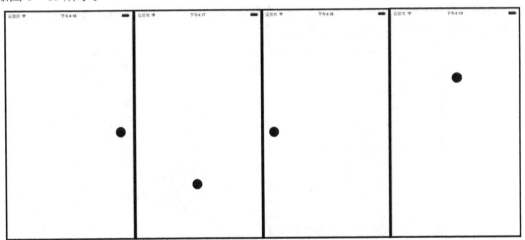

图 8-15　程序的运行结果

注意：

（1）removedOnCompletion 默认为 YES，代表动画执行完毕后就从图层上移除，图形会恢复到动画执行前的状态。如果想让图层保持显示动画执行后的状态，那就设置为 NO，同时，需要设置 fillMode 为 kCAFillModeForwards。

（2）基本动画可以看作是只有两个关键帧的关键帧动画。

（3）属性动画本质上用动画方法修改非根图层的可动画属性，并且使用 KVC 的键值路径来完成。这样根据可动画属性设定动画效果，确定动画的两个或者多个关键帧，将动画添加到图层后就完成了一个属性动画。

> **多学一招**：CALayer 实现动画的方法

我们都知道图层能够实现动画，实质上，动画的效果是移动图层造成的，视图的位置并没有发生任何改变。为此，CALayer 类支持以下方法，用于实现动画，针对这些方法的介绍如下。

- – addAnimation: forKey：用于为该 CALayer 添加一个动画，第二个参数表示该动画指定的 key，相当于该动画的唯一标识，这样保证了每个 CALayer 可绑定多个动画对象。
- – animationForKey：控制该 CALayer 执行指定 key 所对应的动画。
- – removeAllAnimations：删除该 CALayer 上添加的所有动画。
- – removeAnimationForKey：根据 key 删除该 CALayer 上指定的动画。
- – animationKeys：获取该 CALayer 上添加的所有动画 key 所组成的数组。

8.4 实战演练——使用动画组实现"游动的小鱼"

动画组使用 CAAnimationGroup 类表示，它可以将多个动画绑定为一组，实现多个动画并发执行的效果。接下来，本节将使用动画组实现一个小鱼在水中绕圆形轨迹游动，同时实现上下晃动的效果，具体步骤如下。

1. 创建工程，准备图片资源

新建一个 Single View Application 应用，名称为 05_动画组，将图片拖入到 Supporting Files 文件夹，添加完成的界面如图 8-16 所示。

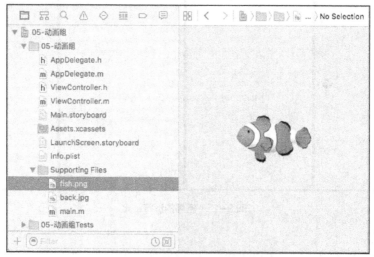

图 8-16　图片资源添加完成的界面

2. 实现游动的功能

（1）在 ViewController.m 中，定义两个 CALayer 类型的属性，分别表示背景和小鱼，在该类的实现部分，使用懒加载的方式添加，代码如下所示。

```objc
1    #import "ViewController.h"
2    @interface ViewController ()
3    // 定义两个属性，表示背景和鱼
4    @property (nonatomic, strong) CALayer *backLayer;
5    @property (nonatomic, strong) CALayer *fishLayer;
6    @end
7    @implementation ViewController
8    #pragma mark - 懒加载
9    - (CALayer *)backLayer
10   {
11       if (!_backLayer) {
12           _backLayer = [CALayer layer]; // 创建图层
13           // 设置背景图片
14           _backLayer.contents = (id)[UIImage imageNamed:@"back.jpg"].CGImage;
15           // 设置图层显示的内容不缩放，直接显示在中间即可
16           _backLayer.contentsGravity = kCAGravityCenter;
17           _backLayer.frame = self.view.frame;
18           [self.view.layer addSublayer:_backLayer];
19       }
20       return _backLayer;
21   }
22   - (CALayer *)fishLayer
23   {
24       if (!_fishLayer) {
25           _fishLayer = [CALayer layer];
26           // 设置图像
27           _fishLayer.contents = (id)[UIImage imageNamed:@"fish"].CGImage;
28           _fishLayer.frame = CGRectMake(250, self.view.center.y, 113, 70);
29           [self.view.layer addSublayer:_fishLayer];
30       }
31       return _fishLayer;
32   }
33   @end
```

上述代码中，第 4~5 行代码定义了两个属性，分别表示背景图片和小鱼图像；第 9~21 行代码是 backLayer 的 get 方法。第 11 行代码使用 if 语句判断 _backLayer 是否为 nil，若为 nil，创建一个图层，并设置图层的内容为 UIImage 类型的对象，将其添加到根层中。使用相同的方式，重写 fishLayer 的 get 方法。

（2）在 viewDidLoad 方法中，添加背景图层和小鱼图层，代码如下所示。

```
1   - (void)viewDidLoad {
2       [super viewDidLoad];
3       // 添加背景图片
4       [self backLayer];
5       // 添加小鱼图像
6       [self fishLayer];
7   }
```

（3）添加一个方法，指定一个圆形的路径，让小鱼绕圆形轨迹运动，代码如下所示。

```
1   /** 绕圆形轨迹运动*/
2   - (CAKeyframeAnimation *)circleAnimation
3   {
4       // 创建关键帧动画，并指定动画属性
5       CAKeyframeAnimation *circleAnimation = [CAKeyframeAnimation
6       animationWithKeyPath:@"position"];
7       CGMutablePathRef movePath = CGPathCreateMutable();
8       CGPathAddArc(movePath, nil, 175, 365, 130, 0, M_PI *2, YES);
9       // 添加一条圆形路径
10      circleAnimation.path = movePath;
11      return circleAnimation;
12  }
```

上述代码用于实现绕圆形轨迹运动的效果，其中，第 5 行代码调用 animationWithKeyPath 方法创建了一个关键帧动画，并指定了动画属性为 position；第 7 行代码引用 CGPathCreate Mutable()函数创建一条路径；第 8 行代码引用 CGPathAddArc()函数，设置了路径的起始角度、目标角度及旋转方向；第 10 行代码添加了一个圆形路径。

（4）添加一个方法，指定多个关键值，把它们添加到关键帧动画的 values 中，让小鱼实现上下晃动的效果，代码如下所示。

```
1   /** 晃动的关键帧动画*/
2   - (CAKeyframeAnimation *)shakeAnimation
3   {
4       // 创建对 CALayer 的 transform 属性执行控制的属性动画
5       CAKeyframeAnimation *shakeAnimation = [CAKeyframeAnimation
6       animationWithKeyPath:@"transform"];
7       // 指定关键帧动画的 3 个关键值，分别为不旋转、旋转-45 度、再旋转到 0 度
8       NSValue *valueOne = [NSValue
9       valueWithCATransform3D:CATransform3DIdentity];
10      NSValue *valueTwo = [NSValue
11      valueWithCATransform3D:
12      CATransform3DMakeRotation(- M_PI/4, 0, 0, 1)];
13      NSValue *valueThree = [NSValue
14      valueWithCATransform3D:CATransform3DMakeRotation(0, 0, 0, 1)];
```

```
15          shakeAnimation.values = @[valueOne, valueTwo, valueThree];
16          return shakeAnimation;
17     }
```

上述代码用于实现上下晃动的效果，其中，第 5～6 行代码创建了一个关键帧动画，并指定了动画属性为 transform；第 8～14 行代码分别调用 valueWithCATransform3D 方法，将 CATransform3D 类型转换为 NSValue 类型的值；第 15 行代码使用快速包装数组的方法添加一个数组，并赋值给关键帧动画的 values。

（5）添加一个方法，通过实例化一个组动画，让小鱼绕圆形轨迹运动，且可上下晃动，实现并发执行动画的效果，代码如下所示。

```
1   /** 游动的方法*/
2   - (void)swim
3   {
4       // 添加两个动画
5       CAKeyframeAnimation *circle = [self circleAnimation];
6       CAKeyframeAnimation *shake = [self shakeAnimation];
7       // 使用动画组来组合两个动画
8       CAAnimationGroup *animationGroup = [CAAnimationGroup animation];
9       animationGroup.animations = [NSArray arrayWithObjects:circle, shake, nil];
10      // 设置无限循环
11      animationGroup.repeatCount = MAXFLOAT;
12      // 设置动画的时间
13      animationGroup.duration = 15;
14      [self.fishLayer addAnimation:animationGroup forKey:@"move"];
15      // 取消用户交互
16      self.view.userInteractionEnabled = NO;
17  }
```

上述代码中，第 5～6 行代码分别调用两个方法，添加了两个关键帧动画，用于实现圆形运动和上下的晃动；第 8～9 行代码调用 animation 方法创建了一个动画组，并设置了 animations；第 11～14 行代码分别设置了动画的重复次数和时长，并调用 addAnimation: forKey 方法将动画添加到图层上；第 16 行代码设置了界面取消用户交互。

（6）单击屏幕，调用游动的方法，实现相应的动画效果，代码如下所示。

```
1   /** 触摸开始的方法*/
2   - (void)touchesBegan:(NSSet *)touches withEvent:(UIEvent *)event
3   {
4       [self swim];
5   }
```

3. 运行程序

单击 Xcode 工具的运行按钮，在模拟器上运行程序。程序运行成功后，单击屏幕任意位置，小鱼缓慢地绕圆形轨迹运动，小鱼自身也带有弧度旋转的效果，程序运行的部分场景如图 8－17 所示。

图 8-17 程序运行后的部分场景

8.5 转场动画

8.5.1 CATransition 类

CATransition 类表示转场动画，一般情况下，转场动画是通过 CALayer 控制 UIView 内子控件的过渡动画，从而实现移出屏幕或者移入屏幕的效果，例如，导航控制器将视图推入屏幕的效果。针对转场动画的过渡效果，CATransition 类提供了一些属性供外界修改，接下来，通过一张表来列举 CATransition 类的常见属性，见表 8-5。

表 8-5 CATransition 类的常见属性

属性声明	功能描述
@property(copy) NSString *type;	指定动画过渡的类型
@property(nullable, copy) NSString *subtype;	指定动画过渡的方向
@property float startProgress;	设置动画的起点，默认为 0.0
@property float endProgress;	设置动画的终点，默认为 1.0
@property(nullable, strong) id filter;	添加一个可选的滤镜，默认为 nil

表 8-5 列举了 CATransition 类的常见属性，其中，type 和 subtype 两个属性比较重要，关于这两个属性的具体介绍如下所示。

1. type 属性

type 属于 NSString 类型，用于控制动画过渡的类型，它支持如下几个值。

- kCATransitionFade：通过渐隐效果控制子组件的过渡，这是默认值。
- kCATransitionMoveIn：通过移入动画控制子组件的过渡。
- kCATransitionPush：通过推入动画控制子组件的过渡。
- kCATransitionReveal：通过揭开动画控制子组件的过渡。

2. subtype 属性

subtype 也是一个 NSString 类型的值，用于指定预定义的过渡方向，它支持如下值。

- kCATransitionFromRight：从右边开始过渡。
- kCATransitionFromLeft：从左边开始过渡。
- kCATransitionFromTop：从顶部开始过渡。
- kCATransitionFromBottom：从底部开始过渡。

多学一招：Type 属性支持的私有动画

Type 属性不仅可以控制动画过渡的类型，而且支持私有动画，见表 8-6。

表 8-6　Type 属性支持私有动画

字符串	效果说明
cube	通过立方体旋转动画控制子组件的过渡
oglFlip	通过翻转动画控制子组件的过渡
suckEffect	通过收缩动画控制子组件的过渡，类似于吸入
rippleEffect	通过水波动画控制子组件的过渡
pageCurl	通过页面揭开动画控制子组件的过渡
pageUnCurl	通过放下页面动画控制子组件的过渡
cameraIrisHollowOpen	通过镜头打开动画控制子组件的过渡
cameraIrisHollowClose	通过镜头关闭动画控制子组件的过渡

表 8-6 是列举了很多字符串，这些字符串每个都代表不同的过渡效果。

8.5.2　实战演练——图片浏览器

目前，很多图片浏览器为了达到很炫的效果，都会在浏览图片时使用动画效果。为了帮助大家更好地掌握转场动画，接下来，开发一个图片浏览器，使用转场动画演示图片的过渡效果，具体步骤如下所示。

1. 新建工程，添加图片资源

新建一个 Single View Application 应用，名称为 06_转场动画，将图片素材拖入到 Supporting Files 文件夹，添加完成的界面如图 8-18 所示。

图 8-18　图片素材添加完成的界面

2. 通过编写代码的方式设计界面

在 ViewController.m 的类扩展部分,定义一个 UIImageView 类型的属性,用于放置图片,并在该类的实现部分,使用懒加载的方式进行初始化,代码如下。

```
1    #import "ViewController.h"
2    @interface ViewController ()
3    // 添加一个图片容器,用于放置图像
4    @property (nonatomic, strong) UIImageView *iconView;
5    @end
6    @implementation ViewController
7    #pragma mark - 懒加载
8    - (UIImageView *)iconView
9    {
10       if (!_iconView) {
11           // 添加一个图片容器
12           _iconView = [[UIImageView alloc] initWithFrame:CGRectMake(0, 0,
13             self.view.frame.size.width, self.view.frame.size.height)];
14           _iconView.image = [UIImage imageNamed:@"1.jpg"];
15           [self.view addSubview:_iconView];
16       }
17       return _iconView;
18    }
19   @end
```

上述代码中,第 2~5 行代码是 ViewController.m 的类扩展部分,其中,第 4 行代码定义了一个 UIImageView 类型的属性,用于放置图像;第 8~18 行代码是重写的 iconView 的 get 方法,在该方法内使用 if 语句判断,若 _iconView 为 nil,创建一个 UIImageView 类型的对象,并为其设置 image,最后将其添加到 view。

3. 实现过渡效果

(1) 定义两个 UISwipeGestureRecognizer 类型的属性,分别表示向左、向右轻扫手势识别器,代码如下所示。

```
1    #import "ViewController.h"
2    @interface ViewController ()
3    // 定义两个属性,分别表示向左、向右轻扫手势识别器
4    @property (nonatomic, strong) UISwipeGestureRecognizer *swipeLeft;
5    @property (nonatomic, strong) UISwipeGestureRecognizer *swipeRight;
6    @end
```

(2) 添加一个方法,传入一个 UISwipeGestureRecognizerDirection 类型的参数,并返回一个 UISwipeGestureRecognizer 类型的值,用于添加一个指定方向的轻扫手势识别器,代码如下所示。

```
1    /** 添加一个指定方向的轻扫手势识别器的方法*/
2    - (UISwipeGestureRecognizer *)addSwipeGestureRecognizerWithDirection:
```

```
3      (UISwipeGestureRecognizerDirection)direction
4  {
5      // 创建一个轻扫手势识别器
6      UISwipeGestureRecognizer *recognizer = [[UISwipeGestureRecognizer alloc]
7      initWithTarget:self action:@selector(swipe:)];
8      // 设置识别器检测的轻扫方向
9      recognizer.direction = direction;
10     // 将手势识别器添加到图像视图中
11     [self.iconView addGestureRecognizer:recognizer];
12     return recognizer;
13 }
```

上述 addSwipeGestureRecognizerWithDirection 方法用于添加一个指定方向的轻扫手势的识别器，其中，第6行代码使用 initWithTarget 方法创建了一个轻扫手势的识别器，并设定了回调方法；第9行代码设定了识别器检测到的轻扫方向；第11行代码调用 addGestureRecognizer 方法，将该手势识别器添加到 iconView 上。

（3）在 viewDidLoad 方法中，添加两个向左、向右轻扫的手势识别器，并设置图像视图能够接受用户交互，代码如下所示。

```
1  - (void)viewDidLoad {
2      [super viewDidLoad];
3      // 设置用户交互
4      self.iconView.userInteractionEnabled = YES;
5      // 添加一个向左轻扫的手势识别器
6      self.swipeLeft = [self addSwipeGestureRecognizerWithDirection:
7      UISwipeGestureRecognizerDirectionLeft];
8      // 添加一个向右轻扫的手势识别器
9      self.swipeRight = [self addSwipeGestureRecognizerWithDirection:
10     UISwipeGestureRecognizerDirectionRight];
11 }
```

上述代码中，第 4 行代码设置 iconView 可接受用户交互；第 6~10 行代码分别调用 addSwipeGestureRecognizerWithDirection 方法，添加了两个向左、向右轻扫的手势识别器。

（4）定义一个 NSArray 类型的属性，用于保存所有的图片，并使用懒加载的方法进行初始化，代码如下所示。

```
1  #import "ViewController.h"
2  @interface ViewController ()
3  // 定义一个数组，用于保存图片
4  @property (nonatomic, strong) NSArray *icons;
5  @end
6  @implementation ViewController
7  #pragma mark - 懒加载
8  - (NSArray *)icons
```

```
9   {
10      if (!_icons) {
11          NSMutableArray *arrayM = [NSMutableArray array];
12          for (int i = 0; i < 9; i++) {
13              // 拼接图片名称
14              NSString *iconName = [NSString stringWithFormat:@"%d.jpg",(i+1)];
15              // 添加图像
16              UIImage *icon = [UIImage imageNamed:iconName];
17              [arrayM addObject:icon];
18          }
19          _icons = arrayM;
20      }
21      return _icons;
22  }
23  @end
```

上述代码中,第4行代码定义了一个NSArray类型的属性,第8~22行代码是重写其get方法,其中,第10行代码使用if语句判断_icons是否为nil;第11行代码调用array方法创建了一个可变数组;第12行代码使用for语句循环拼接图片的名称,依据图片名称创建图像,并添加到该可变数组中,循环遍历完成后赋值给_icons。

(5)定义一个int类型的属性,用于记录图片的索引值,代码如下所示。

```
// 定义一个属性,表示图片的索引值
@property (nonatomic, assign) int index;
```

(6)当检测到轻扫手势后,添加一个转场动画,根据轻扫方向的不同,以特定的动画效果过渡到上一张或者下一张图片,代码如下所示。

```
1   /** 检测到轻扫手势后回调的方法*/
2   - (void)swipe:(UISwipeGestureRecognizer *)swipeGesture
3   {
4       // 创建一个转场动画
5       CATransition *transition = [CATransition animation];
6       // 指定动画的类型
7       transition.type = kCATransitionFade;
8       // 判断手势方向为向左或者向右
9       if (swipeGesture.direction == UISwipeGestureRecognizerDirectionLeft) {
10          transition.subtype = kCATransitionFromRight;
11          self.index ++; // 自增索引
12      }else{
13          transition.subtype = kCATransitionFromLeft;
14          self.index--; // 自减索引
15      }
16      // 实现无限循环
```

```
17        if (self.index < 0) {
18            self.index = 8;
19        }else if (self.index == 9){
20            self.index = 0;
21        }
22        // 切换当前视图的图像
23        self.iconView.image = self.icons[self.index];
24        // 设置动画的时长
25        transition.duration = 1.0f;
26        // 将动画添加到图层
27        [self.iconView.layer addAnimation:transition forKey:nil];
28    }
```

当检测到轻扫手势后，会回调 swipe 方法，其中，第 5 行代码调用 animation 方法创建了一个转场动画；第 7 行代码指定了动画的过渡类型为渐隐效果；第 9~15 行代码使用 if 语句判断，若检测到手势的方向为向左，自增图片的索引，反之则自减图片的索引；第 17~21 行代码实现了无限循环的效果，使用 if 语句判断，若图片的索引为 0，切换图片的索引值为最后一张，反之则切换到第一张图片的索引值；第 23 行代码根据当前索引取出数组中相应的图片显示到 iconView 上；第 25 行代码指定了动画的时长；第 27 行代码调用 addAnimation: forKey 方法，将该动画添加到 iconView 的图层上。

4. 运行程序

单击 Xcode 工具的运行按钮，在模拟器上运行程序。程序运行成功后，向左轻扫屏幕，图像视图渐隐地切换到下一张，向右轻扫屏幕，图像视图渐隐地切换到上一张，这个过程是一个无限循环的过程。程序运行的部分场景如图 8-19 所示。

图 8-19　程序运行后的部分场景

图 8-19 程序运行后的部分场景(续)

多学一招:UIView 的转场动画

我们都知道,UIKit 直接将动画集成到 UIView 类中,当内部的某些属性发生改变时,它会为这些改变提供动画支持。除此之外,它也封装了转场动画,为此,UIView 类提供了两个方法,它们的定义格式分别如下所示。

(1)使用 UIView 动画函数实现转场动画——单视图

```
+ (void)transitionWithView:(UIView *)view duration:(NSTimeInterval)duration options:
(UIViewAnimationOptions)options animations:(void (^ __nullable)(void))animations
completion:(void (^ __nullable)(BOOL finished))completion;
```

从上述代码可以看出,该方法是一个类方法,针对单视图来实现转场动画。它包含多个参数,具体介绍如下。

- View:需要实现转场动画的视图。
- duration:表示动画持续的时间。
- options:表示转场动画的类型。
- animations:将改变视图属性的代码放置到这个 block 中。
- completion:动画结束后,会自动调用这个 block。

(2)使用 UIView 动画函数实现转场动画——双视图

```
+ (void)transitionFromView:(UIView *)fromView toView:(UIView *)toView duration:
(NSTimeInterval)duration options:(UIViewAnimationOptions)options completion:
(void (^ __nullable)(BOOL finished))completion;
```

从上述代码可以看出,该方法是一个类方法,它包含多个参数,具体介绍如下。

- fromView:表示实现转场动画的初始视图。
- toView:表示动画的目标视图。

- duration:表示动画持续的时间。
- options:表示转场动画的类型。
- completion:动画结束后,会自动调用这个 block。

为了大家更好地理解,接下来,更改以上案例中的 swipe 方法,使用 UIView 的动画函数来实现转场动画,代码如下所示。

```
1    /** 检测到轻扫手势后回调的方法*/
2    -(void)swipe:(UISwipeGestureRecognizer *)swipeGesture
3    {
4        NSUInteger option = 0;
5        // 判断手势方向为向左或者向右
6        if (swipeGesture.direction == UISwipeGestureRecognizerDirectionLeft) {
7            // 指定动画类型为从右向左翻转
8            option = UIViewAnimationOptionTransitionFlipFromRight;
9            self.index ++; // 自增索引
10       }else{
11           // 指定动画类型为从左向右翻转
12           option = UIViewAnimationOptionTransitionFlipFromLeft;
13           self.index--; // 自减索引
14       }
15       // 无限循环
16       if (self.index < 0) {
17           self.index = 8;
18       }else if (self.index == 9){
19           self.index = 0;
20       }
21       // 切换当前视图的图像
22       self.iconView.image = self.icons[self.index];
23       // UIView 的转场
24       [UIView transitionWithView:self.iconView duration:1.0f
25        options:option animations:nil completion:nil];
26   }
```

上述 swipe 方法是图像视图检测到轻扫手势后回调的方法,其中,第 4 行代码定义了一个 NSUInteger 类型的变量,用于表示动画的类型;第 8 行代码指定了动画类型为从右向左翻转;第 12 行代码指定了动画类型为从左向右翻转;第 24 行代码调用 transitionWithView: duration: options: animations: completion 方法,根据需求传入参数即可。

单击 Xcode 工具的运行按钮,在模拟器上运行程序。程序运行成功后,向左轻扫屏幕,图像视图以翻转的形式过渡到下一张,反之以翻转的形式过渡到上一张,且实现了无限循环的过程,程序运行的部分场景如图 8-20 所示。

 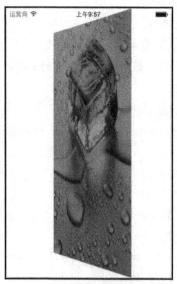 

图 8-20　程序运行后的部分场景

8.6　本章小结

本章首先介绍了 CALayer 相关的内容,包括改变视图的外观、可动画属性,然后简单介绍了 CAAnimation 类的内容,最后针对 CAAnimation 类包含的子类进行了详细讲解,能够实现绚丽的效果,大家应该熟练掌握它们的基本使用,丰富程序的界面。

【思考题】
1. 核心动画有几种类型,请简单描述一下。
2. 简述 UIView 与 CLayer 有什么区别。
扫描右方二维码,查看思考题答案!